Avant-propos

Il y a longtemps sur le lumière ne pas C'était rien - ni terrain, ni ciel, ni le sable, ni froid vagues. Il n'y avait qu'un seul abîme noir impénétrable, Ginnungagap, au nord duquel se trouvait Royaume éternel brumes Niflheim, un à sud - Royaume éternel Feu Muspelheim. Muspelheim a été sinistre pays grésillement Chauffer, un dans Niflheim, contre, le froid glacial et l'obscurité régnaient. Le monde était dans le chaos, et cela a duré longtemps. Combien de temps - personne ne peut le dire, car le temps et l'espace des mythes eddiques ne n'a rien à voir avec les concepts abstraits d'étendue et de durée, qui nous avons l'habitude d'opérer avec vous. L'espace mythologique n'est pas seulement fini, mais discret et non uniforme ; il se décompose en morceaux isolés, qui sont ou place quelques important développements, ou place rester héros. C'est pourquoi il est absolument impossible de dresser une carte du monde des mythes eddiques, puisque les pays qui s'y trouvent mentionnés ne sont pas orientés les uns par rapport aux autres. Au fait, d'ici il y a aussi un point aussi important que le manque d'idées intelligibles sur le monde suprasensible, ou d'un autre monde, car tous les mondes des mythes scandinaves sont équivalents et tout aussi réel. Ils ne s'opposent en aucune façon au monde "ici et maintenant", mais à la possibilité dans leur pénétrer déterminé uniquement persévérance héros.

Les autres mots narrateur ne pas regards sur le éléments de dehors et ne pas en essayant décrivez-les tels qu'ils lui apparaissent réellement. Il se place au milieu des événements, à l'intérieur de ce qui se passe, et ne se pense pas en dehors de ce tout unique. Pas se séparant de l'objet, il trie les choses et les événements d'abord par leur paramètre importance. Les considérations de fiabilité ou de visibilité ne jouent pour lui aucun rôle. Similaire absence dégager opposition matière objet boîte Nom interne point voir sur espace.

MAIS parce que le espace Eddic mythes privé connectivité et s'effrite dans enveloppe fragmentaire, alors le vide primordial déclaratif n'est pas conçu en dehors du concret remplissage. L'abîme du monde, tel qu'il apparaît dès les premières pages, n'est pas du tout monde, car du nord, il jouxte le pays des ténèbres et du froid, et du sud - le royaume du feu. Dès lors, la création s'avère n'être pas une naissance à partir de rien, mais une transformation banale de existant. DE alors même Succès boîte déchirer Agé de sans valeur robe et taillerde lui nouveau costume.

Lorsque la source vivifiante Görgelmir éclata soudain dans le royaume des brouillards, l'abîme de Ginnungagap a été précipité par les eaux de douze fleuves puissants. Et bien que le froid féroce Niflheim immédiatement tourné l'eau dans la glace, la source a continué battre ne pas cesser.

Des blocs de glace poussaient à pas de géant, s'entassant les uns sur les autres et grimpant, et quand une calotte glaciaire monstrueuse rampait près de la périphérie de Muspelheim, ses flammes ardentes le souffle a fait fondre la glace séculaire. Feux d'artifice d'étincelles chaudes, éclaboussé du royaume du feu, mélangé à de l'eau de fonte et lui a insufflé la vie. Et puis de l'abîme de Ginnungagap lentement Rose gigantesque chiffre, piétinement sévère le pied fixé la glace coquille.C'était le géant Ymir, la première créature vivante au monde. Le premier jour de la création (si considérez la naissance d'Ymir le premier jour) un garçon et une fille sont apparus sous son bras, et une jambe imaginé Avec une autre à six têtes fils géant. Alors C'était censé Commencer cruel et insidieux tribu géants Grimtursenov.

Ymir et sa progéniture avaient besoin de nourriture, mais dans l'obscurité, le froid et le chaos des sans vie se nourrir dans le désert était très problématique. Par conséquent, avec l'ancêtre géants de fusion la glace est apparu gigantesque vache Audulum, de pis qui coulaient quatre fleuves de lait. Audumla broutait la glace et léchait la glace salée grumeaux. Elle a travaillé si dur qu'à la fin du troisième jour, un géant de la Tempête est sorti du bloc, l'ancêtre des trois dieux - Odin, Vili et Be. Les frères n'ont pas favorisé l'impérieux et cruel Ymir, mais c'est pourquoi ils se rebellèrent contre le premier des géants et, après une longue lutte épuisante, tuèrent le sien.

Et paix a été alors énorme Quel du sang, jaillissement de le sien couru, inondé la totalité monde. Les géants et la vache Audumla ont disparu sans laisser de trace dans les éléments déchaînés, et un seul des Les petits-enfants d'Ymir ont eu de la chance : il réussi à construire un bateau sur lequel et échappé avec le sien épouse. Les dieux frères entreprirent de reconstruire le monde, pour le froid et les ténèbres éternels qui régnaient autour, ils n'aimaient pas ça. A partir du corps d'Ymir, ils firent la terre sous la forme d'un disque plat et ils l'ont placée au milieu d'une vaste mer formée de son sang. Du crâne d'Ymir frères fabriqué céleste sauter, de le sien des os construit les montagnes, de Cheveu fabriqué des arbres,des dents - des pierres et du cerveau - des nuages. Au milieu du monde, ils ont construit Midgard - la demeure les gens (en traduction, midgard signifie "cour du milieu"), et les terres périphériques au bord de la mer donné aux géants. Pour se protéger des géants, ils entourèrent Midgard d'un haut mur, qui fabriqué à partir des paupières (ou des cils) d'Ymir. Chacun des quatre coins des dieux du firmament enroulé en forme de corne et planté dans chaque corne selon le vent. Des étincelles chaudes jaillissant de Muspelheim, ils fabriquaient des étoiles et en décoraient le firmament. Certaines étoiles étaient fixes immobiles, et certains ont été autorisés à faire le tour du ciel afin qu'ils puissentapprendre temps.

Certes, d'autres chants eddiques disent que les corps célestes existaient et avant de, c'est pourquoi Travailler dieux réduit Total seulement à des instructions ceux des endroits, qui leur avoir dû prendre.

Le soleil ne savait pasoù est sa maison les étoiles ne savaient pasoù ils brillent ne savait pas pendant un mois reliques le sien.

Interne point vision sur le espace apparaît, dans en particulier dans le volume, Quel la géographie dans les mythes scandinaves n'existe pas en dehors de l'éthique. Toutes les bonnes choses sont rassemblées dans centre paix, un mauvais condamné se blottir sur le le sien faubourgs. N'importe quel matière automatiquement reçoit une note de qualité en fonction de son emplacement. Au milieu du monde situé Midgard, et le pays Giants Jotunheim se trouve à la périphérie, c'est-à-dire raisonnable supposer Quel faubourgs paix - c'est terrain. Entre les sujets de les autres Chansons suit, Quella périphérie du monde n'est rien d'autre que la mer entourant la terre d'un anneau au fond duquel sommeille le monstrueux serpent mondial Jormungandr, se mordant la queue. Mais quand les dieux vont au pays des géants, à chaque fois ils doivent traverser la mer détroits. La périphérie de l'univers scandinave se révèle paradoxalement terrestre et par la mer simultanément.

À centre paix aussi règne flagrant confusion. À l'exception Midgard, habité peuple, la chambre des dieux Asgard s'y élève, et l'arbre du monde, le frêne Yggdrasil, perce terrestre disque dans précision au milieu pour le sien couronne s'étend au dessus tout le monde le monde. À les interprétations chrétiennes ultérieures tentent d'élever Asgard au ciel, mais ces pitoyables « grimaces et sursauts » ne peuvent provoquer qu'un sourire condescendant, puisque le ciel des mythes eddiques n'est pas différent de la terre. Et bien que dans l'espace euclidien la combinaison de trois objets au même endroit est absolument impossible, ces conteursl'absurdité n'est pas gênante. Juste la chambre des dieux, la demeure des gens et l'arbre sacré ne sont pas peut être nulle part mais milieu paix.

Le temps des mythes scandinaves est aussi fragmentaire et rigidement lié à l'événement ligne. S'il ne se passe rien de digne d'attention dans le monde, alors le temps s'arrête. place. Il n'est tout simplement pas conçu comme une substance fluide, non soumise à des influences. de dehors: si entre deux événements disparu causal lien, organiserleur sur ordre résolument impossible. Disons Tout à fait pas clair, dans qui chronologique séquences devoir être situé visite tonnerre Torah à au géant Geirod, son duel avec le serpent mondial Jormungandr et la bataille avec la pierre géant Grungnir. Suite Aller, n'importe quel narration immédiatement s'effrite sur le fragments vivant une vie indépendante, et le caractère de tel ou tel mythe est presque toujours une figure statique exécutant un numéro de cirque mémorisé. Il n'y a pas de développement là-dedans. Par exemple, Magni, le fils de Thor, est célèbre pour avoir poussé la jambe du géant vaincu par le cou père. Cependant, ce n'était pas son exploit enfantin, mais un exploit en général. Magni est toujours un enfant et en dehors de son acte courageux n'existe tout simplement pas. D'autre part, le père des dieux Une, apparemment toujours vieil homme.

Le passé, le présent et le futur s'enchaînent également en douceur et sont merveilleux coexister côte à côte. Ceci est mis en évidence sans ambiguïté par la grammaire de l'Eddic mythes, lorsque formes passé temps à l'aise alterner Avec formes présent ou futur. Les dieux ne vivent pas dans temps, où les événements peuvent prendre une telle tournure ou quelque chose comme ça, mais dans une sorte d'éternité immobile, où tout est peint comme par des notes. De simples mortels sont séparés par une distance épique absolue, comme un historien intelligent. À cette époque lointaine, tout était différent et même le temps s'écoulait différemment. À venir décès dieux, désigné affûtage mot "Ragnarok" partir planifier volva-devins comme un événement qui se déroule ici et maintenant, mais ce n'est pas du tout ne contredit pas le fait que la catastrophe n'a pas encore eu lieu. Les autres mots passé et avenir se sont présentés également réel, et se déplacer le long de l'axe du temps semblait aussi naturel que, disons, voyager de Asgard dans Jötunheim.

Un récit assez détaillé du mythe scandinave de la création du monde n'a pas été entrepris. par amour de l'art (bien que la poésie sombre et majestueuse des sagas nordiques ne puisse, à notre regarder, laisser indifférent une personne ayant un bon goût littéraire), mais seulement pour Aller, à tu, lecteur, pourrait imprégner déroutant cosmogonie ancien. Actes scandinave dieux et héros dans préchrétien ère reçu appel Eddic mythes, car Quel elles ou ils atteint avant de notre journées dans deux littéraire monuments - "Younger Edda" et "Elder Edda". L'auteur de "Younger Edda" est considéré Islandais Snorri Sturluson, lequel à dans première demi XIII siècle collecté ensemble et systématisé les mythes qui existaient dans la tradition orale. Cependant, pour l'appeler l'auteur possible avec un certain étirement, car à cette époque, un tel concept n'existait tout simplement pas. La paternité du "Elder Edda" n'a pas été établie, tout comme l'étymologie du mot "Edda" est inconnue; censé, Quel ce passe de fermes Ody, où Snorri élevé mais loin ne pas tout scientifiques tel l'interprétation est satisfaisante.

Les mythes cosmogoniques sur la naissance du monde à partir du chaos ont existé à différentes époques parmi de nombreux peuples. Presque tout elles ou ils imprégné une et les sujets même motif: original le chaos opposé éléments (comment régner Feu et l'eau) sur sera dieux fait semblant d'être dans espace bien organisé, et le désordre cède la place à une stricte harmonie. Souvent le créateur part de affaires, et alors engagé transition de mythologique temps à temps historique. En d'autres termes, le monde naît non pas dans le temps, mais avec le temps. Si un appliquer à ancien couches folklore et mythologique les performances, arriver étonnante ressemblance cosmogonique systèmes, établi dans différent parties du globe. Bien sûr, il n'y aura pas de correspondance détaillée, mais le principal la ligne sera mise en évidence assez clairement : un affrontement féroce entre les forces polaires, féroce affrontements de dieux et de monstres, ordre du chaos primordial et répétition fastidieuse tout monnaie. ancien égyptien ou hindou culturel traditions dans cette sens pas du tout ne pas différent de antique. Nous décidé appliquer à scandinave légendes seulement parce qu'ils ont un étrange cachet d'authenticité païenne, ce qui n'est pas vous trouverez, par exemple, dans les mythes grecs anciens, qui, au cours de siècles culturels les polissages sont assez usés et ont l'air, pour ainsi dire, un peu postmoderne sur fond d'Eddic Chansons. islandais scientifique Sigurd Nordique Alors a écrit sur une de livres "Plus jeune Edda":

...

La Vision de Gylvi fait partie de ces œuvres intemporelles que l'on peut lire enfant immédiatement après le primaire, puis encore et encore à tous les niveaux de développement et de connaissances et chaque une fois que trouver Nouveau, et Nouveau, et Nouveau. Cette livre simultanément et transparent et difficile à comprendre, simple comme une colombe et rusé comme un serpent, selon la façon dont Profond lecteur pénètre dans son. Pour, même si païen perspectives ne pas pleinement révélé dans son, dans plus grand intégrité le sien ne pas trouver ni dans Quel ami travailler.

Lorsque dans ère Éclaircissement triomphé sciences naturelles La peinture paix, les idées naïves des anciens étaient barrées. L'univers est devenu un modèle Divin harmonie, éternel et inchangé espace, vivant sur stricte lois mathématiques. À la fin du XIXe siècle, on a même commencé à parler de la fin de la physique : ils disent que toutes les questions fondamentales ont déjà reçu une résolution finale, donc la gauche seulement faire une promenade main maîtrise sur brillant avant de briller façade, à éliminer mineure rugosité. Cependant très bientôt de discret fissures jeté une telle fumée que tout le bâtiment de la physique traditionnelle était désespérément fiévreux. Du passé il ne restait aucune trace de bonne volonté. L'époque victorienne confortable s'estompait lentement dans passé, et sur le décalage classique la science XIXe siècle est venu Nouveau la physique - paradoxal inhabituel et effrayant. monnaie eu lieu sur le tour des siècles pas mal reflété dans célèbre bande dessinée quatrains.

Ce monde était plongé dans une profonde obscurité. Que la lumière soit! Et voici Newton. Mais Satan pas pour longtemps attendu vengeance:
Est venu Einstein- et est devenu tout comment avant de.

Bien sûr, il serait absurde de faire un parallèle direct entre la philosophie naturelle vues ancien et réalisations contemporain sciences naturelles. Cependant païen La peinture paix à tout le sien la naïveté et naïveté rentable est différent de immobile et ennuyeuse espace déterministes. Elle est paradoxal exquis et incroyablement dynamique. Soit dit en passant, les penseurs des époques ultérieures ont toujours abondamment tiré du folklore. Par exemple, l'un des esprits les plus profonds et les plus originaux d'Hellas - Héraclite le Noir (VIe siècle av. J.-C.), qui a dit qu'on ne peut pas entrer deux fois dans le même fleuve, une fois proclamé : « Il faut savoir que la guerre est universelle ! Bien sûr, il ne s'agit pas armé affrontements sur le champ réprimande, parce qu'ils Total seulement privé événement universel droit: tout étant - fœtus lutte, et moi même monde il y a éternel devenir.

La philosophie naturelle païenne est loin d'être aussi primitive qu'elle pourrait le sembler à première vue. au premier coup d'œil. Disons mythes sur le début des temps l'univers était Suite dans Etat, proches du chaos, révèlent des intersections surprenantes avec les dernières nouveautés cosmologiques idées. Certes, le rapport du chaos et de l'espace, de l'entropie et de l'ordre dans le monde moderne modèles cosmologiques de la naissance de l'Univers à partir de rien est quelque peu différente : les premiers instants les vies de notre monde sont conçues comme un état d'un ordre supérieur, et une entropie supplémentaire irrésistiblement croît. Cependant, existe et opposé point vision: "primaire atome", de qui est né monde, était chaotique homogène Etat, un tout histoire L'Univers n'est rien d'autre que le processus de sa complication structurante et évolutive. D'une manière ou d'une autre, mais les questions fondamentales de l'être étaient à nouveau à l'honneur astrophysiciens et les cosmologistes, bien sûr, sur le ami niveau entente.

Moderne physique La peinture paix perdu visibilité, ancien alpha et oméga classique la science avant dernière des siècles. Lorsque en train de lire sur quantification espace, onde corpusculaire dualisme ou étonnante métamorphose, qui se produisent au fil du temps à l'intérieur des trous noirs, on rappelle involontairement une scission en pièces espace Eddic mythes et étonnante mythique temps, ne pas connaissance différences entre passé et futur. Et la combinaison en un point du monde des gens, la salle les dieux et l'arbre du monde sacré - pourquoi pas les fioritures des particules élémentaires en physique micromonde ? L'évaporation miraculeuse de l'Univers de l'écume de l'espace-temps et de ses mort inévitable, quand "le temps ne sera plus" (les mots de Jean le Théologien), il est aussi possible trouver des correspondances dans les mythes de différents peuples. Par conséquent, il n'est guère raisonnable de tapoter ancêtres sur l'épaule, se plaignant des limites de leurs connaissances en sciences naturelles. Pas encore connu, ce qui est plus facile - proposer un nouveau scénario cosmologique ou être le premier à donner des réponses, laissez approximatifs voire erronés, aux questions sur les schémas fondamentaux étant. Et qui sait, peut-être, des modèles sophistiqués de l'ordre mondial, qui sont beaucoup l'astrophysique moderne, apparaîtra à nos descendants comme maladroite et lointaine de réalité, Quel nous voir cosmogonique représentation ancien.

distances, milles, milles

Celui qui a créé le monde a fait un rêve de rencontre Établi sur différentes étoiles. Il érigé entre eux une barrière parfait vide et invisible mais irrésistible: posséder, un ne pas Humain distance.

Stanislav Lem

À antiquité personnes vivait sur le appartement Terre. Rien étonnante dans cette Non, pour Humain œil terrestre surface et En effet voit s'enfuir par horizon sans bornes avion, si, assurément, la négligence local gouttes le soulagement sur la taille. En parcourant les vallées et les collines, les marchands et les soldats de l'Antiquité pouvaient propre expérience pour s'assurer que la surface de la Terre est un énorme appartement crêpe.

Cependant, considérer nos lointains ancêtres comme des niais naïfs serait téméraire et myope. C'est juste que la science à cette époque pataugeait encore dans les couches. Pile lâche faits, où des observations précises et des conjectures étonnantes entrecoupées de monstrueuses idées fausses, encore à systématiser. Séparer le bon grain de l'ivraie n'est pas du tout tel tâche facile comme il pourrait sembler sur le au premier coup d'œil.

Mais si vision nous ne pas trompe et Terre vraiment appartement, devrait aurait découvrir, comment loin elle est s'étend. MAIS parce que le personne de mortels ne pas géré arriver à son bord et regarder en bas, il semblait tout à fait logique de supposer que ce les bords non du tout - terrestre surface nulle part ne pas prend fin. Mais infini - très inconfortable concept, pauvrement docile rationnel compréhension, et personnes toujours recherché de son se débarrasser de. Si un même bord à Terre après tout il y a, Quel, raconter sur le miséricorde, peut empêcher les eaux du monde, de tous côtés baignant la terre, sans laisser de trace se déverser dans sans fond un abîme ? Position enregistré céleste sauter, renversé au dessus la terre bol gigantesque et constituant avec lui un tout unique. Donc toujours en fuite l'horizon sera l'endroit où le dôme de cristal du ciel se connecte au firmament de la terre. Entre d'ailleurs, biblique expression " firmament terrestre et firmament céleste" est écho ceux L'Ancien Testament représentations géographiques.

Alors, nous tout au moins trié Avec dispositif Univers. Passé creux Avec à fond plat, claqué avec le couvercle de la voûte céleste. Il reste à déterminer la forme et dimensions cette conceptions. Cependant à différent peuples quelquefois existait diamétralement opposé avis sur ce compte.

Dites, les anciens Égyptiens, qui vivaient dans la vallée du Nil, et les Sumériens, qui habitaient l'interfluve Tigre et Euphrate , croyaient que la Terre est beaucoup plus longue d'est en ouest que du nord Sud. Pour plusieurs raisons historiques, ils connaissaient assez bien les habitants pays voisins situés aux frontières orientales et occidentales de leurs royaumes, mais le sud et nord terrain pendant longtemps étaient pour leur presque Achevée terre incognita. C'est pourquoi Sumériens et Égyptiens Terre dessiné dans formulaire rectangulaire tiroir, allongé dans latitudinale direction. Chez les Grecs, le sens des proportions géométriques était apparemment développé mieux : selon eux, la Terre était une plaque ronde, bien sûr, avec la Grèce en centre. terrain co tout des soirées lavé l'eau puissant rivières en dessous de Nom Océan, un méditerranéen mer a été son mince bifurquer, le sien gentil annexe, étiré au centre paix.

le grec ancien historien et géographe Hécatée Milésien, vécu pour cinq des siècles avant de début de l'ère chrétienne, l'auteur de l'ouvrage fondamental "Description de la Terre", qui est venu jusqu'à nos jours en fragments, a même essayé de calculer les dimensions de cette plaque. Il est venu à la conclusion que son diamètre ne devrait pas dépasser 8 000 kilomètres; donc la zone la terre plate sera égale à 50 millions de kilomètres carrés. Et bien que vrai la surface de notre planète est 10 fois plus grande, on ose croire que les chiffres obtenus par les braves originaire de Milet, paraissait monstrueux aux contemporains. Bien sûr, le cercle est plus parfait chiffre sur comparaison Avec maladroit rectangle, mais la question sacramentelle de ce qui maintient le disque terrestre en place restait encore sans réponse. Les anciens Grecs ne sont pas nés de nulle part et savaient parfaitement que tous les corps lourds ont s'orienter tomber.

– Si le disque terrestre plat est vraiment si grand, disaient joyeusement les sceptiques frottant les paumes sèches, puis laissons le respecté Hécatée nous expliquer, déraisonnable, ce que les forces le font pendre immobile. Si, néanmoins, il tombe avec un sifflet dans vide, comme tous les autres corps, alors pourquoi ne remarquons-nous pas cet impétueux tomber?

Nous ne pas nous savons comment a répondu la première antique géographe sur le inconfortable des questions adversaires. Il était plus facile de dire que le firmament terrestre s'étend indéfiniment vers le bas, mais tout de suite conduit à Mémoire maudit l'infini, de qui juste maintenant géré descendez. Où plus intelligent C'était supposer Quel terrestre disque se repose sur le n'importe quoi durable. Hindous mettre la terre sur le quatre pilier.

– Très Bien, - cinglant filtré à travers lèvre sceptiques, - un sur le comment supporter piliers?
– Sur le éléphants géants, c'est même petit enfants connaître.
– MAIS des éléphants ?
– MAIS les éléphants, Oui sera à toi connu piétiner leur pieds coquille gigantesque tortues.
– MAIS tortue?…

L'infini maléfique rampait obstinément hors de tous les trous à chaque fois, et l'idée de appartement Terre a conduit penseur dans désespéré impasse.

Rappelons-nous l'histoire amusante de Lazar Lagin sur le puissant génie Gassan Abdurrahman ibn Hottabe par naissance de ancien Saoudite, par testament sort Il s'est trouvé dans

Moscou moderne. Ils disent qu'il était une figure très influente à la cour du roi sage Salomon, qui a régné il y a 3000 ans en Palestine, mais n'a pas plu à César. Le roi aimant (selon la légende, Salomon avait 700 femmes et 300 concubines) n'a pas se tenir en cérémonie avec le désobéissant et sans de longues conversations lui ordonna d'être emprisonné dans un vase de terre, qui devait être noyé dans les profondeurs de la mer. Et 3000 ans plus tard, un écolier de Moscou Volka Kostylkov par chance est tombé sur sur le moussu céramique navire dans temps Matin baignade. Comment Direct génies, dans précision personne ne pas sait mais Hottabytch s'est avéré être un vieil homme exceptionnellement gai et accommodant, et a donc immédiatement offert son sauveur de nombreux services. Volka a passé un examen de géographie, dans lequel il était plutôt finement nagé Alors Quel après plusieurs purement officiel mouvements du corps droit pionnier et valide membre astronomique Tasse à Moscou planétariums agité mutuellement bénéfique accord.

Astuces génie - ne pas kg. raisins secs. Wolke a obtenu Inde, mais sur arabe meret le golfe du Bengale, qui baignent les rivages de cette vaste presqu'île, pauvre garçon n'a pas eu le temps de dire quoi que ce soit. Contre son gré, il a dit des bêtises sur pays, mensonge sur le lui-même bord terrestre disque, et sur adjacent terres, habité chauve personnes qui manger exclusivement cru poisson et boisécônes.

Quand ils lui ont demandé de quel disque il parlait, et ne savait-il pas que la Terre a la forme d'une boule, Volka, obéissant à Hottabych, sourit avec arrogance et continua dans jouet même manière éloquente :

...

– Tu s'il vous plaît raconte des blagues au dessus le tiens le plus dévoué étudiant! Si un aurait Terre a été Balle, l'eau a coulé aurait Avec son descente et personnes décédés aurait de la soif un végétaux à sec. Terre, O le plus digne et le plus noble des enseignants et des mentors, avait et a la forme disque plat et est baigné de tous côtés par une rivière majestueuse appelée "Océan". La terre repose sur six éléphants, et ils se tiennent sur une énorme tortue. C'est comme ça que le monde fonctionne, oh prof!

blagues blagues mais étroit d'esprit représentation sur la nature de choses sur le rareté tenace. On dit qu'une fois Bertrand Russell, l'éminent philosophe anglais et mathématicien, a donné une conférence publique sur l'astronomie. Et même si c'est arrivé relativement récemment, au début du siècle dernier, le conférencier était minutieux et sans hâte. Parler de comment La terre tourne autour du soleil, il n'a pas manqué de remarquer que notre magnifique lumière du jour lumière est ordinaire étoile et, dans ma tour, aussi en mouvement autour de centre Galaxies. À la fin de la conférence, une petite femme âgée s'est levée des dernières rangées. la demoiselle et déclaré Quel tout, sur comment ici interprété chère Maître de conférences, - continu absurdité.

– Sur le lui-même acte, - a dit elle est, - notre monde - c'est gros appartement assiette, qui frais sur le retour tortue géante.

– Bien Bien, - sourit Russel, un sur le comment même tenir bon tortue?

– Tu es très perspicace, jeune homme, répondit la petite vieille. - Une tortue est debout sur le dos d'une autre tortue, celle-là est sur une autre, et ainsi de suite, et ainsi de suite, et ainsi de suite. Plus loin.

Peut-être, cosmogonie Hécatée Suite pendant longtemps a été aurait dans aller, si aurait ne pas séparé petites choses gênantes. Les Grecs observateurs ont remarqué que l'image du ciel étoilé est manifestement change au fur et à mesure que vous voyagez du sud au nord. Une partie des étoiles flotte au-dessus de l'horizon sud, et au nord, de nouvelles constellations s'allument qui ne peuvent pas être vues dans les latitudes méridionales. Par exemple, Polaire étoile marcher par marcher monte tout au dessus et au dessus, de Quel Avec il fallait en conclure que tôt ou tard il pendrait juste au-dessus voyageur. Bien sûr Les Grecs C'était ignorant, Quel similaire un événement peut être prend place seulement seulement sur le Nord pôle, mais s'orienter parlait se par moi même. (En toute justice, notons que cinq siècles avant la naissance du Christ, le Polaire, c'est-à-dire alpha Ursa Minor, n'était pas l'étoile la plus proche du pôle, mais ces détails nous sont ici omettre.) D'autre part, en voyageant vers le sud, l'étoile polaire commence à glisser vers le bas, traînant le long des constellations du nord, et des inconnus émergent de l'horizon du sud étoiles. Sur la ligne de l'équateur (le concept est également spéculatif pour les anciens Grecs, comme Pôle Nord) L'étoile polaire devrait se trouver à l'horizon nord. Si la terre était un disque plat, le motif des constellations changerait extrêmement légèrement, se déplaçant légèrement par point de vue. Le ciel étoilé aurait le même aspect partout, mais le complexe évolution ne pas aurait et dans rappelles toi.

Par conséquent, l'ancien philosophe grec Anaximandre, qui a vécu près de 100 ans avant Hécatée et aussi originaire de Milet, suggéré Quel terrestre surface déforme sur direction du sud au nord. Au lieu d'une dalle ronde, il a obtenu un cylindre couché horizontalement, à la surface de laquelle vivent les gens. Il faut dire que la ville d'Asie Mineure Milet était la véritable Mecque culturelle du monde antique, pour un contemporain plus ancien Anaximandre, le sien compatriote et prof Thalès la première représentant écoles Ionien philosophes naturels, aussi entendu sens dans mouvement céleste luminaires. Par Légende, il prédit une éclipse solaire de 585 av. e. Franchement, il n'est pas tout à fait clair comment il y est parvenu, car chez Thales notre Terre avait la forme d'un disque plat, flottant à la surface de l'océan sans fin. La théorie des éclipses solaires et lunaires les Grecs se sont développés bien plus tard, laissons donc les réalisations de Thalès de Milet à conscience chroniqueurs.

La Terre cylindrique d'Anaximandre était un progrès indéniable par rapport à Univers plat d'Hécate ou de Thalès, mais, hélas, elle n'a pas sauvé la situation. Comme on le sait, antique Les Grecs étaient maritime les personnes très tôt maîtrisé et colonisé méditerranéen côte sur le tout le monde le sien à travers - de Gibraltar piliers sur le à l'ouest jusqu'aux rives de l'Asie Mineure à l'est. Nimble navires au nez pointu de braves marins non seulement pénétré à travers la chaîne des détroits dans la mer Noire (les Grecs l'appelaient Euxine Pontom), mais sont également allés dans l'Atlantique, et à la recherche du pays légendaire de Thulé, ils ont atteint Britanique îles (expédition Pythéas). non sans raison fabuliste Ésope une fois que par rapport leurs compatriotes avec des grenouilles, coincés autour de leur marais natal de tous côtés. ancien Grecs, dont toute la vie était étroitement liée à la mer, presque tous les jours avait une chance dire au revoir fragile coquilles dans loin natation. Avec attention en train de regarder par navires quittant le port, ils ont plus d'une fois eu l'occasion de s'assurer que le navire ne se contente pas de fondre "dans le brouillard bleu de la mer", mais semble disparaître derrière la pente de la colline le long parties: d'abord la coque est cachée aux yeux, puis la voile, puis les sommets des mâts. À ceux qui pouvoir pense, resté fais élémentaire mental un effort, à viens à conclusion sur sphéricité Terre. Suite Aller, navires éludé en dessous de Montagne Tout à fait également à l'extérieur dépendances de directions, dans qui elles ou ils flottait. Voyager sur le sud a donné exactement le même résultat que naviguer vers l'est ou vers l'ouest. Cylindrique Le modèle d'Anaximandre était incapable d'expliquer la courbure uniforme de la surface de la Terre le long dans toutes les directions, et s'est donc avéré intenable. Les Grecs jugeaient à juste titre que seulement surface Balle ne pas contredit tout somme accumulé antique la science les faits.

On pense que l'idée de la sphéricité de la Terre a été exprimée pour la première fois par un contemporain Socrate Philolaos de Tarente. Cela s'est produit dans la seconde moitié du Ve siècle av. e. Et super Aristote, qui a vécu environ 100 ans plus tard, savait déjà avec certitude que la Terre est une sphère, et même a ajouté son propre argument au trésor de l'astronomie antique. Il a deviné que cause lunaire éclipses est mis au rebut la terre ombre, lorsque notre planète est entre la lune et le soleil. De plus, la coupe transversale de l'ombre terrestre sur le disque La lune est toujours ronde, ce qui ne peut arriver que si la terre a formulaire Balle. Être Terre appartement disque, La peinture a été aurait Tout à fait différent. Ils disent, Quel

Aristote même a essayé calculer longueur équateur notre planètes, prise par base la différence de position de l'étoile polaire en Grèce et en Égypte. Il a la taille environ égal à 400 000 étapes. Si nous traduisons les anciennes mesures de longueur en ce qui nous est familier système métrique, puis en une étape, il y aura environ 200 mètres. De toute façon, la plupart des historiens pensent que c'est exactement le cas (les étages attiques étaient au nombre de 185 mètres, un babylonien - 195 mètres), même si Achevée clarté dans cette question non. Alors ousinon, mais le diamètre de la Terre, mesuré par Aristote, s'est avéré être le double du diamètre moderne valeurs.

Mais Eratosthène de Cyrène, qui vécut au IIIe siècle av. e., est devenu beaucoup plus fiable résultat. D'après les calculs d'Ératosthène, il s'ensuit que la circonférence du globe est (en convertis en mesures métriques) 39 700 kilomètres (les calculs modernes donnent près de 40 000 kilomètres). Le résultat d'Eratosthène n'a réussi à être légèrement corrigé qu'à la fin du XVIIIe siècle. siècles, ce qui ne peut qu'alerter le chercheur avisé, puisque les outils qui apprécié grec astronome, étaient sur le rareté primitif. Il mesuré la hauteur du Soleil au-dessus de l'horizon le 21 juin, le jour du solstice d'été, quand midi le luminaire monte le plus haut dans le ciel. Les mesures ont été prises le même jour deux villes égyptiennes - Syène (actuelle Assouan) et Alexandrie, qui est située sur le 800 kilomètres Nord. À Sienne verticalement bloqué dans la terre coller ne pas a donné ombres, de Quel suit, Quel Soleil dans ce journée se trouvait exactement dans zénith au dessus Sienne. MAIS ici dans Alexandrie, une courte ombre a été révélée, qui correspondait à la position du midi Soleil sur le 7 s superflu degrés sud zénith.

Être Terre appartement, Soleil et dans Sienne et dans Alexandrie se trouvait aurait dans zénith en même temps, puisque la distance entre ces villes est relativement faible. MAIS dès qu'il a été possible d'identifier la différence de longueur de l'ombre, cela signifie que la surface de la planète entre les villes est incurvée, car les bâtons de Syène et d'Alexandrie se sont avérés être à un angle l'un par rapport à l'autre A un ami. Un calcul simple montre que si une différence de 7 degrés correspond à 800 kilomètres alors différence dans 360 degrés (plein chiffre d'affaires sur cercles) va donner évaluer à proximité
40 000 kilomètres. Dégager, Quel si connu longueur cercles, ne pas sera travail calculer diamètre Balle, le sien le volume et carré le sien surfaces. Diamètre Terre est d'environ 12 800 kilomètres, et l'aire d'une sphère d'un tel diamètre sera égal environ 500 des millions carré kilomètres.

Soit dit en passant, l'humanité a beaucoup de chance que la taille de la Terre ne soit pas particulièrement grande. Que notre planète soit beaucoup plus grande, la vue du ciel étoilé en se déplaçant de quelques des centaines kilomètres pratiquement ne pas modifié aurait, un navires géré aurait fondre dans brume atmosphérique avant que leur coque ne disparaisse à l'horizon. Oui, et la frontière de la terre l'ombre sur le disque de la lune ressemblerait à une ligne parfaitement droite dans ce cas. Devinez à l'œil insignifiant courbure C'était aurait résolument impossible. Nécessaire croire, Quel et développement l'astronomie irait alors tout autrement, et l'idée de la sphéricité de la planète est né beaucoup plus tard.

Si un aurait Univers épuisé la terre, ancien Les Grecs autorisé aurait de base question de cosmologie il y a encore plus de 2000 ans. Cependant, il y avait aussi le ciel. Parce que le C'était irréfutablement éprouvé Quel Terre Il a sphérique forme, devrait reconsidérer les idées traditionnelles sur le firmament du ciel. Modèle bol inversé passé dans les archives, et sa place a été prise par une sphère creuse, couvrant le globe de tous les côtés. Dégager, Quel diamètre tel sphères devoir être Suite diamètre Terre. Ensemble question est combien plus. Autrement dit, à quelle distance est le ciel ? Vélo commun sur le fait qu'il est un peu plus haut que l'aigle vole, ne fonctionnait plus. Quelles choses intéressantes peuvent voir dans le ciel ? En plus de parcourir activement le firmament du Soleil et de la Lune, dans le ciel il y a aussi des étoiles fixes. Plus précisément, ils se déplacent tous à la fois, comme si céleste la sphère les entraîne, effectuant une révolution complète autour de la Terre toutes les 24 heures. Mais ami relativement ami étoiles immobile, un image constellations toujours une et ce même. Et à travers un an, et après 10, et après 100 ans, on peut les trouver exactement au même endroit. On a l'impression que les étoiles sont épinglées à la sphère céleste, qui sans relâche filage autour de la Terre.

Cependant, les anciens aimaient observer et étaient capables de remarquer. Ils ont depuis longtemps découvert que une grande famille d'étoiles a ses propres agitations qui ne restent pas immobiles, mais se précipitent comme un fou, dessinant des zigzags complexes en forme de boucle tout au long de l'année. soleil et La lune, bien sûr - elles sont trop grosses pour être considérées comme des étoiles. Eh bien, et plus si pressé exactement cinq - Mercure, Vénus, Mars, Jupiter et Saturne. Les Grecs commencèrent à les appeler éternelles vagabonds planètes, Quel dans Traduction moyens "errant". Il s'est avéré, Quel à célèbre dextérité boîte même définir relatif distances entre leur.

Plus près Total à la terre, sans aucun doute a été Lune, parce que dans temps solaire éclipses navigué entre la terre et Soleil. Distances avant de les autres planètes boîte calculer à partir du relatif leurs vitesses mouvement sur fond d'étoiles fixes. Nous savons par expérience que plus un objet est proche, plus il se déplace rapidement. Oiseau haut dans le ciel monte en flèche majestueusement et tout doucement un étant bas au dessus la terre, se précipite par Comme éclair gris rapide. Ainsi, l'alignement des anciens Grecs ressemblait à ceci (à mesure que la distance de la Terre augmente) : Lune, Mercure, Vénus, Soleil, Mars, Jupiter et Saturne.

C'est ainsi qu'est né le modèle géocentrique, généralement associé au nom de Claudius. Ptolémée, le grec ancien astronome, qui a ve'cu dans I–II des siècles non, créateur fondamental traité Almageste. À centre univers toujours reposé Terre, et autour d'elle tournaient en cercles réguliers huit imbriqués un dans une autre sphère portant la Lune, le Soleil et les cinq planètes connues à cette époque. Sur le la huitième sphère contenait les étoiles fixes. Pour expliquer d'une manière très compliquée, lequel à planètes commettre sur le Contexte étoiles, Ptolémée suggéré Quel elles ou ils en outre déplacer dans des cercles plus petits liés à la sphère correspondante. Ces supplémentaires orbites a obtenu le nom épicycles.

MAIS c'est interdit qu'il s'agisse calculer ne pas relatif, un absolu distance même si aurait avant de certains corps célestes? Sauf pour le semi-légendaire Aristarque de Samos, soi-disant qui a construit le modèle héliocentrique un millier et demi d'années avant Copernic, pour la première fois l'éminent astronome de l'antiquité Hipparque s'est occupé de mesurer la distance à la lune, vivait au IIe siècle av. e., près de 300 ans avant Ptolémée. Rappelez-vous que pendant la lune éclipses sur le disque Lune observé circuit terrestre les ombres, qui toujours (à n'importe quel éclipses) est un cercle. Par la courbure du bord de l'ombre terrestre, on peut juger la taille de sa section transversale par rapport à la taille de la lune. Si nous supposons que Le soleil est beaucoup plus éloigné de la terre que la lune, vous pouvez calculer à quelle distance de la terre la lune doit être positionnée de manière à ce que l'ombre de la terre soit réduite à une taille observable (nous connaissons les dimensions de la Terre). Hipparque est arrivé à la conclusion que la distance à la lune est de 30 fois Suite terrestre diamètre si accepter valeur du diamètre notre planètes, trouvé Ératosthène (12 800 kilomètres), alors distance avant de Lune sera 384 000 kilomètres.

ce Tout à fait génial résultat: sur moderne estimations, moyen distance entre la lune et la terre est 384 400 kilomètres, en changeant de 356 610 kilomètres au périgée (point de distance minimale) à 406 700 kilomètres à l'apogée (point suppression maximale). Et donc je suis prêt à être d'accord avec les révisionnistes de l'orthodoxie version historique qui insistent sur le fait que les mesures de ce niveau de précision ne sont pas pourrait être rempli avant de ère Renaissance. Suite Aller, même dans XVII siècle similaire précision a été intimidant tâche. Absolument pas clair, Quel façon les anciens Grecs ont réussi à mesurer avec précision les angles entre les corps célestes en utilisant ces outils primitifs à leur disposition. je ne parle plus de que pour des observations astronomiques précises, une horloge avec une seconde flèche, tandis que l'horloge mécanique inventée en Europe à la fin du Moyen Âge long temps ne pas ont eu même minute. Entre les sujets nous raconter, Quel Hipparque Avec

avec une précision à couper le souffle calculé la durée du mois lunaire - 29 jours 12 heures 44 minutes 2,5 secondes (valeur réelle - 29 jours 12 heures 44 minutes 3,5 secondes). Comment il géré faire une erreur Total sur le une donne moi une seconde (et comment pensait moitiés secondes),ne pas avoir mécanique heures, histoire est silencieuse.

Chroniques rapport Quel distances entre géographique paragraphes Ératosthène mesurée par la vitesse des caravanes de chameaux, et a déterminé les angles de lever du soleil en utilisant bâtons enfoncés dans le sol. Cela ressemble à la vérité, car, disons, parmi les Mongols médiévaux, un la longueur était considérée comme une traversée quotidienne à cheval. Bien sûr, la constance d'une telle unité de mesureplus que douteux, même si les batyrs de Gengis Khan en étaient apparemment assez satisfaits. Mais Mongols même dans tête pas est venu mesure cercle Terre! Sera le tiens mais Avec l'astronomie ancienne, quelque chose n'est pas si simple si, par exemple, un ancien architecte romain Vitruve (Ier siècle av. J.-C.) connaissait les périodes de révolutions héliocentriques (c'est-à-dire autour du Soleil) planètes meilleur Copernic.

Un argument indirect en faveur de la validité de notre raisonnement peut être Tout à fait Homme des cavernes niveau cosmologique représentations dans début du Moyen Âge Byzance. Éclairé byzantin Côme Indicopletus (Kozma Indicapol), reconnu spécialiste sur médiéval cosmographie, pensait Quel Univers représente toi-même rectangulaire boîte, lavé par eaux génial rivières Océan. La voûte céleste est soutenue par quatre parois abruptes. Les étoiles, selon Cosmas, il n'y a rien d'autre que les petits œillets dont le couvercle de cette boîte est bourré, mais quatre anges producteurs de vent sont placés dans les coins de cette structure inintelligible. D'ailleurs, ledit Cosmas habitait 6ème siècle déjà une nouvelle ère, c'est-à-dire après 900 ans après Aristarque et 700 après Eratosthène. Mais Byzance est romaine orientale empire qui faisait autrefois partie de la Pax Romana éclairée, qui, à son tour, hérité Les Grecs. À différence de Occidental romain Empire Byzance non soumis raids dévastateurs des tribus barbares, et en effet le temps écoulé depuis la chute de Rome (476 année) un peu s'est écoulé - environ 100 ans. D'accord, considérant non conventionnel les versions historiques ne sont pas incluses dans nos tâches. Ce ne sont que des remarques, comme on dit, selon sur...

Ainsi, plus de 100 ans avant le début de l'ère chrétienne, les astronomes ont réussi à mesurer distance à la lune, et très précisément. Qu'en est-il des autres corps célestes ? À quelle distance sont-ils de la Terre ? Le déjà mentionné Aristarque de Samos (IV-III siècles. avant de non) a essayé calculer distance de Terre avant de Soleil, mais souffert fiasco. Le raisonnement mathématique de l'astronome grec était sans faille, mais les outils à sa disposition n'étaient pas bons, alors le ordre de grandeur s'est avéré moins vrai distances presque dans quinze une fois que. (Cependant, de nombreux les historiens doutent de l'existence réelle d'Aristarchus et, non sans raison, croient que que les exploits des astronomes européens du XVIe siècle lui sont attribués.) Le résultat d'Archimède futbeaucoup mieux (2/5 de la valeur réelle), mais c'est très alarmant, puisque même Johannes Kepler au 17ème siècle ne pouvait pas faire face à cette tâche, le calcul par lui la distance était encore plus courte. Quoi qu'il en soit, le ciel s'est transformé en une totale distance, un Univers s'est avéré beaucoup Suite, comment pourrait pense le plus audacieux les espritsantiquité.

Après Hipparque et Ptolémée, la stagnation s'installe dans les sciences astronomiques. Stagnation a continué plus de un et demi mille années, jusqu'à avant de début XVI siècle, lorsque polonais Prêtre Nicolas Copernic proposé Nouveau maquette univers Avec immobile Soleil dans centre, reçu Titre héliocentrique. Selon cette des modèles, les planètes tournaient autour du soleil en cercles réguliers, et leur nombre diminuait jusqu'à six (Mercure, Vénus, Terre, Mars, Jupiter, Saturne). La lune, à proprement parler, a perdu le statut d'une planète à part entière et transformé en un satellite naturel de la Terre. Bien que le modèle Copernic était beaucoup plus simple que Ptolémaïque et a donné des résultats un peu meilleurs, son sur le à travers presque 100 années Sérieusement ne pas perçu. fracture passé dans XVII siècle, lorsque l'astronome italien Galileo Galilei réussit pour la première fois à voir à travers un télescope (qui lui-même inventa en 1608) les satellites de Jupiter, suivi du grand Johannes Kepler introduit amendements dans schème Copernic. Ayant analysé brillant observations Mars réalisée par son professeur, l'astronome danois Tycho Brahe, Kepler a conclu que le seul géométrique chiffre, qui parfait réponses cette observations - ellipse. Ainsi, dans le modèle modifié de Copernic, les planètes ont commencé à tourner autour Soleil sur elliptique orbites un Soleil déplacé dans une de des trucs cette ellipse.

De plus, Kepler a découvert qu'entre les distances moyennes des planètes au Soleil et il existe une relation mathématique simple entre leurs périodes de circulation. De cette façon, est devenu possible calculer relatif distance entre Soleil et n'importe quel de planètes. Malheureusement, cela n'a guère servi, car le schéma proposé par Kepler (assez fiable et remarquablement conforme aux observations), il n'y avait aucune échelle. On pourrait dire que, disons, Saturne est situé 10 fois plus loin du Soleil que la Terre, mais quelle est cette distance en kilomètres - un mystère enveloppé de ténèbres. Mais s'il était possible une façon de calculer la distance entre la Terre et l'une des planètes, les astronomes l'échelle requise apparaîtrait immédiatement dans les mains. C'était une question de petit - pour arriver à un tel façon.

Pour définitions distances entre céleste corps utilisation phénomène parallaxe. La parallaxe est une chose très simple. Si vous considérez votre propre doigt sur un fond coloré fond d'écran droit et œil gauche alternativement, facilement assurez-vous que dans ce au moment où vous fermez un œil et ouvrez l'autre, le doigt bouge un peu distance de fond. Plus le doigt est proche des yeux, plus il sera grand. biais. L'essentiel du phénomène se situe en surface : puisque les yeux sont séparés par distance ami de ami, tu voir sur le matière chaque œil en dessous de certain angle.

La même approche peut être facilement appliquée aux corps célestes. Bien sûr, successivement cligner les yeux, en regardant, Disons sur le la lune Tout à fait sans signification parce que le elle est situé trop loin. MAIS ici si deux astronome, séparé distance dans plusieurs centaines de kilomètres, notre satellite naturel sera observé simultanément à fond du ciel étoilé, la parallaxe lunaire est facilement détectée. Nous avons juste besoin d'être d'accord concernant les observations d'étoiles qui seront faites, puis le premier astronome verra le bord lunaire disque sur le une coin distance de à l'avance choisi étoiles, un deuxième, respectivement, - sur le Par ailleurs. Plus loin - déjà une entreprise technique : si connu biais Lune relativement stellaire Contexte et distance entre observatoires, alors Avec aider fonctions trigonométriques simples boîte calculer distance avant de Lune.

À le progrès tel observations C'était établi, Quel ordre de grandeur lunaire parallaxe est de 57 minutes d'arc, soit environ 1 degré d'arc (un cercle complet est de 360 degrés; Il y a 60 minutes dans un degré et 60 secondes dans une minute). Décalage à 57 les minutes d'arc sont très faciles à mesurer, puisqu'elles sont approximativement égales à deux diamètres apparents Achevée Lune. Distance, calculé Avec aider parallaxe, montré bien coïncidence avec les nombres obtenus par l'ancienne méthode éprouvée - par l'ombre de la terre dans temps éclipse lunaire.

Mais il y avait un problème avec les planètes. Le problème c'est qu'ils sont trop loin. par conséquent, le décalage parallactique est si petit qu'il ne peut pas être mesuré jusqu'au début du XVIIe siècle. Le problème a été résolu avec succès après l'invention du télescope en 1608 an. Dans deuxième demi XVII siècle deux Français astronome, Jean Richet et Giovanni Cassini (italien d'origine), calculé par la méthode de la parallaxe distance de Terre avant de Mars. Observations ont été réalisées simultanément dans Paris et Guyane Française. Le modèle de Kepler a finalement reçu l'échelle souhaitée, après quoi toutes les autres distances à l'intérieur du système solaire pouvaient être calculées sans difficulté. À en particulier Cassini déterminé Quel distance de Terre avant de Soleil est 140 million kilomètres. Pour XVII siècle c'est très pas mal précision, Alors comment il mauvais Total sur 10 millions de kilomètres. La technologie ne s'est pas arrêtée et dans la première moitié du XVIIIe siècle Le résultat de Cassini a été corrigé à 152 millions de kilomètres (la valeur actuelle est 149,6 million kilomètres). Cette évaluer ensuite appelé *astronomique unité* (un. e.) et devenir large appliquer dans qualité le sien gentil interplanétaire milles.

Ensoleillé système acquis Impressionant dimensions: par exemple, distance de Le soleil à Saturne est presque un milliard et demi de kilomètres, presque dix fois plus qu'à la Terre. Et quand l'astronome anglais William Herschel découvrit en 1781 Uranus (cette planète n'est pas visible à l'œil nu, donc les anciens n'en savaient rien existence), Ensoleillé système tout de suite même a grandi presque deux fois (entre Uranus et Le soleil se trouve à environ 3 milliards de kilomètres). En 1846, l'astronome français Urbain Joseph Le Verrier a découvert Neptune, et l'Américain Clyde Tombaugh en 1930 a découvert Pluton, la neuvième et dernière planète. Ainsi, le système solaire a de nouveau doublé de taille, pour Pluton est séparée du Soleil par près de 6 milliards de kilomètres, soit environ 40 astronomiques unités. Et son diamètre sera respectivement égal à 12 milliards de kilomètres (80 UA). Un faisceau de lumière qui vole à 300 000 kilomètres par seconde et se déplace en une seconde avec trimestre avant de Lune et par huit minutes avant de Soleil, aurait besoin à proximité 12 heures, à traverser sonde fin dans la fin.

Essayons Suite visuellement introduire toi-même relatif échelle solaire systèmes. Si un représenter Soleil dans salle de billard Balle (sur sept centimètres en diamètre), puis à Mercure - la planète la plus proche du Soleil - sera à une telle échelle près de trois mètres (280 centimètres) et à la Terre - un peu plus de sept mètres et demi. La planète géante Jupiter se déplacera à une distance d'environ 40 mètres, et Pluton devra commettre décent marche parce que le il sera mentir dans 300 mètres de Soleil. Les dimensions de la Terre à cette échelle ne seront que de 0,5 millimètre, donc pour voir de telles un grain de poussière ne peut être qu'une personne ayant une bonne vue. Alors c'est mieux d'en faire un peu Suite: laisser ordre de grandeur Terre sera correspondre Taille la norme poignet heures. Alors à cette échelle le diamètre du Soleil sera égal à deux fois la moyenne croissance humaine, et la distance entre la Terre et le Soleil sera de 400 mètres. Pluton sera et du tout ne pas voir parce que il se retirer sur le distance dans quinze kilomètres.

Cependant, l'orbite de Pluton n'est en aucun cas le point le plus éloigné du système solaire. Quand à 1684 an génial Anglais scientifique Isaac newton ouvert mien célèbre droit gravitation universelle, selon laquelle les corps sont attirés les uns vers les autres avec force, directement proportionnelle au produit de leurs masses et inversement proportionnelle au carré de la distance entre eux, le modèle de Kepler a acquis une justification mathématique. Les scientifiques ont reçu les bras fiable outil, en permettant calculer n'importe quel orbite, même si corps observée sur un petit segment de sa trajectoire. Les astronomes se sont longtemps occupés des comètes - caudé invités, temps de temps émergent sur le firmament. Ami et contemporain Newton, Edmund Halley a vu une périodicité distincte dans le comportement de certaines comètes. et suggéré Quel elles ou ils bougent autour de Soleil sur très fortement allongé orbites (ellipses avec une grande excentricité, comme disent les astronomes). Halley a calculé l'orbite l'une de ces comètes et prédit qu'elle reviendrait en 1758. 16 ans après le sien de la mort prédiction Halley est devenu réalité: comète vraiment est apparu sur le ciel dans spécifié leur an et Avec depuis porte le sien Nom, de façon régulière retour tous 75 ou 76 années.

A son périhélie (le plus proche du Soleil), la comète de Halley est à l'intérieur orbite de Vénus, et à l'aphélie (le point de distance maximale du Soleil) va bien au-delà orbite Neptune - sur le 5 Avec superflu milliard kilomètres. Cependant exister Alors appelé longue période comètes, qui appliquer sur alors allongé orbites Quel reviennent à heures de soleil dans plusieurs des siècles un alors et millénaires. À Au milieu du siècle dernier, l'astronome néerlandais Jan Hendrik Oort a suggéré que que bien au-delà de l'orbite de Pluton se trouve un immense nuage de comètes, d'où elles viennent de temps en temps pénétrer dans quartier Soleil. À tel Cas diamètre solaire systèmes peut être atteindre 1000 milliard kilomètres et même Suite, ou douzaines mille astronomique unités. Aujourd'hui, l'hypothèse d'Oort est pratiquement devenue une théorie. Histoire détaillée sur planètes solaire systèmes et céleste corps mensonge par orbite Pluton tu, lecteur, tu peux trouver dans chapitres "Bague autour de Soleil" et "Neuf ou Dix?".

De manière à début XVIII question de la taille du siècle solaire la famille était pratiquement résolu (bien sûr, sans les trois dernières planètes qui ont été découvertes plus tard). La gauche s'occuper des étoiles fixes, découvrir une fois pour toutes ce qu'elles sont. Quoi elles ou ils comme ça: Total seulement points sur le sphérique firmament, mensonge à plus les frontières solaire systèmes, comment a cru ancien, ou énorme céleste corps, télécommande sur le distance monstrueuse ? La méthode parallaxe, qui a remarquablement fait ses preuves lors du calcul des distances entre les planètes, n'a évidemment pas fonctionné ici, car aucune d'entre elles étoiles ne pas géré S'inscrire n'importe quel visible décalage. Même si observateurs étaient séparés par une distance égale au diamètre de la Terre, l'écart entre les étoiles ne pas changé ni l'un ni l'autre sur le iota.

Cependant, il y avait une autre possibilité. Le diamètre de notre planète n'atteint pas et 13 mille kilomètres, mais après tout, la Terre, comme vous le savez, ne reste pas en place, mais rapidement vole dans le vide autour du soleil. Les points opposés de l'orbite terrestre sont séparés par espace de près de 300 millions de kilomètres. La solution s'est imposée d'elle-même : si un soir pour mettre la position des étoiles sur la carte, puis faire de même exactement après six mois, puis l'astronome observera le ciel étoilé à partir de deux points séparés par un énorme distance, supérieur dans 23 milliers une fois que Achevée longueur terrestre diamètre. Pertinent façon devoir augmenter et parallaxe. Par an étoile décris minuscule ellipse - le sien gentil image terrestre orbites dans miniature, un angulaire distance de les bords cette ellipse avant de le sien centre comment fois et sera parallaxe étoiles.

Pour les planètes méthode similaire pas bon parce qu'ils enroulement capricieux à travers le ciel sur le à travers de l'année, masquage les sujets plus parallaxe biais, appelé mouvement Terre. Séparé posséder Circulation planètes de son parallaxe - une tâche complexité écrasante. Mais les étoiles sont pratiquement stationnaires tout au long de l'année, donc découvrir ils ont un décalage de parallaxe bien réel. La logique semble être impeccable, mais aucune parallaxe stellaire n'a pu être détectée. Il est dans la cour depuis longtemps XIXe siècle, mais les astronomes, peu importe comment ils se sont battus, n'ont pas pu déterminer au moins un élément sensible biais ni à une étoile.

La situation devenait très désagréable. Bien sûr, on peut toujours supposer que tout étoiles sans pour autant exceptions sommes sur le une et le volume même distance de Terre. Alors, bien sûr stellaire parallaxe ne pas sera, parce que le parallaxe biais se pose seulement dans le volume Cas, si nous comparer position proche matière Avec position relativement loin. Cependant hypothèse solide firmament, ou mince coquille sphérique, à la surface de laquelle se trouvent les étoiles, avait l'air très douteux. Les étoiles varient beaucoup en luminosité, et pour s'en assurer, suffisant simplement voir sur le nocturne ciel. classer leur sur cette paramètre les anciens Grecs ont appris, divisant toute la population stellaire en 6 magnitudes (1ère étoile 100 fois plus brillante qu'une étoile de 6e magnitude). Il est clair qu'avec l'invention du télescope le régiment d'étoiles est arrivé, car il est devenu possible d'observer des étoiles indiscernables œil nu. Le nombre de magnitudes stellaires a immédiatement augmenté considérablement. C'était raisonnable supposons que la vraie luminosité toutes les étoiles mensonges en jolie des limites étroites et la différence de leur luminosité apparente est due uniquement à la distance. D'autre part, c'est interdit C'était réinitialiser co comptes et opposé considération: tout étoiles mentir à peu près à la même distance de la Terre, mais ils brillent de manière complètement différente, comme ampoules plus grand et moins de puissance.

Concept équidistance étoiles Avec crépitement manqué lorsque astronomes deviné appliquer à antique stellaire répertoires. Première systématiquement Hipparque a commencé à cataloguer les étoiles, et Ptolémée a poursuivi son travail, laissant à la postérité fondamental traité "Almageste", dans qui fixé coordonnées 1000 Avec superflu étoiles. À 1718 an déjà familier nous Edmond Halley, en train d'étudier stellaire ciel, découvert de façon inattendue qu'au moins trois étoiles (Arcturus, Procyon et Sirius) sontpas du tout où ils ont été notés par les anciens Grecs. L'écart était si grand que erreur ne pas pourrait être et discours : par exemple, Arcturus défendu sur le ensemble diplôme de spécifié dans Points "Almagest". Rappelons qu'un degré est une distance double du diamètre. pleine lune. Il restait à supposer que les étoiles, comme les planètes, ont leur propre mouvement, seulement leur Circulation incomparable Ralentissez si Arcturus a pris Suite un et demi mille années, à passer à une diplôme.

La recherche des parallaxes stellaires se poursuit, mais le premier succès revient aux astronomes seulement dans 30s années XIXe siècle, lorsque télescopes et astronomique outils devenir beaucoup plus parfait. À 1838 an Allemand astronome Frédéric Guillaume Bessel géré définir parallaxe 61 cygne, an plus tard publié leur Résultats Anglais Thomas Henderson (il étudié position d'Alpha du Centaure) un 1840 L'astronome russe Vasily Yakovlevich a rendu compte de ses observations de l'étoile brillante Begi Struve. Justice pour l'amour de devrait aurait révéler palmier championnat exactement Struve, parce qu'il a terminé le travail avant tout le monde - en 1837, mais il était un peu en retard avec publication. Les distances stellaires se sont avérées incroyablement énormes. Même le plus proche Étoile solaire - Alpha Centauri (en fait, c'est une étoile triple, et la plus proche du Soleil mensonges troisième, faible son composant - Proxima, Quel traduit comment "la plus proche") situé sur le distance 4.3 lumière de l'année. interplanétaire verste - astronomique l'unité n'est plus adaptée à de tels espaces ouverts, donc les astronomes utilisent l'interstellaire un mille est une année-lumière. *Année-lumière* - est la distance à laquelle un faisceau de lumière voyage à partir de vitesse de 300 mille kilomètres par seconde, surmontée en un an. Souviens-toi de cette lumière le faisceau ne prend que 8 minutes pour atteindre le Soleil, et environ 6 heures pour se précipiter avant de Pluton un avant de la plus proche étoiles il doit crawl plus de quatre années. Si un peu importe,tu peux essayer d'exprimer est la distance en kilomètres : puisque l'on lumière an approximativement égal à 9,5 billions de kilomètres, alors la distance jusqu'à Proxima Centauri est à proximité 40 trillions kilomètres (40 000 000 000 000 kilomètres).

Si nous rappelons notre modèle avec une boule de billard à la place du Soleil, la Terre en sept à un demi-mètre de lui et Pluton à une distance d'environ 300 mètres, puis à cette échelle distance entre Soleil et la plus proche à lui étoile sera robe presque 2000 kilomètres. MAIS dans des modèles, où Terre a été ordre de grandeur Avec poignet Regardez, un Pluton a été dans quinze kilomètres de son y aller avant de proche centaure sera très problématique parce que le c'est distance sera à proximité 100 mille kilomètres - deux Avec demi autour du monde voyages. Suite Suite visuel Exemple a inventé une Moscou Maître de conférences. Il a pris un morceau de craie et l'a déclaré "planète Terre", et une planche accrochée au mur - Soleil. Du tableau noir à la craie, il n'y avait qu'un mètre, conçu pour représenter l'astronomie unité - 150 million kilomètres, séparer soleil et Terre. "Comment dans cette à l'échelle de l'étoile la plus proche ? demanda le conférencier à l'auditoire. Le public est devenu timide s'exprimer. Quelqu'un a suggéré que l'étoile serait dans une ruelle voisine, mais la plupart resolute représentait la périphérie de la ville. Pendant ce temps, la star était à Yaroslavl (ou n'importe quel ami ville, télécommande sur le 300 kilomètres). Suite une fois que nous soulignons Quel c'est la plus proche au soleil étoile.

Besselevskaïa 61 cygne s'est avéré Suite plus loin - dans 11.1 lumière de l'année, un avant de Cours qui a été étudié par V. Ya. Struve, était de 27 années-lumière. C'est l'échelle des distances stellaires. Après définitions première parallaxe à la plus proche étoiles reçu large Se propager Suite une interstellaire mile - *parallaxe seconde,* ou parsec. Parsec (pc) - c'est distance, sur le qui étoile à son observation Avec opposé pointsL'orbite terrestre change sa position apparente d'une seconde d'arc d'arc. Ou plus plus simple : la distance à partir de laquelle l'orbite terrestre est visible sous un angle d'une seconde d'arc. Une parsec équivaut à 3.26 lumière de l'année, 206 265 astronomique unités ou 30.857×10^{12} kilomètres (légèrement Suite trente mille milliards kilomètres). Distance avant de proche centaure est 1.3 parsec, avant de 61 cygne - 3.4 parsec, un avant de Cours - 7.8 parsec. suggéré conclusion, Quel étoiles - en aucun cas ne pas adimensionnelle points sur le firmament, un gigantesque Soleil, dans tout le monde similaire notre originaire de astre, seulement télécommande monstrueusement loin, sur le distance mesurée par de nombreux lumière pendant des années.

En calculant la vraie distance à l'étoile, vous pouvez calculer sa luminosité, c'est-à-dire non visible stellaire évaluer, un véritable force son Sveta, qui reçu appel absolu stellaire Taille. Assez possible et inverse procédure: mentalement en plaçant une étoile à n'importe quelle distance arbitraire, on peut déterminer la luminosité elle est sera sembler terrestre observateur. Absolu stellaire ordre de grandeur appelé luminosité étoiles sur le distance dans Dix parsec (32,6 lumière de l'année); bien sûr étoiles inégalement répartis dans l'espace, mais si nous les alignons sur un distance, alors nous pouvons comparer leur valide luminosité. Notre Soleil sur le une distance de 10 parsecs serait une étoile très faible avec une magnitude absolue de 4,9, et Sirius est l'étoile la plus brillante de notre ciel - il brillerait presque autant qu'il brille sur son lieu (2,7 parsecs, soit environ 9 années-lumière). Sa grandeur absolue est 1.4, de Quel suit, Quel vrai luminosité Sirius dépasse ensoleillé dans 25 une fois que. Bien sûr, c'est loin d'être la limite : la géante bleue Deneb (on parlera des classes d'étoiles dans Suivant chapitre) dépasse sur luminosité Soleil dans 270 mille une fois que; il ne pas regards particulièrement lumineux uniquement parce qu'il est très loin de nous (plus de 3 mille lumière années).

En d'autres termes, la brillance apparente d'une étoile ne dit rien sur la quantité de lumière qu'elle rayonne. Le soleil brille extrêmement fort, car il se trouve littéralement dans deux étapes. Sirius est environ quatre fois plus lumineux que Vega de la constellation de la Lyre, et le guide L'étoile polaire est la plus sombre d'entre elles (six fois plus faible que Vega). Cependant, si nous produit réévaluation des valeurs et aligné ces étoiles sur le le même distance de Terre, alors l'étoile polaire prendrait en toute confiance la première place, et la deuxième place serait Véga, sur le troisième - Sirius, mais magnifique Soleil est devenu aurait désespéré outsider.

Lorsqu'au milieu de l'avant-dernier siècle, il était possible de déterminer la distance au plus proche étoiles, la question s'est immédiatement posée de savoir jusqu'où elles s'étendaient. oeil nu boîte voir à proximité six mille étoiles, mais lorsque Galilée regardé sur le ciel dans ma une longue-vue primitive, il a immédiatement découvert que les étoiles étaient piquées beaucoup plus densément. C'est juste que de nombreux membres de cette famille glorieuse sont si faibles que vous ne pouvez pas les voir. sans l'aide d'un télescope, il n'y a aucune possibilité. Technologie astronomique moderne permet de distinguer les étoiles de la 25e magnitude. De plus, déjà à l'époque d'Herschel, il devenait clair que les étoiles sont réparties dans l'espace de manière très inégale. Si tu regardes le ciel nuit sombre sans lune, vous pouvez voir une faible lueur brumeuse encerclant l'ensemble firmament de horizon à horizon. À malheureusement brillant Urbain les lumières ne pas Autoriser s'embrasser le sien comment devrait (électrification, Avec points vision astronome, en général une bénédiction douteuse), mais quelque part dans le désert, vous pouvez facilement voirmou, tendre lumineux laitier déshabiller, traversée nocturne ciel. ancien Les Grecs appelé ses galaktikos ("laiteux, laiteux"), et les Romains - via lactea, qui se traduit littéralement moyens "laiteux chemin". Origine cette titres associé à antique le mythe de jet Le Lait, qui éclaboussé sur le ciel de poitrine déesses Héra, épouses Zeus lorsque elle estrepoussé bébé tout seul Hercule.

Il y a beaucoup plus d'étoiles dans la direction de la Voie lactée que dans n'importe quel une autre les pièces firmament, c'est pourquoi Herschel raisonnable suggéré Quel étoiles ne pas distribué uniformément, un collecté dans compact structure, ayant formulaire lentille biconvexe. Selon Herschel, notre système stellaire (plus tard il est devenu appeler la Galaxie) pourrait contenir environ 300 millions d'étoiles et avoir 15 milliers d'années-lumière (n'oublions pas que les premières parallaxes stellaires n'étaient mesurées que à travers 16 années après de la mort Herschel). Aujourd'hui nous nous savons Quel notre galaxie *laiteux Chemin* (ou juste *Galaxie* avec une majuscule) est beaucoup plus grand : son diamètre est de 100 mille années-lumière, et le nombre d'étoiles atteint 200 milliards (cependant, le nombre population stellaire, selon les estimations de divers auteurs, varie considérablement - de 150 à 400 milliard étoiles).

Ici nécessaire fais petit battre en retraite et raconter au lecteur Quel ces paramètres ont été calculés de cette manière. Depuis le décalage de parallaxe avec de grandes travail réussir mesure même près du plus proche étoiles, détection de parallaxe aux objets à plus de 100 années-lumière, devient une tâche presque impossible. La parallaxe est une valeur dérivée du mouvement propre d'une étoile, il est donc clair que que plus une étoile est éloignée, plus il est difficile de capter son mouvement dans le ciel. Pas entrer dans dans détails, Disons Quel astronomes Aider Alors appelé Céphéide échelle. Les céphéides sont appelées étoiles variables pulsantes, qui sont strictement périodiques changer leur luminosité d'une ou deux magnitudes (la puissance de rayonnement augmente de 2,5 à 6 une fois que sur comparaison Avec le minimum). Réellement divers variables étoiles existe beaucoup de; l'une des plus célèbres est la géante rouge Omicron Ceti, découverte en fin du XVIe siècle par l'astronome allemand David Fabricius. Cette étoile est plusieurs fois change son éclat avec une période d'environ 11 mois, elle s'appelait donc Mira (traduit de Latin - "étonnante"). Cependant le plus grand sens pour astrophysiciens ont étoiles variables à courte période avec une période d'un jour à un mois (généralement environ semaines). C'est exactement le delta de Céphée, changeant de luminosité avec une période de 5,37 jours, ce qui a donné le sien nom pour tout famille similaire étoiles.

À tôt du passé siècle Américain astronome Henriette Léavitt découvert relation correcte entre la luminosité et la période de certaines Céphéides. Le plus il y avait une période, plus l'étoile rayonnait d'énergie par unité de temps. Après avoir calculé la puissance rayonnement selon la dépendance "période - luminosité", les scientifiques ont pu calculer la distance à Céphéides. Tout d'abord, les distances relatives ont été établies (combien de fois une étoile plus près ou plus loin qu'une autre), puis absolues, en tenant compte de la vitesse radiale des Céphéides (en spectre d'une étoile s'approchant ou s'éloignant le long de la ligne de visée, un décalage se produit spectral lignes). Astrophysiciens a obtenu fiable échelle. MAIS du tout récemment sur le les astronomes ont été aidés par des supernovae d'un certain type (type 1a), dont la luminosité se situe dans des limites très étroites. A propos de ces étoiles, appelées "bougies standards", détail dit dans chapitre « Et les ténèbres est venu."

Au début du 20ème siècle, le monde s'était étendu de manière inimaginable. Il est finalement devenu clair que Le soleil est l'une des centaines de milliards d'étoiles qui peuplent notre Galaxie, et loin d'être des plus remarquables. Dans la nomenclature des étoiles, il est répertorié comme un jaune ordinaire nain de classe G. Oui, et se trouve, d'ailleurs, en aucun cas au centre, comme il le croyait, par exemple, Herschel, et à la périphérie de la Voie lactée, dans l'un de ses bras en spirale - 26 mille lumière années de centre galaxies (sur huit kiloparsec). clairement imaginer ces l'étendue écrasante n'est pas facile. Si nous réduisons tout le système solaire à la taille d'un grain de sable, alors l'étoile la plus proche Proxima Centauri sera à cette échelle à distance d'un mètre, et la distance au centre de la Galaxie sera de près de 9 kilomètres. Si l'on se rappelle le modèle avec une boule de billard à la place du Soleil, les dimensions de la Voie lactée équivaudra à 60 millions de kilomètres - une valeur tout à fait comparable à la distance de Terre au Soleil.

Cependant, l'univers ne se limite pas à la galaxie de la Voie lactée. Si nous pouvions Pars son limites, avant de nous ouverte basculée aurait immense vide espace, noirceur de charbon impénétrable, dépourvue de tout objet visible. Et seulement sur à environ 200 000 années-lumière de notre île étoilée, nous trouverions deux en lambeaux brumeux éducation mauvais formes - gros et Petit Magellanique des nuages. Elles sont Bien visible sur le ciel Du sud hémisphère dans formulaire deux taches blanchâtres et ressemblent à des fragments isolés de la Voie Lactée. Pour la première fois décrit une des participants autour du monde natation fernana Magellan. direct rapports ils n'ont pas à la Voie lactée : ce sont deux petites galaxies indépendantes, assez pauvres étoiles. Le Petit Nuage de Magellan se trouve à 160 000 années-lumière et Le grand est poussé encore plus loin - de près de 200 000 années-lumière. Bien que le Magellan les nuages sont sensiblement plus petits que la Voie lactée, très curieux objets. Par exemple, l'étoile S Doradus est située dans le Grand Nuage de Magellan, posséder le plus grand célèbre luminosité. sans armes œil elle est ne pas visible car Quel Il a 8ème stellaire évaluer, mais son absolu luminosité dépasse soleil 600 mille fois! Et dans le Petit Nuage de Magellan il y en a déjà des centaines des connaissances nous céphéide, qui systématiquement étudié Henriette Léavitt dans tôt du passé siècle.

    Si un aurait nous regardé Avec tel distances sur le notre posséder galaxie, alors verrait un disque en spirale impressionnant, ressemblant vaguement à une rotation furieuse tourbillon (forme biconvexe lentilles ou broches elle est acquiert à voir Avec travers de porc). Cependant laiteux Chemin et Magellanique des nuages - c'est Suite loin ne pas tout. À 2 Avec demi million lumière années de laiteux Façons mensonges spirale galaxie andromède, beaucoup supérieur notre sur Masse et quantité étoiles. Elle est visible à l'œil nu sous la forme d'un astérisque pâle de 5ème magnitude et est répertorié dans le catalogue Messier sous numéro 31, il s'appelait donc M31. (Charles Messier - le célèbre Français astronome, une de première a débuté se maquiller catalogue nébuleuses et stellaire groupes.)

    Galaxie d'Andromède, Voie lactée, Nuages de Magellan, Spirale en triangle (MZZ) et beaucoup de galaxies un peu moins (général Numéro à proximité 40) sont inclus dans composé Alors appelé *le groupe local* avec un diamètre de plus de 3 millions d'années-lumière. Dans les 10 Mpc (mégaparsec, c'est-à-dire des millions de parsecs), soit plus de 30 millions d'années-lumière, dispersés une dizaine de groupes similaires. Et à 15 Mpc (près de 50 millions de lumière ans) se trouve un grand amas dans la constellation de la Vierge, comptant plusieurs milliers de galaxies. Alors le chemin notre local Groupe fait parti à Suite Suite grande échelle structure, communément appelé un superamas local de galaxies. Son diamètre est de 30Mpc, un épaisseur - à proximité Dix MPC (100 et trente Avec superflu million lumière annéesrespectivement). Centre cette gigantesque galactique des nuages est le cluster susmentionné dans Vierge.

    La galaxie de la Voie lactée se blottit au bord d'un superamas local. Et aussi plus loin, sur le distance dans 90 MPC (Chèque se rend déjà sur le des centaines million lumière années), situé beaucoup Suite grand accumulation dans constellation Cheveux Véronique, dans composé qui inclus plus de 10 mille galaxies. Par tout apparence, il représente toi-même partie d'un autre superamas galactique géant, qui a récemment Des dizaines sont ouverts. Ainsi, ils couronnent la hiérarchie des structures de notre *Métagalaxies* (de la partie observable de l'univers). Seulement à des distances de l'ordre de plusieurs des centaines million lumière années univers boîte envisager comment relativement homogène structure, qui contient douzaines milliard galaxies. Moderne l'astrophysique dispose d'un équipement parfait de haute précision qui vous permet de conduire observations dans la plus large gamme d'ondes - des ondes radiométriques aux rayons gamma. En dehors de traditionnel optique télescopes large appliquer infrarouge et radiotélescopes, ainsi que des détecteurs de rayons X et gamma. Développement rapide astronomie des neutrinos. Les scientifiques ont accès à des distances inimaginables mesurées 10-12 milliards d'années-lumière, quand le monde était encore jeune et frais, et les premières galaxies à peine géré formulaire. Alors le chemin dimensions observable les pièces Univers boîte estimation environ à 6 mille mégaparsec.

    Lorsque nous regardons des étoiles ou des galaxies lointaines, nous devons garder à l'esprit que nous reculer le long de l'axe du temps. Si Sirius est à environ 9 années-lumière, nous voyons c'était comme il y a 9 années-lumière car la lumière a une vitesse finie Distribution. Des rayons rouge géant Bételgeuse de constellations Orion déclencher dans au temps des troubles, lorsque Boris Godounov était assis sur le trône de Russie. Balle les amas d'étoiles au centre de la galaxie nous ramèneront à la dernière période glaciaire, et la lumière la nébuleuse d'Andromède a été émise à une époque où nos ancêtres ressemblant à des singes se tenait sur deux jambes et tournait les premières pierres. Les objets les plus éloignés de notre univers envoyer lumière de ère, télécommande dans passé sur le de nombreux des milliards années. solaire systèmes et planètes Terre alors Suite ne pas était dans rappelles toi.

Afin d'estimer personnellement, dans des images vivantes, la taille de la partie observée de l'Univers, ou métagalaxies, mentalement réduire terrestre orbite (son diamètre 300 million kilomètres) à la taille de la couche électronique interne dans le modèle classique de l'atome Bora (son rayon équivaut à 0.53x10-8cm). Alors la plus proche étoile accueillera même si et sur le distance petite mais assez macroscopique de 0,014 millimètre, la distance à le centre de la galaxie sera de 10 centimètres et le diamètre de la Voie lactée sera de 35 centimètres. La galaxie d'Andromède s'éloignera jusqu'à six mètres de l'atome de Bohr, et distance à la partie centrale de l'amas de galaxies de la constellation de la Vierge, qui comprend notre Le groupe local sera à environ 120 mètres. Radio galaxie Cygnus A (avant 600 millions lumière années) "s'enfuir" pour cette échelle sur le deux Avec demi kilomètres un avant de loin radio galaxy 3C 295 devra marcher et marcher - après tout, 25 kilomètres. En tout, terrestre Balle énorme comment Avec pathétique un enseignant a dit classes élémentaires...

Étoile spectacle de monstres

*- Oui... Nous vivons nous vivons - un Pourquoi? Secret des siècles.
Et sauf si comprisquelqu'un mince filiforme l'essence des luminaires?*

Victor Pélevin

à l'extérieur n'importe quel les doutes, le plus remarquable et commun objets notre L'univers est constitué d'étoiles, il est donc logique de commencer à parler de ses "habitants" avec leur. Monde étoiles grèves leur variété. Parmi leur il y a étoiles géantes et étoiles naines, vedettes collectivistes, préférer se égarer dans troupeaux, et des anachorètes vedettes vivant dans un splendide isolement. De nombreuses étoiles forment ce qu'on appelleplusieurs systèmes de deux ou trois étoiles qui tournent autour d'un centre de gravité communsur le relativement petit distance ami de ami. Seul étoiles similaire foncé fantômes, car ils brillent dans la gamme infrarouge, tandis que d'autres brillent par dizaines et centaines des milliers de fois plus brillante que notre soleil. Et seulement dans un paramètre - en masse - ils ne sont pas très varient beaucoup entre elles : de 1/10 de la masse du Soleil à 100 masses solaires. Étoiles presque comme personnes ils naissent, grandissent, vieillissent et sont en train de mourir. Mais si seul aller à l'autre monde tranquillement et imperceptiblement, alors la mort des autres s'accompagne de grandioses cosmiquescataclysmes, reçu Titre explosions supernovae. Tel étoiles visible sur le distances de plusieurs millions d'années-lumière, et leur luminosité dépasse la plus riche imagination: intolérable briller nains de supernova cumulatif briller des centaines milliard étoiles de toute la galaxie.

Comment connu rien ne pas toujours et à étoiles c'est s'applique dans Achevée mesure. Chaque Fin du temps. Certaines étoiles vivent brillantes et de façon festive, brûlant en quelques millions années. Lorsque les dinosaures parcouraient la Terre, ils n'existaient pas encore. L'existence éphémère de ces éphémères adapter dans une un court galactique instantané. Autre conduire mesuré sans hâte Existence et sera Direct pendant longtemps: temps la vie étoiles, un peu moins massif comment Soleil, peut être atteindre 25 milliard années (notre Univers est né il y a seulement 14 milliards d'années environ). Le soleil a illuminé environ 5 milliards ans et aujourd'hui est « un homme dans la force de l'âge », comme disait Carlson. Comme lyrique héros Dante ce géré passe le terrestre la vie Total seulement avant de demi. Quelques étoiles destiné pas facile sort: lorsque elles ou ils brûler jusqu'au sol le sien nucléaire le carburant, alors changer en dans le noir des trous - étonnante objets, posséder très étrange et même effrayant Propriétés. Chemin à centre le noir des trous - c'est descente dans enfer, route sans pour autant revenir, parce que le force la gravité sur le son surfaces atteindre des magnitudes telles que même la lumière ne peut pas sortir. Monstrueux la gravité Comme sévère pierre tombale le fourneau toujours et à jamais clôtures le noir trou de notre paix. Cependant, sur les noirs des trous nous dans le sien il est encore temps parlons.

La première chose qui attire votre attention, même avec un coup d'œil rapide sur le ciel nocturne, est un différence entre les étoiles de luminosité et de couleur. Les anciens Grecs, comme nous nous en souvenons, ont brisé l'ensemble public stellaire en six classes, appelées magnitudes stellaires. Étoiles les étoiles de première magnitude sont 2,512 fois plus brillantes que les étoiles de deuxième magnitude, et ainsi de suite. De cette façon, étoiles sixième quantités plus faible étoiles première quantités dans 100 une fois que. En dehors de visible magnitudes stellaires, il y a des magnitudes absolues, dont j'ai déjà parlé dans le précédent chapitre, donc je ne le répéterai pas. En fait, la grandeur absolue est la même la même que la luminosité d'une étoile (elle est généralement exprimée en unités de luminosité du Soleil et désignée par la lettre L), c'est-à-dire la quantité totale d'énergie émise par une étoile par unité temps. Les étoiles varient considérablement dans ce paramètre. Je vous rappelle que la luminosité de Deneb dépasse le solaire de 270 mille fois, et la luminosité du S Dorado dans le Grand Magellan nuage dépasse la luminosité du Soleil de 600 000 fois. Entre autres étoiles brillantes de notre le ciel peut être mentionné Antares (alpha Scorpio), Betelgeuse (alpha Orion) et Rigel (bêta Orion), luminosité qui dépasser ensoleillé dans quatre mille, huit mille et 45 mille fois respectivement. D'autre part, la luminosité des étoiles naines peut, à son tour, rendement luminosité solaire dans des milliers et des dizaines mille une fois que.

Seules les étoiles très brillantes peuvent voir la différence de couleur à l'œil nu. Disons Antarès et Bételgeuse sera rouge, Chapelle - jaune, Sirius - blanche, un Véga
- blanc bleuâtre. Mais un petit télescope amateur ou même un champ décent les jumelles amélioreront considérablement la qualité de l'image. La couleur d'une étoile, et donc son spectre déterminée par la température de ses couches superficielles. À une température de 3-4 mille degrés Kelvin étoile sera rouge, à 6–7 milliers degrés acquiert distinct teinte jaunâtre et les étoiles chaudes avec une température de 10-12 mille degrés brillent en blanc ou bleuâtre lumière. À contemporain astronomie il y a fiable et assez méthodes objectives de mesure de la couleur des étoiles, à l'aide desquelles la magnitude sous Nom "indice couleurs". Pour chaque sens indicateur couleurs correspond précis type de spectre.

Reçu allouer Sept Majeur spectral Des classes qui désigner Lettres latines O, B, A, F, G, K et M. Pour plus de précision, chaque classe spectrale divisé en 10 sous-classes (de 0 à 9 avec une température descendante croissante). Alors Ainsi, une étoile avec le spectre B9 sera plus proche en caractéristiques spectrales de spectre A2 que, par exemple, le spectre B1. Les étoiles des classes O - B sont bleues (température de surface - environ 100 - 80 mille degrés), A - F - blanc (11 - 7,5 mille degrés), G - jaune (environ 6 000 degrés), K - orange (environ 5 000 degrés), M - rouge (2-3 milliers degrés).

Notre Soleil appartient à la classe spectrale G2 (la température de sa surface couches - environ 6 000 degrés) et est considérée, aussi insultante soit-elle, comme une étoile jaune naine. Cependant, la taille de ce nain est tout à fait décente - le diamètre du Soleil est d'environ 1,4 million kilomètres.

Quelques étoiles peut périodiquement monnaie mien briller. À première chapitre Raconté sur céphéides, palpitant variables étoiles, qui quelquefois appelé
"phares de l'Univers", car grâce à eux, il a été possible de construire une échelle fiable, avec l'aide de que les astronomes ont appris à déterminer les distances aux étoiles lointaines et aux autres galaxies. Les céphéides sont des supergéantes jaunes avec une température de surface d'environ le même que le Soleil. Mais ils brillent beaucoup plus fort, car la puissance de leur rayonnement dépasse ensoleillé dans douzaines mille une fois que. périodique monnaie briller étoiles

de ce type est associé à des processus physico-chimiques complexes dans leurs profondeurs, donc elles sont généralement appelées variables vraies ou physiques. Étoile du monde de la constellation Kita fait également partie des variables réelles, bien que la période de changement de luminosité dans son beaucoup Suite et est à propos Onze mois (à céphéide - de journées avant de mois).

Cependant, il existe des étoiles variables dont les fluctuations de luminosité ne sont en aucun cas liées à Caractéristiques leur interne bâtiments. Un exemple tel l'étoile est Algol (bêta Persée), qui dans antiquité appelé "œil diable" et "goule". Son luminosité change d'une grandeur entière tous les trois jours sans trois heures. Les Grecs ont placé beta Perseus dans la tête de Medusa Gorgon - un terrible monstre à crocs sous une forme féminine et avec des serpents au lieu de cheveux. Le regard de cette créature ailée a transformé tous les êtres vivants en pierre. Algol s'applique à Numéro Alors appelé éclipsant double étoiles, car Quel les raisons la variabilité de sa luminosité est fondamentalement différente de celle du delta Céphée ou de l'omicron Cetus. Autour de Algol attire faible étoile - deuxième composant double systèmes, orbite qui mensonges dans une avion Avec terrestre orbite. Lorsque elle est il s'avère que entre Algolem et la Terre sur la ligne de mire d'un observateur terrestre, puis l'éclipse partiellement. De cette façon, intensité radiation Algol dans réalité ne pas s'intensifie et ne pas s'affaiblit un restes strictement constant. Tout simplement sur le façon dissémination lumière des rayons périodiquement un obstacle surgit.

Il est raisonnable de supposer que puisque la température de surface des étoiles rouges du spectre classe M est plus de deux fois plus petit que le soleil, alors ils devraient briller très faiblement. Cependant, en réalité, tout s'est avéré loin d'être aussi élémentaire. Quelques étoiles de classe M (Disons "volant" Barnard) vraiment couver à peine, bien qu'ils soient du tout proche du Soleil (la distance à Barnard est d'environ 6 années-lumière). Mais beaucoup d'autres, appartenant certainement à la même classe spectrale, brûlent très fort, en dépit sur le important éloignement de Soleil. Par exemple, Antarès dans Scorpion et Bételgeuse de la constellation d'Orion - étoiles rouges classiques - n'a pas seulement un visible moins que l'unité, mais ont aussi une grande luminosité intrinsèque. Du pouvoir Le rayonnement de Bételgeuse est 8 000 fois supérieur à celui du soleil. Il est clair qu'un niveau aussi élevé luminosité relativement froid étoiles peut être expliquer seulement son gigantesque tailles. Et bien que la surface de la géante rouge ne soit chauffée qu'à 2-3 mille degrés, total intensité lumière couler sera très important sur comparaison Avec Soleil. Qu'un kilomètre carré de la surface de Bételgeuse brille relativement faiblement, mais il y a des ordres de grandeur plus tels kilomètres carrés sur le corps d'une étoile, donc Puissance son radiation à plusieurs reprises dépasse le solaire.

En 1920, le diamètre de Bételgeuse est mesuré. Bien que les étoiles, même dans les plus puissantes les télescopes sont vus comme des points sans dimension, une méthode ingénieuse a été imaginée pour les calculer tailles. Une entreprise dans le volume, Quel des rayons Sveta, à venir à terrestre observateur de les points opposés du disque stellaire (que nous ne percevons pas comme un disque) se forment, les sujets ne pas moins, quelques coin entre toi-même. Bien sûr mesure le sien évaluer directement impossible, mais lumière des rayons, chevauchement ami sur le ami, interférer les uns avec les autres, de sorte qu'à l'aide d'un appareil spécial (interféromètre), vous pouvez mesure résultat similaire ajouts et calculer évaluer angle. Connaissance cette coin et distance avant de étoiles, peut-être sans pour autant spécial travail calculer son valide diamètre. Bien sûr, la méthode a ses limites (l'angle ne doit pas être extrêmement petit), mais dans de nombreux cas il correctement œuvres et très pas mal toi aussi conseillé.

Calculé alors façon diamètre Bételgeuse frappé imagination. Il s'est avéré qu'il fait presque 350 fois le diamètre du Soleil et qu'il est d'environ 500 million kilomètres. Rappeler au lecteur Quel orbite Mars mensonges dans 220 des millions kilomètres du soleil. S'il était possible de placer cette étoile à la place de notre luminaire, les couches superficielles de la photosphère de Bételgeuse s'étendraient bien au-delà de l'orbite de Mars, et les quatre planètes terrestres (Mercure, Vénus, Terre et Mars) s'enfonceraient dans stellaire sein. Surface Bételgeuse sera presque dans 120 mille une fois que Suite surfaces

Soleil, c'est pourquoi à peine qu'il s'agisse frais être surpris, Quel son luminosité dans plusieurs mille une fois que surpasse le soleil. Le volume de cette étoile rouge est 40 millions de fois celui de Soleil. Malgré une taille aussi fantastique, la masse de Bételgeuse est estimée à seulement seulement 12 à 17 masses solaires, c'est-à-dire que sa densité moyenne devrait être négligeable. Rouge supergéantes, à l'intérieur qui peut adapter plusieurs planétaire orbites solaire systèmes, boîte comparer Avec énorme bulles. Si un moyen densité ensoleillé substances est égal à sur 1,4 g/cm3 (presque dans un et demi fois Suite densité l'eau), alors dans des bulles aussi monstrueusement gonflées, ce sera des millions de fois moins que dans air.

    Bételgeuse n'est en aucun cas unique parmi les étoiles. Il y a des supergéantes rouges donc inimaginablement énorme, Quel étoiles Comme Antarès ou Bételgeuse sembler à côté de Avec eux de simples miettes. Par exemple, Epsilon Aurigae est plus grand qu'Alpha Orion.au moins cinq fois, mais on ne le voit même pas, car le rayonnement de ce monstre presque entièrement mensonges dans infrarouge domaines spectre. découvrir le sien géré à cause de présence brillant Satellite, lequel à périodiquement éclipsé étoile invisible. Epsilon Aurigae est une supergéante infrarouge d'un diamètre de 3,7 milliards kilomètres. Si vous le placez à la place du Soleil, il « avalera » facilement les 6 premières planètes (Mercure, Vénus, Terre, Mars, Jupiter et Saturne) et remplira le système solaire jusqu'à à l'orbite d'Uranus. Une autre étoile de ce type - VV Cephei A - n'est que légèrement inférieure en la taille de son compagnon de la constellation de l'Auriga. Son diamètre est supérieur au diamètre de Bételgeuseplus de trois fois. La recherche d'étoiles invisibles est associée à de grandes difficultés, car l'atmosphère terrestre est presque opaque à l'infrarouge des rayons; en plus, propre thermique radiation Terre s'éteint chaleureuse, à venir de espace. Tem ne pas moins géré mesure Température quelques étoiles, qui briller dans infrarouge intervalle. Elle est situé dans dans 800 - 1200 degrés Kelvin Quel, assurément même, très peu: 800 degrés - c'est seulement Température rouge Chauffer. Sombre et froid supergéantes Comme VV Céphée ou epsilon Aurige devoir être vide mondes clairsemés, car leur rembourrage s'étale sur un volume colossal. Si par miracle réussi à transférer la substance de ces étoiles au laboratoire de la terre, sa moyenne densité presque pas serait différent du vide.

    Khôl bientôt dans la nature il y a rouge géants et supergéantes, naturellementsuggèrent qu'il doit y avoir des naines rouges qui tombent dans le même classe spectrale M. Rappelons-nous au moins l'étoile "volante" de Barnard, se déplaçant rapidement dans le ciel à une vitesse de plus de 10 secondes d'arc par an. C'est beaucoup parce que le mouvement propre des étoiles est mesuré, en règle générale, par des valeurs beaucoup plus petites (environ une seconde par an ou moins). Un athlète exceptionnel doit son nom à Américain astronome Edouard Barnard lequel à ouvert son dans 1916 an. Rouge les naines, sensiblement inférieures en masse au Soleil, ne sont en aucun cas des bulles, mais assez lourdes étoiles complètes. De plus, très souvent, ils sont beaucoup plus denses que notre étoile. Par exemple, rouge nain Kruger 60V Plus facile Soleil Total dans cinq une fois que, même si le sien le volume est 1/125 du soleil. Par conséquent, sa densité moyenne doit être égale à 35 g/cm3, soit 25 fois la densité du Soleil (1,4 cm3) et une fois et demie la densité platine. Même tel solide céleste corps, comment notre originaire de planète, Il a milieu densité ordre 5.5 g/cm3(densité pierre races terrestre écorce est 2.6 g/cm3, un au centre de la Terre, il atteint une valeur de 11,5 g / cm3), c'est-à-dire qu'il est inférieur à Kruger en six secondes superflu une fois que.

    À supports Remarque Quel densité tout céleste tél (et extrêmement clairsemé gaz bulles Comme Antarès et Bételgeuse ici aussi ne pas exception) rapidement croissance sur direction à centre. À Soleil pourrait écurie exister, ne pas s'effondrant sous l'action des forces gravitationnelles, la densité de ses régions centrales devrait atteindre quantités ordre 100g/cm3, Quel dépasse densité platine dans cinq une fois que. Il est clair qu'au centre Kruger 60V similaire indicateur pour extrême mesure pour deux ordre

Suite.

Cependant, la densité des naines rouges n'est rien comparée aux naines blanches. Blanc nains - c'est petit et très chaud étoiles, représentant toi-même dernière étape de l'évolution céleste des luminaires comme notre soleil. Leur température les couches de surface varient considérablement - à partir de 5 mille degrés pour le "vieux" étoiles froides jusqu'à 50 000 dans les "jeunes" et les chauds. Ils sont comparables en poids à le Soleil, mais leur diamètre, en règle générale, ne dépasse pas le diamètre de la Terre (environ 12 800 kilomètres). Ainsi, leur masse volumique moyenne atteint des valeurs de l'ordre de 10^6 g/cm3 et dépasse ensoleillé dans des centaines mille une fois que. Une cubique centimètre substances blanche nain peut être peser plusieurs tonnes. La première blanche nain a été ouvert dans 1844 an Friedrich Bessel lorsqu'il a découvert de manière inattendue des anomalies dans le mouvement de Sirius - plus brillant étoiles notre ciel. Le sien trajectoire sur incompréhensible raison périodiquement dévié de la position moyenne, Bessel a donc suggéré que Sirius entre double système, alors il y a Il a massif étoile satellite, un tous les deux luminaires appliquer autour d'un centre de masse commun. En 1862, dans les environs de Sirius, ils ont réussi à faire un dim speck, et depuis lors, le composant brillant de ce système binaire a été nommé Sirius A, et son mineure foncé le voisin a Titre Sirius V

Sirius À - loin ne pas plus petit représentant populations blancs nains. Comme sa luminosité est 300 fois inférieure à celle du soleil et que la température de surface atteint 8000 degrés Kelvin (température Soleil - 5800 degrés), ça ne revient pas à grand chose travail calculer ses dimensions. Rayon de Sirius Le meilleur être environ 20 mille kilomètres (5 mille kilomètres de moins que Neptune, mais trois fois plus que la Terre), et puisque sa masse est 95 % masse solaire, alors moyen densité le sien substances équivaut à 10^5 g/cm3.

Bien sûr, Sirius B n'est en aucun cas un phénomène exceptionnel. A été bientôt découvert satellite superdense de Procyon, presque deux fois plus léger que le Soleil, puis les découvertes se sont déversées comme si de corne d'abondance. A ce jour, pas mal de naines blanches ont été découvertes (bien que chercher ces petit faible étoiles conjugué Avec considérable des difficultés), et surpréliminaire estimé sur le leur partager compte pour plusieurs pour cent étoiles notre Galaxies.

Malgré la propagation monstrueuse de la population stellaire en termes de paramètre de densité - de vide presque complet à des valeurs comparables à la densité du noyau atomique, les masses des étoiles ne diffèrent pas beaucoup - de 0,1 masse solaire à 100 masses solaires. De cette façon, l'étoile la plus lourde n'est que mille fois plus massive que la plus légère. Et vous devriez avoir dans rappelez-vous qu'aux pôles extrêmes de l'échelle, il y a relativement peu d'audiences stellaires, Alors comment lester la grande majorité des étoiles fluctuent à l'intérieur 0,2–5 solaire poids Lester - extrêmement important caractéristique, parce que le définit ne pas seulement modus vivendi stellaire, mais aussi sa triste fin, et en un certain sens même posthume destin étoiles. Mais à propos de l'évolution nous sommes les étoiles dans le sien temps parlons séparément.

MAIS comment étoile peser? Si un co luminosité, indicateur couleurs et spectral classe qui détermine la composition chimique et la température de la surface d'un corps céleste, nous en quelque sorte compris comment déterminer sa masse? Indispensable et irremplaçable l'instrument en pareil cas, ce sont les étoiles doubles qui nous sont déjà familières. Le fait, qu'il est presque impossible de mesurer la masse d'une seule étoile. Certes, l'intensité la luminosité et le spectre peuvent en dire long, car ils dépendent de la masse, mais je voulais quand même pour connaître cette valeur avec certitude. Heureusement, des anachorètes fidèles comme notre Soleil sont relativement rares, puisque la plupart des stars préfèrent vivre dans une ambiance conviviale équipe. Plus souvent Total c'est jumelé double systèmes, moins souvent - tripler et même quadruple. Il n'est pas facile de créer une structure de trois ou quatre étoiles, car de tels systèmes s'avèrent dynamiquement instables. Pour les rendre stables obligatoire conformer ligne les conditions. Troisième composant devoir adresse autour de proche système binaire sur une orbite suffisamment large, ne s'approchant jamais d'une distance moins huit - Dix rayons interne "deux". Il moi même, dans ma tour, peut être être double système, puis ces deux paires se percevront comme des objets ponctuels. À dans le premier cas, nous avons une triple étoile, et dans le second, une quadruple. En raison des fonctionnalitésIl n'y a pas de processus de formation d'étoiles dans les systèmes de plus grande multiplicité dans la nature. Double étoiles tournent autour d'un centre de gravité commun - le soi-disant barycentre, puisque chacun d'eux tire la couverture sur lui-même, "berçant" le voisin avec son champ gravitationnel. Par conséquent, si les périodes de révolution des étoiles et leurs distances au barycentre sont connues, il n'est pas sera gros travail absolument calculer la masse chaque étoiles.

Devrait dire plusieurs mots sur appartement diagramme "spectre - luminosité" (ou "Température - luminosité"), car largement les astronomes prendre plaisir. Parce que le pour la première fois, des diagrammes de ce type ont commencé à être utilisés par le Danois E. Hertzsprung et G américaine. N. Russell, ils sont généralement appelés diagrammes de Hertzsprung-Russell. Sur l'axe horizontalde ce schéma, de gauche à droite, les types spectraux sont disposés de O à M, c'est-à-dire dans l'ordre baisse de température. Sur l'axe vertical de bas en haut se trouvent les luminosités, ou absolu stellaire quantités, sur mesure leur augmenter. Quel que soit ami de ami Hertzsprung et Russell ont trouvé une relation empirique entre la température et la luminosité. Comment régner étoile les sujets plus brillant comment elle est plus chaud même si, assurément, il y a et exceptions (rappelles toi rouge supergéantes). Mais dans moyen cette régularité œuvres du tout pas mal. C'est pourquoi comment À gauche mensonges spectral Classer recherché étoiles sur le horizontal axes (Par conséquent, comment Suite son Température), les sujets au dessus elle est montesur vertical échelle absolu stellaire quantités (luminosité).

Alors le chemin majorité étoiles s'est installé sur diagonales dans formulaire large une bande partant du coin supérieur gauche du diagramme, où se trouvaient les étoiles chaudes et brillantes, jusqu'à plus bas droit coin, habité froid et faible rouge nains. Cette large bande diagonale appelée la séquence principale.

Étoiles, mensonge sur le principale séquences sont situés ne pas de toute façon comment, mais obéit certain règles. Tout de suite même venu à la lumière relation entre Température étoiles et son rayon, parce que le il s'est avéré, Quel étoile Avec certain la température de surface ne peut pas être arbitrairement grande, et donc sa luminosité s'inscrivent également dans certains paramètres fixes. De plus, la luminosité est liée à la masse de l'étoile. Si nous parcourons la séquence principale à partir des types spectraux O - B avant de À - M, alors masses étoiles en continu diminuer. Disons à étoiles classer O masses atteignent plusieurs dizaines de solaires, alors que dans les étoiles de classe B elles ne dépassent pas 10 masses du soleil. Notre Soleil est connu pour avoir une classe spectrale de G2, il sera donc être presque dans milieu principale séquences un peu plus près à son droitbord inférieur. Les étoiles des classes de masse ultérieures sont sensiblement inférieures à la masse solaire; par exemple, Les naines rouges de classe spectrale M sont 10 fois plus légères que le Soleil. La cause physique de tout ces les patrons ont réussi comprendre seulement après création théories thermonucléaire réactions.

Cependant, loin de toute la population stellaire tombe sur la séquence principale. Géantes et supergéantes rouges (elles sont traditionnellement appelées rouges, bien que parmi ils ont aussi des étoiles jaunes) forment une branche séparée, qui pousse dans une large bande de au milieu de la séquence principale et va dans le coin supérieur droit du diagramme. Nous avons déjà ces étoiles sont bien connues Avec grande luminosité et faible Température surfaces. Dans le contexte de la majeure partie de la population stellaire de géants, il y en a relativement peu. Et au fond dans le coin gauche du diagramme se trouvent des naines blanches - des étoiles chaudes à faible luminosité, Quel Il parle sur leur très petit tailles. fonctionnement un peu vers l'avant, Disons Quel blanche nains cadeau toi-même habituel final organiser évolution quelques étoiles. Les réactions thermonucléaires dans leurs intestins ne se sont pas produites depuis longtemps et ils se refroidissent lentement. Alors, se suggère conclusion, Quel et rouge géants, et blanche nains - c'est le sien gentil production déchets, certain organiser évolution étoiles, la gauche domicile sous-séquence. MAIS parce que le des questions la vie et de la mort - seul de plus brûlant, c'est venu temps plus proche познакомиться Avec naissance et évolution étoiles.

Selon les concepts modernes, les étoiles naissent à l'intérieur des nuages de gaz et de poussière, qui début rétrécir en dessous de action posséder la gravité les forces. interstellaire Mercredi seulement sur le la première vue semble rien ne pas rempli vide l'espace, mais en réalité il contient des quantités importantes de gaz et de poussière, qui sont très inégalement répartis. La majeure partie du gaz et de la poussière est concentrée dans bras spiraux galactiques, et ici les soi-disant associations Jeune étoiles, Quel est Additionnel dispute dans bénéficier à leur naissance de nuages de gaz et de poussière. En plus de l'hydrogène moléculaire et de l'hélium atomique, ces nuagescontiennent de petites particules de poussière cosmique composées d'éléments plus lourds. Et bien que personne n'ait encore pu retracer toutes les phases de la formation des étoiles du début à la fin, enlui-même général formulaire ce processus peut être imaginé Suivant façon.

Après ségrégation et scellés fragment des nuages vient phase le sien vite compression. Densité caillot rapidement croissance, un le sien transparence régulièrement des chutes, par conséquent, la chaleur accumulée ne peut pas le quitter et le caillot commence à se réchauffer. Rayon tel protoétoiles beaucoup dépasse rayon Soleil, mais elle est continue rétrécir, car Quel pression gaz et Température à l'intérieur des nuages ne pas dans pouvoir solde gravitationnel force. Lorsque Température dans centre protoétoiles atteint plusieurs millions de degrés, des réactions de fusion thermonucléaire éclatent dans ses profondeurs. La température et la pression continuent d'augmenter, et il arrive un moment où elles commencent à effectivement résister les forces gravitationnel compression. Protoétoile devient Achevée étoile et suffisant vite "s'asseoir" sur le domicile sous-séquence.

À "parcourir" plus tôt phase le sien évolution, étoile obligatoire relativement un peu temps. La rapidité apparence sur le lumière dépend de lester bébé. Lourd étoiles née beaucoup plus rapide poumons. Par exemple, à notre Soleil, sur quelques estimations, disparu sur le c'est une entreprise sur trente million années, un étoiles, tripler le surpassant en masse, sautez comme un canon - en seulement 100 000 ans. Mais chez les naines rouges, dont la masse est d'un ordre de grandeur inférieur à celle du soleil, l'accouchement s'étend sur des centaines million années, mais mais et Direct tel étoiles beaucoup plus long. Lester étoiles détermine non seulement les circonstances de sa naissance et les premiers pas dans ce monde, mais aussi laisse une empreinte impérieuse sur tout son destin ultérieur. Mais d'abord, occupons-nous de processus fuite dans stellaire intestins, qui apporter nouveau née à l'aise Existence.

N'importe quel étoile représente toi-même auto-ajustable nucléaire réacteur, fournir prolongé et écurie production énergie. À stellaire intestins les réactions de fusion thermonucléaire prennent de l'ampleur, au cours desquelles l'hydrogène est converti en l'hélium, et qui, à son tour, se transforme progressivement en éléments de plus en plus lourds. Le cycle nucléaire principal d'une étoile est la conversion de l'hydrogène en hélium, car l'hydrogène dans pourcentage dans sa composition le plus. Par exemple, notre Soleil, en toute sécurité vécu dans le monde blanc pendant environ 5 milliards d'années, contient un peu plus de 80% d'hydrogène. Repos vingt % tomber sur le hélium et autre, Suite lourd éléments, mais hélium, bien sûr incomparable Suite. Transformation hydrogène dans hélium dans la plupart effectué à travers Alors appelé proton-proton cycle, un parce que le il très lente, elle assure une combustion stable de l'étoile pendant 10 milliards d'années. À jungle physique et chimique processus, en cours dans intestins étoiles, nous ne pas monter, un on note seulement que la durée de vie d'une étoile sur la séquence principale (c'est-à-dire sa période existence relativement tranquille) dépend essentiellement de sa masse initiale. Notre Soleil et similaire à lui étoiles destiné long et mesuré la vie (ne pas moins 5 milliard ans), et rouge les nains vivront Suite plus long.

N'importe quel étoile représente toi-même rouge chaud plasma Balle (hélium et plasmas d'hydrogène, comme disent les astrophysiciens), et thermonucléaire les réactions jouent un double rôle : d'une part, elles maintiennent la pression au niveau requis et Température, qui s'opposer gravitationnel compression un Deuxièmement, enrichir étoile avec des éléments lourds. La composition chimique moyenne des couches externes d'une étoile ressemble à quelque chose comme ceci : pour 10 000 atomes d'hydrogène, il y a 1 000 atomes d'hélium, 5 atomes oxygène, 2 atomes d'azote, un atome de carbone et 0,3 atome de fer. Contenu relatif les autres éléments Suite moins. Cependant accumulation lourd éléments (un sans pour autant leur l'émergence de planètes de type terrestre et, apparemment, la vie est impossible) la plupart activement passe dans massif étoiles, qui sensiblement plus lourd Soleil. Hélium dans centres tel étoiles départs changer en dans éléments carbone cycle (carbone, oxygène, azote et etc.), et elles se transforment à leur tour en encore plus lourd éléments jusqu'au fer. Notre Soleil est connu pour être une étoile relativement petite. (jaune nain spectral classer G2), et calculs Afficher Quel si aurait ce à l'origine sur le 100 % a été de hydrogène, à lui ça a pris aurait ne pas moins vingt milliard années, à atteindre contemporain rapports hydrogène, hélium et les autres éléments. Pendant ce temps, "l'âge" solaire n'a pas plus de 5 milliards d'années. Quoi façon Soleil géré alors vite devenir riche lourd éléments, si le sien massespour est-ce clairement insuffisant ?

Pour répondre à cette question, il faut regarder qu'arrive-t-il aux étoiles principale séquences. Comment nous rappelles toi étant sur le principale séquences étoile écurie rayonne sur le à travers long temps et son position sur le diagramme "spectre - luminosité" ne change pas. Cependant, la consommation de carburant hydrogène supportant réactions de fusion thermonucléaire dans les profondeurs, n'est pas la même pour les différentes étoiles. Des étoiles comparables à Le soleil en masse, ils vivent très économiquement, ils ont donc suffisamment de réserves d'hydrogène pour longtemps. Les naines rouges sont encore plus avares : en comptant soigneusement chaque centime, elles vivront deux fois, et même trois ou quatre fois plus longue que notre Soleil. Mais les étoiles massives sont de grandes dépensières et motes : les plus lourds d'entre eux seront uniquement sur la séquence principale plusieurs million années. Orageux la vie dans Jeune années pistes à tôt vieillesse.

Qu'advient-il d'une étoile lorsque tout (ou presque tout) l'hydrogène de son cœur brûle ? Lorsque hydrogène le carburant s'adapte à la fin noyau étoiles départs rétrécir, un le sien Température rapidement croît. À résultat formé très dense et chaud Région, qui consiste de hélium Avec petit impureté Suite lourd éléments. Gaz dans un tel état est dit dégénéré. Réactions nucléaires dans la partie centrale du noyau pratiquement arrêt, mais suffisant activement Continuez fuite sur le le sien périphérie. L'étoile commence à gonfler rapidement, à gonfler à pas de géant, et sa taille et luminosité beaucoup augmenter. Étoile se détacher Avec principale séquences et tourne dans rouge géant Avec Température surfaces à proximité 3 mille degrés Kelvin.

Cependant dans central domaines gonflé étoiles hélium continue transformer dans carbone et oxygène jusqu'à avant de plus lourd éléments. Quoi se produira-t-il lorsque le carburant à l'hélium s'épuisera également, comme l'hydrogène à l'étape précédente ? Plus loin mouvement événements dépend de initial masses étoiles. Si un elle est a été petit Comme notre Soleil, externe couches abandonné, formant planétaire nébuleuse (un nuage de gaz en expansion), au centre de laquelle s'allume ce qui nous est déjà familier blanche nain - chaud étoile Taille sur Avec la terre et Avec lester ordre massesSoleil. Moyen densité de matière nain blanc est de 106g/cm3.

Blanc nains - très curieux objets. Représentant toi-même sur essence affaires, morte étoile (thermonucléaire réactions il y a longtemps descendu sur le Non), elles ou ils Continuez rayonnent, et la contraction gravitationnelle est néanmoins incapable de surmonter lesà lui haute pression. Tout de suite même se pose question: où c'est pression est pris si Température domestique Régions étoiles relativement bas (vraiment Alors), un réactions thermonucléaires condamnées à vivre longtemps ? Les lois paradoxales sont "coupables" de tout quantum mécanique. En dessous de action la gravité substance blanche nain compacté alors, Quel atomique noyaux au sens propre serrer dans à l'intérieur électronique coquilles voisin atomes. Électrons perdre intime lien co leur les proches atomes et commencer à voyager librement dans les vides interatomiques à travers l'espace de l'étoile, alors temps comment nu noyaux formulaire durable dure système - quelques similarité réseau cristallin. Cet état est appelé un gaz d'électrons dégénéré, et même si blanche nain continue refroidir, moyen la rapidité électrons diminuer ne pas pense. Selon les lois de la mécanique quantique, plus les électrons sont proches les uns des autres, plus leurs vitesses devraient différer plus fortement, d'où il résulte que la plupart des électrons sera aller très vite. Écoutons physiciens :

...

Un tel mouvement mécanique quantique n'est en aucun cas lié à la température de la substance, il crée pression, appelé pression dégénérer électronique gaz. À blancs nains exactement cette la force équilibre la force leur posséder la gravité.

Alors le chemin blanche nains comment aurait "mûrir" à l'intérieur rouge géants et cadeau toi-même final organiser évolution majorité étoiles. ce morte, refroidissement progressif des mondes, à l'intérieur desquels tout l'hydrogène a brûlé, et des réactions nucléaires arrêté. Soit dit en passant, dans un avenir lointain, un destin aussi peu enviable arrivera notre Soleil. Selon les calculs, dans environ 5 à 6 milliards d'années, il brûlera tout lel'hydrogène et se transformer en une géante rouge, augmentant sa luminosité des centaines de fois, et le rayon - par dizaines. Il est curieux que HG Wells ait prédit une évolution similaire de notre luminaire en roman "The Time Machine" Si vous, le lecteur, rappelez-vous, c'est un voyageur du temps vu dans un futur lointain un énorme Soleil cramoisi dans la moitié du ciel, suspendu au-dessus du désert par la mer. franchement en disant puits un peu bluffeur parce que le gonflé Soleil devait chauffer la surface de la Terre à plusieurs centaines de degrés Celsius, de sorte que le voyageur temporel serait rôti vivant avec sa maladroite machine. Mais ne nous accrochons pas aux classiques sur des bagatelles. Le Soleil vivra au stade de la géante rouge plusieurs des centaines million années, un après jeter coquille et tournera dans blanche nain.

Et comment une étoile plus massive se comportera-t-elle après l'épuisement de l'hélium ? Si son initiale la masse était supérieure à 8 - 10 masses solaires, au centre de l'étoile un oignon en forme un noyau composé d'éléments lourds entourés de couches d'éléments plus légers. à certains moment, un tel noyau perd sa stabilité et commence à se contracter de manière catastrophique. Ce phénomène appelé effondrement gravitationnel. Selon la masse du noyau, sa partie centrale partie ou tourne dans super dense un objet - neutron étoile, ou s'effondre
"à l'arrêt", formant un trou noir. L'énergie gravitationnelle monstrueuse qui est libérée pendant la compression, arrache la coquille et la partie externe du noyau, les jetant avec un haut la rapidité. passe grandiose explosion, accompagné naissance supernova étoiles. Nous ne pas connu espace cataclysmes Suite échelle, comment épidémies supernovae ; dans couler quelques temps tel étoile brille plus brillant ensemble galaxies. Progressivement chuté gaz coquille refroidir et ralentir (dans interstellaire il y a beaucoup de gaz raréfié dans l'espace), et avec le temps, il formera un nuage de gaz et de poussière, dans dans lequel la gravité spécifique des éléments lourds sera très perceptible. Cela s'explique par le fait qu'en au cours de sa vie courte mais turbulente, l'étoile massive a réussi à accumuler de nombreuses éléments jusqu'à glande, quelques dont certaines a volé dans l'espace interstellaire dans temps explosion. Lorsque gaz-poussière nuage va commencer condenser en dessous de action la gravité force, à l'intérieur lui peut être éclater Nouveau étoile. Similaire étoiles, née sur le ruines ancien reçu appel étoiles deuxième générations, et notreSoleil, ressemble à fois fait référence à Numéro juste comme ça étoiles.

Ainsi, il y a une certaine continuité dans la nature : les étoiles massives première générations meurent enrichissant interstellaire espace lourd éléments, qui servent de matériau de construction aux étoiles de deuxième génération. Tout chimique éléments plus lourd hélium formé dans stellaire intestins dans le progrès thermonucléaire la synthèse, un

Les éléments les plus lourds ont été créés lors d'explosions de supernova. La terre a un noyau de fer qui représente environ un tiers de sa masse, vous pouvez donc estimer approximativement qui montant glande recraché préhistorique supernova 5 milliard années pour que retour. Tout ce qui nous entoure sur Terre, et la Terre elle-même, est de la matière stellaire héritée nous un héritage. On peut dire que les réactions nucléaires à l'intérieur des étoiles sont la principale raison diversité du milieu. Dans un passé lointain dans l'univers des éléments lourds C'était beaucoup moins, comment à présent, sur comment témoigner Les données superviseur astronomie. Spectroscopique rechercher montré Quel stellaire Publique fortement différent sur le sien chimique composition. Par exemple, chaud massif étoiles, concentrée dans le plan galactique, plusieurs dizaines de fois plus riche en éléments, comment étoiles Balle groupes, mensonge à proximité centre Galaxies.

Éclat supernova - très rare phénomène. Par dernière mille années dans notre Galaxie a éclaté Total Trois supernovae - dans 1054 an, dans 1572 an et dans 1604 an. La supernova de 1572, qui a éclaté dans la constellation de Cassiopée, a été observée par un astronome danois Calme Brahé. À période maximale elle a brillé par son éclat plus brillant Vénus. Supernova 1604 de l'année a abouti dans luminosité étoile Calme Brahé, mais tout même et elle est dans maximum briller a concouru avec Jupiter. Il s'est illuminé dans la constellation d'Ophiuchus et a été observé par Johannes Kepler et Galileo Galilée. Quant à la supernova de 1054, des références à celle-ci ont été conservées en chinois chroniques, de qui suit, Quel elle est a été visible même après midi, un dans maximum briller à plusieurs reprises en infériorité numérique Vénus. Aujourd'hui compte, Quel Crabe nébuleuse dans la constellation du Taureau et le pulsar qu'elle contient (une étoile à neutrons en rotation rapide) sont les restes de la supernova de 1054. La nébuleuse du Crabe est un nuage de tourbillons gaz, percé de fils déchirés - bien que lentement, mais assez distinctement ciel. Il semblait aurait, rien spécial mais parce que le distance avant de cette nébuleuses dépasse 4 000 années-lumière, ce qui signifie que la vitesse d'expansion de ses gaz atteint 1500 kilomètres dans donne moi une seconde. Entre les sujets la rapidité conventionnel gaz nébuleuses dans notre Galaxie ne pas dépasse 20–30 kilomètres dans donne moi une seconde. Seulement monstrueux sur force explosion pourrait informer la masse gaz si haut la rapidité.

Bien que épidémies supernovae - phénomène très rare, sur mesure amélioration les techniques d'observation astronomique ont commencé à les détecter de plus en plus souvent. galaxies il y a douzaines milliard et quelque part supernova nécessairement flamber. MAIS parce que le dans maximum le sien briller elles ou ils pouvoir éclipser galaxie, dans qui allumés, ils peuvent être vus à des distances qui ne sont accessibles qu'aux modernes télescopes. Par exemple, la supernova S Andromedae, qui a explosé dans cette galaxie en 1885, avais absolu stellaire évaluer moins 19, de Quel suit, Quel son luminosité dans pendant une courte période, 10 milliards de fois la luminosité du Soleil. Elle même pouvait être vu à l'œil nu comme un très faible astérisque de 6e magnitude, mais nébuleuse Andromède séparé de notre galaxies presque 2 Avec demi million Années lumière. Aujourd'hui, des dizaines de supernovae sont découvertes dans d'autres galaxies an.

Bien que toutes les explosions de supernova représentent la dernière étape de la vie d'une étoile, les astronomes en distinguent plusieurs types selon la nature du spectre et la luminosité. Il existe généralement deux types de ces étoiles rares. Supernovae de type I - anciennes et moins anciennes étoiles massives qui flamboient dans les galaxies elliptiques et spirales. Du pouvoir radiation supernovae cette taper surtout génial. supernovae II taper sont associés à de jeunes étoiles massives qui ont rapidement "traversé" leur évolution chemin. On les trouve dans les bras des galaxies spirales, où les processus continuent de se dérouler. éclat d'étoile, un dans elliptique galaxies elles ou ils ne pas éclater jamais.

De supernovae devrait différer ordinaire Nouveau étoiles. Elles sont éclater relativement souvent (environ 100 éruptions par an dans notre Galaxie), et la puissance de rayonnement ces étoiles sont des milliers et des dizaines de milliers de moins. Sans exception, tous les nouveaux sont à l'étroit double systèmes, comment régner qui consiste de blanche nain et Ordinaire étoiles.

L'initiateur de l'explosion est généralement une naine blanche, une étoile brûlée au sol, d'où seules subsistaient les cendres des réactions thermonucléaires de longue durée. En raison de la proximité entre Composants double systèmes substance superficiel couches Satellite déborde sur le blanche nain, et lorsque le sien s'accumule beaucoup de, thermonucléaire réactions peut enflammer encore. Le processus a un caractère éclair et ressemble à l'explosion d'un hydrogène géant bombes. Au cours de plusieurs heures ou jours, l'étoile atteint son maximum de luminosité, et puis, pendant plusieurs mois, voire des années, il s'estompe lentement. La masse de l'obus lâché est toujours beaucoup moins masses plus étoiles, Alors Quel elle est ne pas s'effondrer à explosion, comment supernova, un restes dans intact et sécurité. Reçu compter, Quel Nouveau perdre 1/100 000 le sien masses, tandis que dans les supernovae Type I cet indicateur fluctue dans de 1/10 à 9/10 également dans les supernovae Type II - de 1/100 à 1/10. Après un certain temps, une nouvelle étoile peut s'embraser à nouveau (parfois cela se produit après quelques décennies). supernovae étoiles je ne suis pas ne s'enflamme jamais.

Alors, après catastrophique explosion massif supernova restes minuscule un caillot de densité monstrueuse - la soi-disant étoile à neutrons. Si le remplissage est blanc nain représente toi-même dégénérer électronique gaz, alors dans neutron étoile il n'y a pas d'électrons libres. Sa masse est si grande que la pression du gaz d'électrons n'est pas les forces résister croissance gravitationnel compression. métaphoriquement en disant électrons
"pressé" dans protons, dans résultat Quel protons tour dans neutrons. Par à l'exception des couches externes d'une étoile à neutrons (croûte), sa substance se compose principalement de neutrons et très petit quantités protons et électrons. Pression dans centre l'étoile à neutrons atteint des valeurs si élevées qu'elle peut dépasser plusieurs fois densité atomique graines. Bien sûr atomique noyau aussi construit de protons et neutrons, mais il n'y a que des forces nucléaires qui agissent sur eux, et dans le cas d'une étoile à neutrons, il ajoute la presse à gravité la plus lourde. On peut dire qu'une étoile à neutrons représente un continu atomique noyau.

À n'importe quel visuellement imaginer monstrueux étanchéité intestins neutron étoiles, rappelez-vous que la taille d'un atome est en moyenne de 10^{-8} cm et que la taille du noyau atomique est 10^{-13} cm. Alors le chemin noyau moins atome dans en général dans 100 mille une fois que, un parce que le presque toute la masse d'un atome est concentrée dans le noyau, la matière ordinaire est constituée de presque vide. A titre de comparaison : sur le segment entre la Terre et le Soleil, un peu plus de 100 diamètres solaires et près de 12 000 diamètres de la Terre, tandis qu'entre le cœur et la plus proche électronique coquille (orbite) sans pour autant travail accueillera 100 mille nucléaire noyaux. Si un nous serrons noyaux dos à dos ami à ami, densité substances augmentera 10^{15} fois et dépassera densité noyau atomique. Densité neutron étoiles est estimée à 5×10^{15} g/cm^3, soit d'ailleurs plusieurs milliards de tonnes. Au poids ordre deux solaire masses Comme un objet sera parfait minuscule - 10–15 kilomètres dans diamètre.

La structure d'une étoile à neutrons est très complexe et mal connue. Comment la substance se comporte à densités supérieur nucléaire boîte seulement deviner. Suggéré plusieurs modèles décrivant la structure des étoiles à neutrons, mais ils finissent tous dans l'un ou l'autre degrés hypothétiques. Les experts s'accordent sur une seule chose : une étoile à neutrons a une structure en couches. La couche de surface est un plasma qui capte les de espace relativiste particule, qui bougent sur spirales sur magnétique Puissance lignes et intensément rayonner dans radiographie intervalle. Plus loin se rend couche, ayant une structure cristalline, suivie d'une couche de noyaux lourds, de neutrons et électrons. Encore plus profondément se trouvent les neutrons densément emballés, et au centre même situé noyau de quark-gluon plasma. Par direction de surfaces à centre densité passe de $4,3 \times 10^{11}$ g/cm^3 jusqu'à $1,2 \times 10^{15}$ g/cm^3.

Un modèle typique d'étoile à neutrons est un oignon en couches : l'extérieur écorce de électrons et noyaux, interne écorce (superfluide neutrons, noyaux Avec excès neutrons et électrons), externe noyau (superfluide neutrons, supraconducteur protons, électrons normaux) et le noyau interne, près duquel se trouve un gros point d'interrogation. Par quelques Les données, neutron question peut être là changer en dans quark. Comment connu neutrons et protons consister de quark triplés. À ne pas très haute les densités de quarks sont facilement maintenues à l'intérieur du neutron par l'énergie de l'interaction forte, mais au centre d'une étoile à neutrons, où la densité sort de l'échelle, ils ont l'opportunité pénétrer dans voisin particule, alors il y a début libre voyager à l'intérieur zone super dense. Les triplets de quarks s'effondrent, puis une telle matière suit envisager comment quark gaz ou liquide. Par calculs théoriciens Outre conventionnel et-et d-quarks (supérieur et inférieur, à partir desquels les nucléons sont construits - protons et neutrons) dans tel gaz sont trouvés dans gros quantité Alors appelé quarks (bizarre)qui font partie des particules lourdes - les hypérons. Par conséquent, de telles étoiles de quark qualifié de "bizarre". (À propos des particules subnucléaires, y compris les quarks et les gluons, détail décrit dans chapitre "Briques univers.")

Ainsi, selon certains modèles, un neutron ordinaire est né pour la première fois étoile, et après que la matière dans ses profondeurs ait fait la transition vers l'état de quark, elle évolue dans quark étoile. Cependant, Achevée clarté dans ces problèmes non.

Bien sûr découvrir neutron étoile à travers optique observations impossible. Les réactions nucléaires ne se produisent pas à l'intérieur, il n'y a donc pas de rayonnement non plus. De plus, la surface d'une étoile à neutrons est si petite que sa brillance apparente sera tout à fait négligeable. Mais s'il est inclus dans un système binaire, alors la nature du mouvement d'une étoile ordinaire peut révéler la présence d'un voisin invisible. Cependant la découverte est venue, comme cela arrive souvent, d'un côté complètement différent et inattendu. Dans la seconde demi du passé siècle géré S'inscrire puissant sources émission radio, dont l'intensité change périodiquement au cours du temps. En 1967 Jocelyne Bell, étudiant diplomé Anglais radioastronome Antoine Hewish, par chance découvert Tout à fait inhabituel source radio, lequel à rayonné dans impulsif mode strictement périodiquement - toutes les 1,33 secondes. Peu de temps après, trois autres sources ont été trouvées avec tel même court intervalles. Lorsque version sur artificiel origine signaux est tombé (en premier a commencé à parler sur extra-terrestre civilisations et même est né petit panique), resté le seul option - Naturel origine impulsions radio. Mystérieux sources radio a obtenu Titre pulsars et suffisant bientôt étaient identifié Avec vite tournant neutron étoiles.

Si un prendre étoile Avec paramètres notre Soleil (diamètre à proximité 1.4 million kilomètres et une période de révolution autour de l'axe de 25 jours) et comprimer sa substance dans un volume avec de rayon environ 10 kilomètres, puis la vitesse équatoriale, sous réserve de conservation de la masse augmentation monstrueuse - environ 100 mille fois. Et la période de rotation est des milliards de fois diminue au millième de seconde. Certes, le pulsar trouvé par Bell avait période visiblement Suite, mais tout équivaut à c'est très petit évaluer, Tout à fait atypique pour les corps célestes. Soit dit en passant, le pulsar de la nébuleuse du crabe fait30 tours par seconde, ce qui est déjà très proche de la valeur calculée, et le pulsar dans la constellation Chanterelles a une période de 0,00155 seconde. Il est clair que seul de tels corps dont les dimensions linéaires se mesurent en dizaines de kilomètres. Et si oui, alorsavant de nous pas Quel autre que neutron étoiles.

Avec une courte période record d'impulsions, nous l'avons compris. Reste à savoir où une émission radio aussi puissante est captée. La couche supérieure d'une étoile à neutrons estplasma, imprégné champ magnétique puissant. Les particules chargées se déplacent Puissance lignes et dans fin prend fin s'avérer dans domaines magnétique poteaux, où jeté étroitement focalisé liasses particules Avec haute énergie - Alors appelé jets (du jet anglais - "jet"). La rotation rapide de l'étoile donne le départ énergie supplémentaire des particules. Il ressort des calculs que la compression de l'étoile conduit à augmentation de son champ magnétique, donc, connaissant sa valeur moyenne pour les étoiles ordinaires, nous pouvonscalculer, Quel ce sera à neutron étoiles. Magnétique champ augmentera dans 1012 fois et sera une valeur colossale de 108-109 Tesla. Eh bien, puisque le pôle magnétique n'est pas nécessaire se situer sur l'axe de rotation (le pôle géographique de la Terre ne coïncide pas non plus avec le pôle magnétique) jet décrira un cône. Nous verrons le pulsar au moment où il "regarde" directement Terre. À Suivant instantané il "s'est détourné" un alors cycle répète encore.

Ensuite Outre pulsars radio étaient découvert radiographie pulsars, un aussi sources puissant couler rayonnement gamma (Sources MPG) Avec jouet même fréquence stricte. Les pulsars à rayons X sont des composants de binaires proches systèmes. Substance étoiles voisines déborde sur le le sien surface en dessous de action les forces la gravité (ce phénomène s'appelle l'accrétion), d'où le départ photons. Cependant rayonner dans radiographie intervalle peut et Célibataire neutron étoiles. Plus récemment, dans les années 90 du siècle dernier, sept radios silencieuses neutron étoiles Avec extrême gros attitude radiographie couler à optique. Première assumé Quel dans tout le monde coupable mécanisme accrétions : même si à solitaire neutron étoiles Non frère, elle est peut être saisir interstellaire gaz, dans à la suite de quoi sa surface est chauffée à un million de degrés et commence à rayonner dans radiographie intervalle. Cependant sur ligne les raisons cette hypothèse ne pas confirmé. Neutron étoiles née très chaud (Température surfaces est environ un milliard de degrés), puis se refroidissent progressivement, mais même après des centaines de milliers d'années après la naissance, sa température peut dépasser un million de degrés. Par conséquent, plus probablement Total, nous voir Sept Jeune et chaud neutron étoiles. Tout elles ou ils situé relativement à proximité de Terre (sur 120 parsec), de Quel boîte de conclure, Quel Le système solaire traverse actuellement une région de formation stellaire récente. (Alors appelé ceinture Gould).

Ainsi, à la fin de sa vie, l'étoile perd son enveloppe gazeuse et son noyau commence à rétrécir rapidement. Si sa masse était inférieure à 1,4 masse solaire, la force gravitationnelle l'effondrement s'arrêtera au stade nain blanc. Si la masse du noyau est comprise entre 1,4 et 3,0 masse solaire, il s'effondrera en une étoile à neutrons. Si le noyau est encore plus massif (Suite Trois masses Soleil), surgir échec dans inconnue - mystérieux un objet intitulé
"le noir trou". critique valeur dans 1.4 masses Soleil reçu appel limite Chandrasekara, sur Nom Indien physique théorique, calculé cette paramètre.

En dessous de le noir trou devrait comprendre Région espace-temps, pleinement fermé pour externe observateur. De dessous la gravité couvertures, toujours et à jamais étoile écrasée claquée, aucun signal ne peut sortir, y compris y compris et Rayon Sveta. Chemin à l'intérieur le noir des trous - route dans une la fin: n'importe quel matière, tombé dans son abîme incompréhensible, disparaît sans laisser de trace. Alors le trou noir - un terme très approprié, reflétant l'essence même de cet objet inintelligible. Éternel repos lumière quantiques sur le fond la gravité tombes expliqué relativement simplement. Plus le corps est massif, plus il faut dépenser d'énergie pour s'en détacher. surfaces. Pour briser les chaînes de la gravité (sortir de l'orbite terrestre), espace bateau devoir développer la rapidité 11.2 kilomètres dans donne moi une seconde. Cette ordre de grandeur est appelée seconde vitesse cosmique, ou vitesse de fuite. A la surface du soleil ce sera 700 kilomètres par seconde, mais la vitesse d'échappement d'un trou noir est la rapidité léger donc Pars son à l'intérieur rien ne peut.

Cela peut sembler étrange au lecteur non averti, qui n'est pas si fou lourd un objet (plus de Trois solaire masses) toujours et à jamais s'arrête lumière des rayons. Pourquoi dans tel Cas massif étoiles facilement rayonner lumière? Cependant une entreprise ici ne pas tant dans la masse comme telle, mais dans le volume où cette masse est placée. Si nous devenir compresse la terre, avec attention en gardant son Achevée lester, alors vu aurait, Quel deuxième espace la rapidité régulièrement croissance, même si lester planètes ne pas change. Lorsque rayon La terre diminuera à 9 mm et la densité de sa matière augmentera à 1027 g / cm3 (de 13 ordres de grandeur Suite densité atomique graines), la rapidité s'enfuir sur le son surfaces équivaut à co la vitesse de la lumière. Après cela, la presse peut être mise de côté en toute sécurité. Selon le général théories relativité, Terre Avec cette moment va commencer irrésistiblement effondrement tout seul, au revoir sur le son place ne pas formé microscopique le noir trou.

Le terme "trou noir" a été inventé par le physicien américain John Wheeler en 1969.an, même si performance sur exclusivement massif corps ne pas émettant sur cette cause de la lumière, est apparue beaucoup plus tôt - à la fin du 18ème siècle. En 1783, le Cambridge prof et astronome amateur John michel suggéré Quel dans la nature devoir exister compact et lourd céleste corps, sur le surfaces qui la rapidité l'évasion dépassera la vitesse de la lumière. La valeur numérique du rayon auquel la vitesse de la lumière égale à la deuxième vitesse cosmique, il est facile de calculer pour n'importe quel corps si son poids est connu. Cette valeur est communément appelée rayon gravitationnel (rg) et facilement calculé par la formule $rg = 2GM/c^2$, où G est la constante gravitationnelle, et - la vitesse de la lumière. Dans le cas de la terre, comme mentionné ci-dessus, gravitationnelle le rayon sera de 9 mm, pour le Soleil il sera égal à 3 kilomètres, et des corps très massifs (de l'ordre de plusieurs milliard masses Soleil) sera ont gravitationnel rayon, supérieur dimensions solaire systèmes. Similaire gentil supermassif le noir des trous, comment envisager astrophysiciens, rencontrer dans noyaux galaxies spirales.

Un trou noir est un objet étrange. Si vous regardez dans ses entrailles sombres, il ne sera pas trouvé même les moindres signes de matière, mais seulement le vide complet jusqu'au centre même, où est assis Alors appelé singularité - adimensionnelle point Avec sans cesse gros densité, dans qui concentré tout lester le noir des trous. Sur le cette fait indirectement la formule ci-dessus indique également : si le trou noir était uniformément rempli substance, alors le volume serait proportionnel à la masse, et non au rayon. Cependant, surtout les personnes sensibles qui évitent infini dans tous ses hypostases, peuvent compter le noyau d'un trou noir par une sorte de quantum d'espace d'un diamètre de 10 à 33 cm (dite longueur de Planck). Alors la densité de la matière comprimée de façon inimaginable sera Exprimez-vous extrêmement gros, mais après tout final Numéro - $10^{-93}g/cm^3$(Planck densité), c'est pourquoi question, avalé le noir trou ne pas se rétrécit en un point de dimension nulle, mais occupe un si petit volume (de l'ordre de $10^{-99}cm^3$), ce qui est en quelque sorte gênant pour appeler le volume. A propos de toutes ces choses difficiles détail raconte dans « périnatal » chapitres, dédié naissance notre Univers ("Complet inflation", "ET foncé est venu" "Imaginaire temps Étienne Colportage").

Si autour d'un trou noir à une distance de son rayon gravitationnel pour construire des sphère conditionnelle, couvrant la singularité de tous les côtés, nous obtenons une physique frontière cette étonnante objet, appelé horizon événements, ou sphère Schwarzschild, sur Nom célèbre Allemand astrophysique. Tout, Quel situé en dessous de horizon événements, fondamentalement indisponible, pour dans cadre général théories relativité, le temps est étroitement lié à l'espace et dépend directement de force la gravité. Important mettre l'accent sur, Quel horizon événements en aucun cas ne pas est réella surface d'un objet ratatiné, mais est une frontière conditionnelle, pour toujours séparant notre monde simple et compréhensible des rebuts d'un trou noir, où tout est violé célèbre physique lois.

Puisque le cours du temps dépend de la gravité (plus le corps est massif, plus lent écoulement temps sur le le sien surfaces Avec points vision télécommande observateur), sur mesure à l'approche de l'horizon des événements, l'horloge ralentira continuellement jusqu'à ce que les aiguilles ne pas gel dans Achevée immobilité. Sur le horizon événements temps s'arrête du tout, mais seulement du point de vue d'un observateur extérieur. Comme le disent les physiciens, n'importe qui peut petit intervalle de temps sur l'horizon des événements correspond à une durée arbitrairement longue intervalle de temps en un point à l'infini. Si le trou noir ne tourne pas, le rayon l'horizon des événements est exactement égal à son rayon gravitationnel, mais pour la rotation le noir des trous il moins gravitationnel rayon. Peut-être, frais Suite une fois que rappeler, Quel horizon événements - c'est le sien gentil semi-perméable membrane, qui admet en mouvement Matériel tél seulement dans le seul et unique direction - à centre le noir des trous, où règne inconnue nous lois quantum la gravité. Si un nous grimpons en dessous de horizon, à demander comment regards singularité, revenir retour ne sera plus possible. De plus, raconter exactement ce que nous avons vu là-bas n'est pas non plus il s'avérera pour non physique signal ne pas sera capable Sortez de dessous invisible mais assez réel couvertures. Bien que informations - concept parfait, mais elle est assurément implique la présence d'un porteur matériel, et il sera enterré à jamais sous l'horizon. La Singularité avec tous ses mystères est bien cachée de l'extérieur et obstinément ne pas donné en les bras. Dieu n'est pas dure nu singularité, plaisanterie la physique.

Presque tous les livres sur la cosmologie donnent un exemple de voyageurs, piégé au voisinage d'un trou noir. Nous aussi, ne serons pas originaux et passerons à autre chose le long des sentiers battus. Alors, imaginons qu'en orbite autour d'un trou noir tourne l'engin spatial dont est séparé le module de descente avec l'astronaute à bord. Le brave explorateur entreprit de pénétrer l'horizon des événements afin de de l'autre côté explorer déchets le noir des trous. Quoi verra le sien satellites, restant sur le planche bateau, et quoi il va voir moi même? L'équipage du vaisseau spatial surpris de constater que à l'approche de l'horizon des événements, la vitesse du module tombe à presque zéro. Avec chaque en une seconde, il se déplace de plus en plus lentement, rampant à peine, comme une mouche endormie, proche planant au-dessus de l'horizon, mais ne peut en aucun cas le franchir. L'équipage du vaisseau spatial vous ne verrez donc jamais comment le module plonge sous l'horizon, car pour cela besoin dépenser à l'infini temps.

Supposer Quel astronaute chaque minute envoie signal leur satellites restant à bord du navire. Au début, les signaux se succèdent régulièrement, mais avec quelques moment intervalles entre leur début irrésistiblement grandir. Module comment collé se bloque près de l'horizon, et les signaux viennent de moins en moins. Et soudainement comme un couteau coupé - silence complet. Les compagnons de notre brave pionnier pourront Direct avant de Profond cheveux gris mais Alors et ne pas entendra Suivant signal. À le sien S'inscrire, leur devait aurait Attendez embrasser éternité. MAIS entre les sujets astronaute dans rentrée module continue correctement, tous minute envoyer signal par signal...

À présent bougeons sur le planche module et Voyons voir sur le événement les yeux astronaute. Il franchit sans effort l'horizon des événements et plonge dans l'inconnu. l'intérieur d'un trou noir. Certes, il n'aura pas à triompher longtemps, car la marée Les forces vont d'abord étirer son corps à la manière de spaghettis, puis s'émietter en petits vermicelles. essence marée effet est dans le volume, Quel gravitationnel force Avec différent intensité affecter sur le diamétralement opposé points étendu objet. Sur le Terre nous cette ne pas remarquer car deux mètres différence sur la taille entre la couronne et les talons est trop petit pour l'attraction gravitationnelle relativement faible pourrait se présenter. Une autre chose est un trou noir avec sa gravité monstrueuse. deux mètres plus bas horizon événements - colossal distance, c'est pourquoi Humain corps sera inévitablement mis en pièces. Cependant, un effet de marée aussi prononcé est observé uniquement pour les petits trous noirs. Si notre astronaute plonge sous l'horizon des événements trou noir supermassif (de l'ordre de millions et de milliards de masses solaires), avec lui absolument rien ne se passera. Il pourra profiter pleinement de l'ouverture avant de lui spectacle et leur posséder les yeux verra finalement célèbre singularité, seulement ici raconter sur cette extravagances sera personne. Étant en dessous de l'horizon des événements, il n'y a aucun moyen d'envoyer un signal à l'extérieur. le sort de notre voyageur triste: à l'intérieur le noir des trous tout routes conduire dans Rome, alors je veux dire son centre, c'est pourquoi tôt ou en retard marée force grandir alors, Quel à lui malchance.

digérer similaire des choses pas facile. Robuste sens départs immédiatement manifestation, lorsque parole entre sur tel objets, comment le noir des trous. Mais Quel tel robuste sens? Intelligence intelligent singe, qui grandi dans terrestre biologique niche. À Malheureusement, le monde réel, le monde des températures monstrueuses et des pressions inimaginables, n'est pas Il a carrefours Avec notre mondain vivre. Cependant, le défunt domestique astrophysique ET. DE. Chklovsky dans le sien temps géré trouver bien analogie en permettant Suite ou moins visuellement imaginer inimaginable.

...

intéressant analogie boîte dépenser entre transition de la vie à de la mort pour tout le monde individuel et qui passe n'importe quel objet à travers Schwarzschild rayon à l'intérieur quelques le noir des trous. Comme pour que comment Avec points vision *externe* observateur dernière chose un événement *jamais ne pas qui va se passer* Avec points vision individuel ou plutôt, son "je", sa propre mort est inimaginable et en ce sens aussi jamais qui va se passer. Il convient de noter que, dans cette analogie, les concepts d'"interne" et d'"externe" comme aurait changent des endroits. Si un dans "astronomique" Cas monde Avec le sien les relations spatio-temporelles sont déterminées *en dehors* trous noirs environnants sphères de Schwarzschild, alors dans "psychobiologique" réel conscience individuel est à l' *intérieur* lui, étant inextricablement lié à son "je". L'auteur serait heureux siphilosophes professionnels développé ce analogie ‹…›

...

Peut-être être, c'est clarifié aurait quelques avant de à présent puisque non résolu Problèmes la relation entre l'individu et l'environnement dont il fait partie. En attendant comment ne pas rappeler poésie Selvinski, écrit années trente retour, dans qui se développe idée proche :

> *Pense comment c'est bon...*
> *Nous vivons seulement! Nulle part et*
> *jamaisnous ne verrons pas notre*
> *propre cadavre. Nous on ne fait que*
> *mourir pour les autres*
> *mais pour moi même nous mourir ne pas Boîte.*

Revenons à nos voyageurs de l'espace. Alors l'équipage à bord du navire voit un module cousu à un trou noir, car le passage du temps à l'horizon des événements, avec points vision loin observateur, ralentit sans cesse (boîte dire, Quel tempsarrêté). Le temps s'est étiré comme un cordon en caoutchouc parfait d'un manuel scolaire la physique, et ne pas dans les forces débordement de une des moments à à un autre. temps Suite ne pas existe, il ne reste qu'une seconde infiniment longue. Comme l'a dit le poète: "Et les mains à moitié endormies sont trop paresseuses / tournent et tournent sur le cadran, / Et le jour dure plus d'un siècle, / Et non prend fin câlin." Un en un mot, regardez parfaitement ne pas sur le Quel.

Mais le passager du module, s'il regarde par la fenêtre, au contraire, verra un extrêmement intéressant. DE faciliter glisser à travers en dessous de horizon événements et Tout à fait cette ne pas s'en apercevant, il commencera à plonger rapidement dans les profondeurs du trou noir. étoile kantienne ciel au dessus la tête va grimacer, jusqu'à va devenir au sens propre dans peau de mouton, un passager il semble Quel il est descendu sur le fond gigantesque bien. Monstrueux la gravité tord l'espace de plus en plus serré, et le temps hors du trou noir, peu à peu, commenceaccélérez votre course. Et maintenant il vole déjà au galop, et les années, les siècles et les millénaires défilent comme dans kaléidoscope. La descente dans le Maelström continue, un terrible trou d'épingle dans le néant tout plus près et plus près et le temps est devenu rage vortex.

En quelques fractions de seconde sur sa montre, le voyageur verra le futur lointain Univers. Il verra comment brûle Terre dans chromosphère gonflé Soleil, Comme ne pas C'était

5 milliards d'années, alors que le Soleil lui-même se débarrasse de sa couche de gaz et se transforme en une naine blanche, comme les étoiles se fanent et meurent. Toute l'histoire de l'univers s'inscrira dans une disparition un petit instant, et la flèche du temps, qui jusqu'à récemment partait pour l'éternité, se rétrécira jusqu'à un point. Tous les événements à venir fin fois arrivera tout de suite et soudainement.

Cependant, les bizarreries des trous noirs ne s'arrêtent pas là. Temps à l'intérieur d'un trou noir peut être jeter tel genou, Quel seulement tenir. Par exemple, spatial et temporaire coordonnées peut monnaie des endroits. Si un aurait passager module, Avec points vue de l'équipage du vaisseau spatial, par un miracle réussi à pénétrer sous l'horizon événements (par exemple, l'équipage attend indéfiniment cet événement), puis les observateur (dans ce cas, il s'agit de l'équipage du navire), le passager du module ne se déplacerait plus l'espace, mais dans le temps. Astronaute à l'intérieur d'un trou noir non rotatif verra pas seulement une autre l'univers causalement ne pas en relation Avec notre mais et le sien posséder avenir.

Si le trou noir tourne (il est très difficile d'imaginer un objet ponctuel avec zéro dimension, lequel à filage autour de posséder axes), elle est acquiert Suite Suite inhabituel Propriétés. À cette Cas rayon horizon événements devient moins gravitationnel rayon, et sphère Schwarzschild il s'avère que à l'intérieur Alors appelé ergosphère, qui représente toi-même vortex gravitationnel champ. Tout corps, son capturé, condamné sur le sans relâche Circulation. Si un astronaute se plonger en dessous de horizon événements tournant le noir des trous, il sera capable voir ne pas une un beaucoup de les autres univers causalement sans rapport avec le nôtre. De plus, de nombreux physiciens, non sans raison, On pense qu'au fond de ce tourbillon d'un noir de jais s'ouvre un couloir menant à le soi-disant trou blanc - un trou noir retourné. Substance aspirée sous l'horizon des événements par un trou noir insatiable, immédiatement éjecté dans un parallèle univers. ET. RÉ. Novikov, superviseur Centre théorique astrophysiciens à L'université de Copenhague écrit : « Tout ce qui tombe dans un trou noir finit dans une autre Univers... Suite avant de sera absorbé trou noir."

Tel trous de ver (trous de ver En anglais), de liaison entre toi-même mondes isolés, causalement sans lien les uns avec les autres, les scientifiques ont convenu d'appeler taupinières terriers. Si un comparer le noir trou Avec enfer, Avec dernière en cercles L'enfer de Dante, alors la sortie de celui-ci peut être assimilée à l'Eden, ou du moins au purgatoire. Cependant potentiel voyageur, glissé sur Môle terrier dans une autre l'univers ne pas sera capable partager impressions sur vu, parce que le tunnel, premier dans blanche trou - route Avec unilatéral mouvement. Revenir retour à lui ne pasAutoriser lois la physique.

Nécessaire Marquer, Quel tout sans pour autant exceptions le noir des trous indiscernable comment frères (ou sœurs) jumeaux. Ils ont tous le même visage. Quelles que soient les conditions initiales leur formation, la diversité s'estompe sans laisser de trace, et la sortie est toujours un automate Kalachnikov. Tout trou noir est caractérisé par seulement trois paramètres - la masse, le moment cinétique (spin) et la charge électrique, et tout ce qui y tombe aussi perd individuel les caractéristiques.

Si un Suite 20–30 années pour que retour le noir des trous ont été considerés gracieux théorique spéculation un dans leur réel existence C'était permis doute, alors aujourd'hui 99% astrophysiciens convaincu que les trous noirs déjà découvert, bien que le prix Nobel prime pour leur découverte n'a encore été décernée à personne. La façon la plus simple d'observer les trous noirs est de près les systèmes binaires constitués d'une étoile optique normale et d'une composante invisible, à la surface de laquelle coule la matière de l'étoile voisine. En même temps autour du trou noir formé Alors appelé accrétionnaire disque, similaire sur le filage tourbillon. La matière tombe dans le trou noir en une spirale qui se rétrécit, et la vitesse de son mouvement dans les parties internes du disque d'accrétion atteignent des valeurs énormes proches de la vitesse Sveta. Gaz échauffement avant de des centaines million degrés, et le noir trou départs puissamment émettent dans le domaine des rayons X. La principale libération d'énergie se produit bien avant Aller, comment substance disparaître en dessous de horizon événements, c'est pourquoi radiographie radiation

Peut être enregistré par un observateur externe. Par un certain nombre de paramètres c'est perceptible diffère des jets de rayons X (éjections) d'étoiles à neutrons, donc ici c'est assez disponible différentiel diagnostic. À cadeau temps découvert plus de vingt radiographie objets dans de faible masse double systèmes, qui considéré candidats aux trous noirs. Si nous ajoutons des trous noirs supermassifs à cette listedans noyaux galaxies, alors leur Numéro dépasser trois des centaines.

Tous les trous noirs peuvent être divisés en trois types : 1) les trous noirs avec une masse de 3 à 50 solaire masses, représentant toi-même produit évolution massif étoiles; 2) des trous noirs supermassifs au cœur des galaxies atteignant 106 à 109 masses solaires ; 3) donc appelés trous noirs primordiaux, formés dans les premiers stades de la vie de l'univers. Le sien apparence sur le lumière elles ou ils obligé local déformations métrique espace-temps dans première des moments après Gros explosion, long avant de Aller, comment allumé première étoiles. Parce que noir des trous progressivement évaporer (mécanisme leur l'évaporation quantique a été prédite par Stephen Hawking), pourrait survivre à ce jour primaire le noir des trous seulement avec lester Suite 1012 kg.

À conclusion cette chapitres - petit Devis de livres "Astronomie: siècle XXI".

...

Ainsi, grâce à la recherche spatiale et à la mise en service de grands satellites terrestres télescopes Nouveau générations ouvert des centaines massif et extrêmement compact objets, observé Propriétés qui très similaire sur le Propriétés le noir des trous, prédit par la théorie de la relativité générale d'Einstein. On peut espérer que ‹...› dans le plus proche décennies sera finalement éprouvé Existence le noir des trous dans Univers. ce mèneront à percée dans entente la nature espace-temps et entités la gravité.

Quelque chose sur en bonne santé sens

Essayez de m'avoir Cela-
FAQ-ne peut pas être !
Ecrivez votre nom À dans
hâte ne pas Oubliez!

Léonid Filatov

Une personne qui, pour la première fois, est entrée en contact avec l'image du monde que l'époque moderne physique, ou avec des modèles cosmologiques de l'évolution de notre Univers, expérimente parfois véritable choc intellectuel. Il commence à lui sembler que les scientifiques ont délibérément ils empilent l'absurdité sur l'absurdité, comme s'ils essayaient de se surpasser, alors cette La peinture ne pas s'intègre dans dans habituel représentation sur réalité. Involontairement rappelé célèbre déclaration Nils Bora sur sur une autre difficile hypothèses : cette idée est certes folle, mais toute la question est de savoir si elle est assez folle, à être vrai. Entre les sujets Bor du tout ne pas feutre idiot un Total seulement recherché mettre l'accent sur ce incontesté fait, Quel contemporain la physique sortir sur le tel niveaux compréhension réalité, qui totalement privé visibilité et ne pas ont analogies dans tous les jours mondain vivre.

Des ombres insaisissables se cachent derrière la façade de la vie quotidienne, échappant à tout le monde. définitions. Quand on dit que cet objet est vert, celui-ci est rouge, et celui-là celui-là est bleu, tout le monde comprend intuitivement de quoi il s'agit. Cependant, en réalité non bleu pas de couleur, oui seulement strictement certain longueur d'onde électromagnétique radiation. Une abeille ou une libellule perçoit le bleu d'une toute autre manière, car leur l'œil composé est disposé différemment et est capable de voir dans la gamme ultraviolette. Leur bleu et notre bleu est la terre et le ciel. La couleur bleu libellule sera sûrement beaucoup plus riche nuances et demi-tons, même si longueur vagues pertinent placer spectre dans tous les deux les cas resteront exactement les mêmes. L'image subjective du monde n'est très souvent pas n'a rien à voir avec le mauvais côté des choses qui sont fondamentalement inaccessibles à l'ordinaire perception guidée par des considérations de bon sens. Les organes des sens ne sont pas une clé en or et non un crochet magique, mais juste un outil pratique qui aide espèces à s'adapter à leur environnement. La physique moderne va plus loin feuilles de visibilité, en fonctionnement catégories, qui peut être adéquatement décrit seulement sur le Langue stricte mathématiques. Suite du tout récemment atome peint dans formulaire miniature solaire systèmes : positivement accusé noyau dans centre dans les rôles un minuscule luminaire et des électrons agiles chargés négativement, tournant comme planètes autour de graines. Aujourd'hui nous nous savons Quel cette idyllique image ne pas Il a Avec rien à voir avec la réalité. Premièrement, les électrons ne peuvent pas être localisés sur orbites autour de cœur, un forcé occuper dur fixé niveaux, qui sont déterminés par l'énergie disponible pour l'un ou l'autre électron. C'est en partie ressemble à une échelle : vous pouvez sauter d'une marche à l'autre autant que vous le souhaitez, mais accrochez-vous entre eux - désolé, déplacez-vous ! Deuxièmement, les électrons ne sont pas du tout comme des solides planètes-boules, bien que l'on dise que l'électron tourne autour du noyau. En fait non plus sur Quel mouvement dans habituel entente cette les mots ici ne pas peut être être et discours : l'électron ne tourne pas comme enroulé, mais est dans un certain état, qui décrit complexe vague fonction. Autre mots nous Nous avons droit parler seulement seulement sur *probabilités* rester électron dans jouet ou différent indiquer.

Et ne pas Dépêchez-vous exclamer, Quel cette ne pas peut être être. Ça arrive n'importe quoi et si Alors appelé bon sens cède franchement, refusant de séparer le bon grain de l'ivraie, ce Suite ne pas occasion, à jeter dans corbeille déroutant scientifique construction.

On se souvient d'un épisode de l'histoire des frères Strugatsky "L'escargot sur la pente" quand Pepper (l'un des personnages principaux) tente sans succès d'obtenir un rendez-vous avec le réalisateur d'un certain le mystérieux Département des Affaires de la non moins mystérieuse Forêt. Kim, le patron de Pepper, son console et dit que tout ira bien avec le temps, et quand Pepper crie dans son cœur que cela secret ridicule est déjà dans sa gorge et il veut en savoir au moins aussi peu que directeur regards, alors reçoit une liste exhaustive réponse.

...

– Qui? bas croissance, rougeâtre ‹…›
– MAIS Tuzik Il parle, Quel il maigre et porte long Cheveu, car Quel à lui Nonune oreille.
– ce qui Suite Tuzik ?
– Chauffeur, je vous l'ai dit. Kim
bile ri.
– Où chauffeur Tuzik peut être tout c'est connaître? Ecoutez, poivre, c'est interdit même être alors crédule.
– Tuzik Il parle, Quel a été à lui chauffeur et plusieurs une fois que le sien vu.
– Bien et quelle? mensonge, Probablement. je a été à lui secrétaire un ne pas vu le sien ni une fois que.
– Qui?
– Directeurs. je pendant longtemps était à lui secrétaire au revoir ne pas défendu dissertations.
– Et ni une fois que le sien ne pas vu?
– Bien naturellement! Tu imaginer Quel C'est vrai simplement?
– Attendre, où même tu vous connaissez, Quel il rougeâtre et Alors
Plus loin? Kim secoua la tête.

– Pepper, dit-il affectueusement. - Chérie. Personne n'a jamais vu un atome d'hydrogène, mais tout le monde sait qu'il a une couche d'électrons de certaines caractéristiques et un noyau, qui consiste dans le plus simple Cas d'un proton.

Il y a beaucoup de tristesse dans beaucoup de savoir, disaient nos sages ancêtres. Pourquoi gaspiller appel à du son sens? Si un quelques théorique déclaration entièrement et entièrement compatible avec les données expérimentales, il doit être reconnu comme vrai et non traité scolastique vide. Un modèle solide et fiable a été construit, et tant qu'il fonctionne, pourquoi toi plus? S'il cesse de fonctionner, un autre prendra sa place. La science n'est pas une religion, elle ne fascine pas la question sacramentelle "qu'est-ce que la vérité". La science n'offre pas de solutions définitives, mais construit des modèles. Mais à cette ne pas devrait Oubliez, Quel n'importe quel maquette vague et imparfait; elle est ni dans qui Cas ne pas réalité, un seulement son imprimer, et borovskaïamaquette atome pas du tout similaire véritable atome.
Et si les vulgarisateurs de la physique parlent du dualisme des propriétés inhérentes à à toute la population du micromonde, il faut toujours se rappeler que ce n'est rien de plus qu'une figure de style. C'est interdit dire, à elles ou ils fortement fait une erreur contre vérité, parce que le électron se comporte vraiment comme un véritable prestidigitateur, en un clin d'œil changeant d'apparence : alors se transformera en onde, sinon il démontrera ses propriétés corpusculaires à partir du cœur. Réellement tout est de notre faute les stéréotypes étouffants qui ont le plus relation indirecte. L'électron n'est ni une onde ni une particule, puisque l'envers de choses passe ne pas en dessous de la personne; électron - juste électron, à deux faces Janus, se comportant comme il était censé le faire. Dans certains cas, il agit comme une particule, et dans les autres - comment vague, rester à cette incompréhensible chose dans toi-même Avec fixé Masse, négatif charge et à moitié entier tournoyer.
La théorie de la relativité d'Albert Einstein (à la fois spéciale et générale) aussi contredit notre tous les jours vivre. Si un tu, lecteur, pouvoir visuellement imaginez un espace incurvé en trois dimensions, puis honorez et louez-vous, mais la plupart les gens ne sont certainement pas prêts pour de tels exploits. Pendant ce temps, la courbure de l'espace près corps célestes massifs - un fait incontestable qui a été démontré plus d'une fois expérimentalement. Et la loi ajout de vitesse en spécial théories relativité? Si un chauffeur manèges "penny" co la rapidité 60 kilomètres dans heure, un cycliste - co vitesse 30, et les deux se déplacent dans la même direction, alors même un étudiant de la première écoles peut facilement les calculer vitesse relative ami.
Imaginez maintenant un vaisseau spatial volant à la poursuite d'un faisceau lumineux avec vitesse de 250 mille kilomètres par seconde. Permettez-moi de vous rappeler, au cas où, que la vitesse de la lumière dans l'espace vide équivaut à 300 000 kilomètres par seconde. Question : Quelle est la vitesse de la lumière rayonner s'enfuit de bateau? Humain co moyen éducation peut être penser Quel le sien sont tenus pour un imbécile, car la réponse, semble-t-il, se suggère - 50 000 kilomètres dans donne moi une seconde. Cependant, ce n'était pas là! En mesurant la vitesse d'un faisceau de lumière, on obtient, quelle que soit la vitesse étrange, les mêmes 300 mille kilomètres par seconde. De plus, l'espace mentionné ci-dessus le navire peut s'approcher de la barrière lumineuse, mais la vitesse de la lumière, mesurée à son conseil d'administration, ne changera toujours pas d'un iota et sera toujours de 300 mille kilomètres dans donne moi une seconde.
Une entreprise dans le volume, Quel la rapidité Sveta dans annuler - ordre de grandeur absolu, c'est une de constantes fondamentales. Il est d'autant plus frappant que cette vitesse se distingue par une stricte constance. De l'expérience quotidienne, nous savons que tout corps se déplaçant par inertie,une fois ralenti, il ne pourra pas reprendre la vitesse initiale. disons carabine balle, percer à travers pouce planche, volera Ralentissez. MAIS ici lumière pistes moi même complètement différent. Si vous placez un prisme de verre sur le trajet d'un faisceau lumineux, la vitesse la lumière diminuera, car dans le verre elle est moindre que dans le vide. Cependant, cela ne coûte que un faisceau de lumière se libère comme sa vitesse augmentera à nouveau brusquement jusqu'à 300 mille kilomètres dans donne moi une seconde. À annuler lumière toujours distribué par Avec une et jouet même

la rapidité, et rayonnement sur le son fondamentalement impossible.

D'autre part, tous les corps avec une masse au repos non nulle ne peuvent se déplacer que à des vitesses inférieures à la vitesse de la lumière. Et plus un tel corps bouge vite, plus Suite augmente le sien lester et les sujets Ralentissez aller établi sur le Allemand Regardez. Théoriquement, il est possible d'accélérer une particule élémentaire, comme un proton, à une telle vitesse, Quel le sien lester dépassera Masse tout notre Galaxies. Accepter similaire déclaration pas facile, mais en réalité ça l'est. Idées habituelles sur la nature de choses s'avérer faillite à vitesses, approchant à la rapidité Sveta.

Et on ne peut pas se demander pourquoi la nature a agi ainsi et pas autrement, comme question loin ne pas toujours corriger. Lisse Avec les sujets même Succès boîte interroger, Pourquoi la rapidité Sveta équivaut à 300 milliers kilomètres dans donne moi une seconde, un ne pas une autre Taille - plus ou moins. On peut se demander pourquoi la nature avait besoin limite la rapidité dissémination signal quelques marginal Taille. Pourquoi les corps matériels ne peuvent pas se déplacer à une vitesse arbitrairement élevée ? Tout ça Tout à fait vide des questions, ne pas ayant droits sur le Existence. Pourquoi, Pourquoi... Vous pouvez écraser de l'eau dans un mortier jusqu'à ce que vous deveniez bleu. Par tête et chou ! Ainsi va le monde et refaire le sien personne Suite ne pas réussi Quel aurait ni parlait sur cette sur orthodoxe marxistes.

La loi de la conservation de l'énergie a été formulée il y a près de 300 ans, mais Jusqu'à présent, rien n'est connu sur les mécanismes par lesquels cette loi fonctionne. Tous les processus sont en cours d'exécution pour que l'énergie soit conservée. Tout aussi absurdes sont les arguments sur ce qui s'est passé quand le monde n'existait pas. C'était. Entre d'ailleurs, c'est entendu Suite ancien. Bienheureux Augustin dans le sien temps utilisé pour dire que le monde a été créé non pas dans le temps, mais avec le temps, alors parlez de l'existence de quoi que ce soit avant le moment "zéro" n'a aucun sens. Quoi de neuf dire? Headed était un pop, et les astrophysiciens modernes souscriront à chacun de ses mot.

Malheureusement, il y a des questions qui n'ont pas le droit d'être posées. Alors que la science pataugeait dans les couches et interrogé la nature sur des phénomènes simples et familiers, les réponses semblaient assez significative. Échelle Humain réclamations a été dans ce temps comparable Avec le sien propre échelle. Cependant, les lois de la nature changent au-delà de toute reconnaissance lorsque les forces les champs et les distances dépassent notre expérience quotidienne. Nous avons dû demander que la matière soit une particule ou une onde, la réponse s'est avérée si inattendue que motif refusé accepte-le. Nous avons insisté sur une alternative difficile, mais à partir du moment Du point de vue de la nature, la question dans une telle formulation n'avait pas de sens. Devrait être une fois pour toutes assimiler Quel Univers établi ne pas pour l'amour de nous, nous seulement côté produit son évolution, et donc les réponses que la nature nous présente n'ont pas à s'inscrire dans le genre notre cœur schéma. Demandez aussi nécessaire Avec dérange.

L'écrivain de science-fiction américain Robert Sheckley a une merveilleuse histoire intitulée simplement et co goûter - "Loyal question". Quelques puissant galactique course, il y a longtemps coulé dans inexistence, construit unique unité, connaissance tout sur le lumière. Il pouvait répondre à n'importe quelle question si elle était posée correctement. Entendre, comme vous le savez, la terre se remplit, et des légions de passionnés surfent sur les étendues cosmiques sans perdre espoir trouver le légendaire défendeur. Certains réussissent, et puis ceux qui ont de la chance, se précipiter pour demander au sage voiture question sur le plus important. Quelqu'un pose des questions sur le cramoisi, quelqu'un - sur la loi de dix-huit ans, et quelqu'un - sur la vie et la mort, comme le Pasternak de Staline, parce que chaque peuple a ses propres idées sur la nature des choses. Cependant, tout les marcheurs échouent inévitablement. Malheureusement, l'intimé est lié par des des questions un tel des questions exiger connaissances, qui demander ne pas ont. Interroger explicatif question il s'avère que presque impossible tâche. Terriens aussi ne pas chanceux.

...

défendeur s'est présenté leur blanche filtrer dans mur. Sur le leur vue, il a été extrêmement

‹...› Facile.

— Très D'ACCORD. défendeur, - adressé Lingman haute faible voix, - Quel tel la vie?

Voix retenti dans leur têtes.

— Question privé sens. En dessous de "la vie" Demander implique privéphénomène, explicable seulement dans termes ensemble.

— Partie Quel la totalité est la vie? - a demandé Lingman.

— La question dans réel formulaire ne pas peut être résoudre. Demander tout Suiteconsidère "la vie" subjectivement, co le sien limité points vision.

— Réponse même dans posséder termes - a dit Moran.

— Je ne réponds qu'aux questions », a déclaré tristement l'intimé.

Il est venu le silence.

— Expansion qu'il s'agisse Univers? - a demandé Moran.

— Terme "extension" inapplicable à donné situations. Demander opèrefaux la notion d'univers.

— Tu boîte nous dire pourtant quelque chose?

— je je peux répondre pour toute droit livré question, émouvant la naturede choses.

Une mot, malchanceux les astronomes ne pas Avoir de la chance. Elles sont jugé Oui ramé Alors et alors, mais sens de leur efforts C'était un peu. dernier essai regardé Alors:

...

— Quoi il y a décès?

— je ne pas boîte définir anthropomorphisme.

— Décès - anthropomorphisme! - s'est exclamé Moran, et Lingman vite se retourna. - Bien finalement nous déménager de des endroits.

— réel qu'il s'agisse anthropomorphisme?

— Anthropomorphisme boîte classer expérimental: comment MAIS - fauxvérité ou dans - privé vérité - dans termes situation privée.

— Quoi ici en vigueur?

— Et alors et autre.

Ils n'ont rien obtenu de plus concret. Pendant de longues heures, ils ont tourmenté l'intimé, tourmentémoi même, mais vrai éludé tout plus loin et plus loin.

...

Nesolon sirotant héros mettre les voiles domicile. Ici comment prend fin histoire:

Une sur le planète - ne pas gros et ne pas petit, un comment une fois que propice Taille - attenduIntimé. Il ne pas peut être aider les sujets qui vient à lui pour même défendeur ne pas omnipotent.

Univers? La vie? Décès? Cramoisi? Dix-huit? Privé vérité, demi-véritésles miettes grande question.

Et marmonne défendeur des questions moi même toi-même fidèle des questions, qui personne ne pas peut êtrecomprendre.

Et comment les comprendre?

À droit interroger question, besoin connaître gros partie réponse.

Si avec le péché en deux nous avons réussi à trouver quelques modèles du microcosme et même vérifier expérimentalement quelque chose, cela ne signifie pas que nous aurons des réponses à toutes ces putains de questions. La vraie nature des choses n'est toujours pas remise entre les mains, et ce n'est pas pour rien que LeoDavidovich Landau a déchiré et métal lorsqu'il s'est préparé pour l'impression de la brochure populaire "Qu'est-ce que théorie de la relativité ?". le sien coauteur Youri Borisovitch Rumeur - deux escrocs en essayant convaincre simplet, qu'il réglera le problème pour un centime. Bien sûr, Landau était absolument droits. Analogie et métaphore - des choses bons, mais et elles ou ils tôt ou en retard début caleçon. À tout le monde désir nous ne pas Boîte visuellement imaginer mousse spatio-temporelle dans la zone des longueurs de Planck ou enroulée au plus fin les tubes sont des dimensions supplémentaires, car Homo sapiens est tout simplement intelligent un singe qui a réussi à maîtriser la parole et la pensée conceptuelle. Nos sens sont durs lié à biotope en dessous de Nom "planète Terre", où nous soulevé et nourri sur le plus de 3 milliards d'années. Vous ne pouvez pas sauter au-dessus de votre tête, et donc le vrai fond ordre mondial, restant secret par famille scellés, entièrement et à côté de peut être être montré juste mathématiquement.

Monde fonctionnement sur universel lois, appelé lois la nature, et les mathématiques agissent comme un guide pour les régions non humaines du monde. Intelligence, formé dans terrestre biologique niche, sur le tout le monde marcher passe avant de paradoxes qui ne peuvent pas être mordus, sentis ou ramassés. Pour celui qui est tombé dans trou noir, l'espace prend l'apparence du temps, puisqu'il ne peut revenir en arrière, tout comme il est impossible de reculer le long de l'axe du temps, c'est-à-dire dans le passé. Imaginer visuellement tel image pas facile, mais mathématiques, comment un fil Ariane, vous permet de pénétrer dans de tels coins et recoins de l'univers, où la voie est ordonnée pour les simples mortels. Vérité, quelques scientifiques réclamer Quel comprendre dans similaire des choses alors même à l'aise, comme on a un goût salé ou acide. En fait, ils sont un peu ruse: dans réalité elles ou ils comprendre Total seulement conformité théories et expérimenté résultats.

La physique Avec mathématiques - c'est étroit chemin au dessus abîmes, inaccessible imaginaire humain. L'homme est ainsi constitué qu'il aspire aux vérités finales, mais en la science nécessaire retenue. Monde refuse Réponse sur le des questions sur le sien essence ultime, et nous sommes perdus quand nous apprenons que le vide absolu n'est pas du tout vide, un énergie peut être être négatif. Entre d'ailleurs, exactement dans cette enraciné spécifique différence entre la foi et connaissances. Foi tout sait en avant, elle a, comment agile pointu, toujours caché dans manche atout carte. MAIS la science distinctement conscient le sien imperfection. Mathématiques peut faire beaucoup mais loin ne pas tout.

Malheureusement, les mathématiques n'aident pas toujours, car il n'y a aucune certitude que le monde est de nature mathématique. Bien sûr, ce code astucieux permet parfois d'obtenir réponses aux questions correctement posées, mais cela ne signifie pas que les mathématiques les symboles révèlent essence de choses. Bien sûr, nous ne sommes pas assez naïfs pour rayer mathématique une approche dans principe nous seulement mettre l'accent sur purement auxiliaire rôle mathématiques comment cognitif armes à feu, portion atteindre certain Buts. O il n'y a pas d'identité entre l'objet de connaissance et l'instrument de connaissance de la parole. Stanislav Lem Alors a écrit à ce sujet :

...

Les mathématiques ressemblent plus à une échelle à gravir montagne, bien qu'elle ne ressemble pas du tout à cette montagne. ‹...› À partir d'une photo de montagne, vous pouvez utiliser correspondant échelle, déterminer sa hauteur, chute de pente et Alors Plus loin. Escaliers peut aussi nous en dire long sur la montagne à laquelle elle était adossée. Cependant, la question de savoir ce douleur correspond échelons escaliers, ne pas Il a sens. Après tout elles ou ils servez pour Aller, pour arriver au sommet. De même, il est impossible de se demander si cela échelle "vrai". Il ne peut être que meilleur ou pire comme instrument de réussite. Buts.

Mots d'or. En fait, le point ici est que nos modèles, même s'ils bien performer, s'accorder remarquablement bien avec l'expérience et produire des résultats prévisibles, peut s'avérer n'être que l'ombre pâle d'une réalité incompréhensible. Et c'est encore mieux Cas. Et si un jour il s'avérait que tous nos modèles bourrés de casse-tête mathématiques, ne pas ont lisse Compte non rapports à le monde de choses? Tel désagréable perspective aussi devrait ont dans dérange sur le n'importe quel événement. Et même si aspect pragmatique de la science les théories de cela n'en souffriront pas le moins du monde, il appartiendra toujours profondeurs âmes c'est dommage être conscient Quel humanité jamais ne pas destiné traverser à fondamentaux de la vie. Cette question profondément philosophique a été jouée avec esprit par le déjà familier nous Robert Sheckley.

Dans son brillant roman The Exchange of Minds, il y a un petit chapitre consacré à appelé le monde déformé - instable et capricieux ennuyeux à l'envers réalité. laissons toi-même quelques citations.

...

...donc merci Les équations de Riemann-Hacke ont finalement été prouvées mathématiquement théorique besoin twister-mann spatial secteurs logique déformations. Cette zone reçu Titre déformé Mira, même si sur le lui-même acte ne pas déformé et le monde ne pas est.

Et Plus loin:

...

Un certain sage demanda un jour : « Que se passera-t-il si j'entre dans le monde déformé sans avoir des idées préconçues ? Il est impossible de donner une réponse exacte à cette question, mais nous croyons quequand le sage sortira de là, il aura des idées préconçues. Absence croyances ne pas la protection la plus fiable.

...

Certains considèrent que la plus haute réalisation de l'intellect est la découverte qu'absolument tout peut être retourné et transformé en son propre contraire. Basé une telle hypothèse, vous pouvez jouer à de nombreux jeux amusants; mais nous n'appelons pas le sien dans Déformé Monde. Là tout dogmes également arbitraire y compris dogme sur arbitraire dogme.

...

Pas espoir déjouer Déformé Monde. Il Suite, moins, plus long et plus court, commentnous. Il est indémontrable. Il juste manger.

...

Ce qui est déjà là n'a pas besoin de preuve. Toute preuve est une tentative de quelque chose. devenir. La preuve n'est vraie que pour elle-même, elle ne témoigne de rien, Outre disponibilité des preuves un Ce n'est rien ne pas prouve.

...

Ce, Quel il y a, incroyable, pour tout aliéné, ce n'est pas nécessaire et menace raison.

...

Peut-être, ces remarques sur Déformé monde ne pas ont rien général Avecdéformé Paix. Mais le voyageur averti.

Bien sûr, l'oncle plaisante, mais, comme vous le savez, dans chaque blague, il y a toujours une part de blague. Mondes'est avéré beaucoup plus compliqué que nos idées locales à ce sujet, et il n'y a pas un seul mot à ce sujet. minute ne doit pas être oubliée. Bien sûr, la dernière chose que je veux, c'est pour vous, le lecteur, pensait que la nature était inconnaissable. J'essayais juste de mettre l'accent sur ce qui doit être sobrement évaluer leur capacités, un ne pas étude bon marché plafonnement.

briques univers

Louer pour que qui la première a commencé appel chats et chats Humain des noms
Qui a donné aux coléoptères les noms de broyeurs, de fossoyeurs et debûcherons,
Qui a décoré des petites cuillères avec des lettres et des monogrammes, Qui Les Grecs divisé sur le ancien et pour seulement Les Grecs.

Nicolas Oleinikov

antique philosophes pensait Quel fondation univers compliqué de quatreles éléments de base sont la terre, l'air, le feu et l'eau. Le grand Aristote a ajouté à cela combinaisons de la cinquième essence - la soi-disant quintessence, à partir de laquelle essentiel corps. Il pensait Quel substance boîte fraction sans cesse, Alors jamais et ne pas avoir atteint avant de jouet le plus petit céréales, qui déjà ne pas se prête plus loin écrasement. Les atomistes obstinés n'étaient pas d'accord avec la sommité de toutes les sciences, insistant sur le fait que la matière est composée d'atomes - de minuscules particules indivisibles qui sont en constante mouvement (le mot « atome » en traduction littérale du grec signifie « indivisible »). Cette idée prise en charge tel exceptionnel penseurs antiquités, comment Démocrite, Epicure et Leucippus, mais puisque la science antique était profondément spéculative et effrayée par l'expérimentationcomme le diable d'encens, ces exercices de vaine gloire n'avaient guère de sens. Même quand l'anglais Le naturaliste John Dalton a montré en 1803 que les produits chimiques sont toujours unis dans certaines proportions, le différend séculaire entre les deux écoles est toujoursne pas a finalement été résolu en bénéficier à atomistes.

Pourtant, dans l'avant-dernier siècle, la grande majorité des scientifiques ne doutaient plus structure corpusculaire de la matière. À la fin du XIXe siècle, lorsque Joseph John Thomson de Trinity College, Cambridge a découvert l'électron, il est devenu clair que l'atome a un complexe interne structure et ne pas est élémentaire brique univers. Mais Quelélectrons et protons (le neutron n'a été découvert qu'en 1932 par James Chadwick)situés dans l'atome les uns par rapport aux autres, ce n'était pas du tout clair. Dis seigneur Kelvin pensait atome sphérique éducation, sur tout le volume qui uniformément charge positive est distribuée, et à l'intérieur de la sphère en équilibre statique sont électrons chargés négativement. Mais quelques années plus tard, Rutherford n'a pas la gauche de ce modèle pierre sur pierre.

Une expérience Anglais la physique a été relativement Facile. Il égrené le plus fin d'or déjouer paquet particule alpha, en volant co la rapidité vingt mille kilomètres dans donne moi une seconde. rayonnement alpha - c'est massif positivement accusé particule, émis quelques nucléides dans traiter radioactif pourriture. Rutherford occupé question, combien fortement dévier particule, qui passe à travers d'or déjouer. Image s'est avéré très curieux. Comment et devrait attendre, gros partie les particules alpha ont percé la feuille de part en part, ne déviant pratiquement pas ou ne déviant pas de un léger angle de 2-3 degrés. Mais certaines particules ont été déviées beaucoup plus sensiblement - 90 degrés ou plus, et quelques-uns ont même rebondi du tout, alors qu'il s'envole de balle lancée contre le mur. On avait l'impression que les atomes du film le plus fin pouvaient être sérieuse obstacle sur le façon rapidement en volant massif particules alpha. ce paraissait tout à fait incroyable : on aurait tout aussi bien pu supposer que la feuille papier à dessin capable d'arrêter une balle de fusil.

Et puis Rutherford soudainement s'est levé. Il a utilisé l'exemple, comme on dit, de un autre opéra - il imagina le comportement d'une comète au voisinage du Soleil. Pris dans un puissant gravitationnel champ notre luminaires, elle est peut être fortement monnaie trajectoire voyage en avion, fais, par exemple, bobine et se retirer de Soleil dans lui-même inattendu direction. DE d'autre part, l'interaction gravitationnelle entre les objets du micromonde est si peu qu'il n'est guère logique de prendre en compte. Alors peut-être à l'intérieur de l'atome fonctionner quelques autre force, par exemple électromagnétique? particule alpha effectivement chargé positivement, mais voici le problème : l'atome lui-même est électriquement neutre ! MAIS Quel si intraatomique charge distribué inégal? Après tout comète aussi interagit ne pas co tout solaire système, un seulement Avec son central lien - Soleil. Et Rutherford a deviné qu'il est cohérent d'expliquer le résultat de l'expérience un seul chemin est possible. Un atome est constitué d'une charge positive noyau et électrons chargés négativement qui tournent autour du noyau comme des planètes autour de Soleil. Et atomique noyau beaucoup de moins atome dans en général (comment et Soleil beaucoup plus petit que le système solaire), bien que la quasi-totalité de la masse de l'atome soit concentrée juste dans le noyau atomique. Par conséquent, ces particules alpha qui ont volé loin du noyau sont presque en ont été influencés, mais les particules capturées par le noyau ont très fortement dévié. MAIS puisque l'atome, à l'exception du noyau, est pratiquement vide, le nombre d'atomes sensiblement déviésparticules il était très insignifiant.

Aujourd'hui, nous savons que la taille moyenne d'un atome est de 10-8 cm, et la taille d'un atome noyaux - 10-13 cm. Différence sur le cinq ordres alors il y a dans 100 mille une fois que! Des charges proton etles électrons sont opposés en signe et égaux en termes absolus, mais la masse d'un proton dépasse la masse d'un électron de 1836 fois. Dans un atome électriquement neutre, le nombre de protons correspond au nombre d'électrons, mais les protons sont collectés dans un volume infiniment petit (et là il y a aussi des neutrons qui sont plus nombreux que les électrons d'environ la même quantité)tandis que les électrons sont répartis dans tout l'atome. Donc le positif charge et presque tout lester atome extrêmement concentré un négatif charge pulvérisé, "barbouillé" à travers espace minuscule "solaire systèmes."

Bien sûr, le modèle planétaire atome, proposé par Rutherford en 1911, n'est pas est restée inchangée à ce jour. Les premiers amendements sérieux y ont été apportés par Niels Bor et wolfgang pauli, et Avec couler temps atome est devenu tout moins et moins rappeler solaire système. Dans deuxième demi du passé siècle Il a révélé, Quel nucléons atomique noyaux (moderne la physique pense Quel proton et neutron - c'est deux charge États une et jouet même particules - nucléon) du tout ne pas initial briques de l'univers, mais sont construits à leur tour à partir de particules subnucléaires spéciales - les quarks. Cette terme a inventé Murray Gel-Mann, théoricien de californien technologique institut, emprunté voisé mot à James Joyce auteur abstrus des choses "Se réveiller sur Fingane." À 1969 an par étude quarks il a été honoré Nobel primes.

Comme nous pouvons le voir, il ne reste presque plus rien du système solaire. Et bien qu'aujourd'hui nous magnifique connu Quel réel électron du tout ne pas similaire sur le planète un si le sien et boîte Avec quelque chose comparer, alors plus rapide Avec quelques flou nuage, posséder complexe Propriétés, c'est pas du tout ne pas rabaisse valeurs proposé Rutherford des modèles. Pas sujet à doute Quel moi même Anglais scientifique dans Achevée mesure a donné toi-même rapport dans approximatif posséder analogie, même si ne pas avais notions ni sur principe incertitude Heisenberg, ni les sujets Suite sur quarks Gell-Mann.

Néanmoins, le modèle de Rutherford s'est immédiatement heurté à de sérieuses difficultés. Puisque l'électron est en mouvement constant, il représente essentiellement une charge électrique en mouvement qui gaspille continuellement de l'énergie, car en mouvement charge devoir rayonner. Par conséquent, à travers très un court temps épuisé électron, médiocre gaspillé mien or Stock, devoir sur spirale convergente pour s'effondrer sur le noyau. En d'autres termes, l'atome de Rutherford est finalement instable, il doit mourir en quelques fractions de seconde. Sortir de ce désagréable des provisions trouvé génial Danois Nils Bor, une de créateurs quantum mécanique.

Cependant, d'abord comme devrait traiter avec la structure de l'atome. Dans le cas le plus simple atomique noyau consiste de le seul et unique proton. Alors arrangé par exemple, atome hydrogène: positivement accusé proton dans centre et transporteur négatif charge un électron en orbite autour d'un proton. En général, l'atome d'hydrogène est électriquement est neutre, puisque plus et moins donnent finalement zéro (rappelons que bien que l'électron et le proton diffèrent en masse d'un facteur 1836, leurs charges sont égales en grandeur). Donc la structure de l'atome l'hydrogène simple (protium) peut être représenté graphiquement comme suit : $]H$. Unité en bas à gauche de produits chimiques symbole hydrogène (H) représente atomique chambre élément, qui correspond au nombre de protons dans le noyau (et puisque l'atome est électriquement neutre, Il y a exactement autant d'électrons en orbite qu'il y a de protons. L'unité en haut à gauche est nombre de masse reflétant le nombre de nucléons dans le noyau (c'est-à-dire, protons plus neutrons). À Cas ordinaire hydrogène, protie, neutrons dans cœur Non, c'est pourquoi atomique chambre et massif le nombre est égal entre toi-même.

Si nous ajoutons un neutron au noyau de l'hydrogène ordinaire, nous obtenons son isotope - le deutérium, ou lourd hydrogène. Alors le sien formule sera ressembler à Alors: $1\,\,1H$. Atomique chambre est toujours égal à un, car le nombre de protons dans le noyau n'a pas changé, mais la masse Numéro a grandi deux fois parce que le à proton ajoutée ne pas ayant charge neutron. À hydrogène il y a Suite une isotope - tritium, formule qui S'inscrire Suivant façon: $3\,\,1H$. Il est facile de voir que le noyau de tritium contient 2 neutrons et 1 proton (nombre de masse équivaut à Trois), un ici atomique chambre encore même ne pas modifié Alors comment proton tout Suite séjours dans une fière solitude. Et le protium, le deutérium et le tritium sont chimiquement complètement identiques et sont le même élément - l'hydrogène, car les propriétés chimiques éléments lié Avec valence électrons un leur montant dans tout Trois cas Tout à fait le même (nombre de protons est égal au nombre électrons).

Alors, chimique éléments, ayant même atomique chambre, mais divers massif Nombres, appelé isotopes. Ou Suite Plus facile: isotopes - c'est noyaux atomes, différents par le nombre de neutrons, mais contenant le même nombre de protons. Tous les trois les hypostases d'hydrogène - protium, deutérium et tritium - occuperont la même cellule dans Système périodique d'éléments. Essayons maintenant d'appliquer ce que nous avons appris à pratique. Comment connu Naturel Uranus consiste de mélanges Trois isotopes - uranium-238, uranium-235 et uranium-234, et sur le partager uranium-238 compte pour Suite 99 %. Ici le sien formule:
$238\,\,92U$. Atomique chambre uranium-238 exprimé Numéro 92, Par conséquent, dans le sien cœur contient 92 protons, mais le nombre total de protons et de neutrons est de 238. À à savoir, Combien dans cœur uranium-238 disponible neutrons besoin soustraire de Suite

le plus petit nombre : 238 moins 92 égale 146. Ainsi, il y a presque deux fois plus de neutrons dans le noyau de l'uranium, que les protons. Il en va de même pour ses deux autres isotopes, seul le nombre les neutrons dans leurs noyaux seront légèrement inférieurs. Les trois isotopes de l'uranium naturel occupent la même cellule du système périodique des éléments et contiennent 92 protons (leurs atomes chambre une et ce même). Tel surchargé neutrons noyaux très instable et capable de se désagréger spontanément. Ce phénomène est appelé désintégration radioactive et accompagné génération dur radiation (divers options radioactif nous n'analyserons pas la décroissance). Par ailleurs, le noyau de tritium, contrairement au deutérium et ordinaire hydrogène, aussi instable car Quel a un excès neutrons.

Revenons à atome Rutherford, lequel à ne pas Il a droits sur le Existence. Comment enregistrer la vie électron, lequel à déchets énergie, adressage autour de atomique graines? Comment déjà a dit au dessus, la solution cette Problèmes trouvé Nils Bor. Il postulé Quel électron situé ne pas sur le n'importe quel arbitraire orbite, un seulement sur lecelui qui se trouve à une certaine distance bien définie du noyau. Passer à autre chose sur ces orbites autorisées, les électrons ne rayonnent pas et ne perdent donc pas d'énergie. émission ou absorption énergie passe à saut électron Avec orbites sur le orbite, et le fait que cette énergie est quantifiée, c'est-à-dire décomposée sur le le sien gentil portions. Électron cherche prendre dans atome plus avantageux dansénergétiquement le niveau où son énergie est minimale. Plus l'orbite est proche de noyau, plus l'énergie de l'électron qui s'y trouve est faible. Si l'orbite la plus proche du noyau est déjà occupé, l'électron s'envole vers une orbite supérieure, mais pour cela il nécessaire achat Additionnel énergie, alors il y a absorber quantum Sveta (électromagnétique radiation). émettant quantum électromagnétique radiation, électron peut être descendre d'un étage dessous.

Important rappelles toi, Quel tout ces orbites - comment les proches, Alors et loin - en aucun cas ne pas arbitraire un cadeau toi-même dur fixé énergie niveaux. À célèbre sens système électronique coquilles (ou orbites) boîte assimiler escaliers ordinaires. Pour monter les escaliers, il faut travailler, puis est de dépenser de l'énergie. La descente est incomparablement plus facile, mais suspendu entre escaliers est toujours impossible : à chaque instant, le grimpeur doit occupent une place très spécifique marcher. L'échelle intraatomique est fixée de la même manière dur. Un électron qui a absorbé un quantum de rayonnement électromagnétique (rappelons que c'est strictement mesuré une portion énergie), reçoit possibilité avancez d'un pas sur le Suivant marcher, pour le sien énergie augmenté. mesure cette énergie sera distance entre pas. Plus un électron acquiert d'énergie, plus il peut grimper. Cependant, l'électron rêve toujours de retourner au premier étage, car c'est le plus rentable position. Il peut tomber immédiatement au niveau initial, puis l'énergie du électromagnétique radiation sera dans précision est égal à celui qui a été à l'origine absorbé. MAIS ici si il être bloqué au milieu alors le sien radiation sera donner autre énergie, un Par conséquent, et longueur vagues. Alors, énergie, acquis ou perdu électron, déterminé par la distance entre pas.

publié de atome énergie peut être être inscrit. MAIS parce que le chaque élément chimique a, pour ainsi dire, son propre ensemble unique d'étapes, de spectres le rayonnement de différentes substances sera très individuel. Autrement dit, chaque chimique élément Il a ma appel carte, Quel très sur le main astrophysiciens. En étudiant les spectres d'étoiles lointaines, il est possible d'identifier leschimique éléments.

Alors, nous est venu à conclusion Quel borovski atome pas du tout ne pas similaire sur le atome Rutherford.D'autre part, il a aussi une relation très indirecte avec l'atome réel, car que l'atome de Bohr (l'atome que Bohr a construit, comme le parodie la célèbre chanson célèbre poème anglais) n'est rien de plus qu'un modèle pratique pour comprendre essence processus, en cours dans monde élémentaire particules. Cependant avant de comment aller à fondamental briques univers (C'est, le susdit élémentaire particules), nécessaire même si aurait court rester sur le principe incertitude qui est l'alpha et l'oméga de la théorie quantique. Si l'éminent physicien allemand Max Planck a suggéré en 1900 qu'aucun rayonnement électromagnétique (visible lumière, radiographie des rayons, un aussi vagues n'importe quel longueurs) ne pas peut être être généré Avec arbitraire intensité, mais assurément devoir être dosé en portions (Planck nommé ces portions quantités), alors une autre célèbre Allemand, Werner Heisenberg formulé son fondamental principe.

Selon le principe d'incertitude de Heisenberg, il est impossible en même temps mesurer avec précision les coordonnées de la particule et sa vitesse. Comprendre l'essence du raisonnement de Heisenberg pas difficile. Si un tu vouloir prédire Quel façon changera position et la rapidité particule, tu devoir être capable de produire exact des mesures ici et à présent. Absolument il est évident que pour cela vous devez diriger un faisceau de lumière vers la particule, et plus le longueur vagues lumière rayonner, les sujets plus précisément à toi réussir calculer coordonnées particules. Cependant, selon l'hypothèse de Planck, la lumière ne peut pas être dosée arbitrairement en petites portions, pour lui disponible quelques indivisible fragment - une quantum. Dégager, Quel cette quantum assurément contribuera perturbation dans trajectoire particules et imprévisible changera son la rapidité. Pour obtenir une plus grande précision dans la mesure de la coordonnée des particules, vous deviendrez raccourcir la longueur d'onde, puis l'énergie du quantum augmentera automatiquement. (Longueur d'onde lié Avec énergie quantum retour proportionnel dépendance: comment plus court longueur vagues, plus l'énergie est élevée.) Par conséquent, la vitesse augmentera immédiatement. Stephen Hawking, une de piliers contemporain physique théorique, écrit à ce sujet Alors:

...

En d'autres termes, plus vous essayez de mesurer avec précision la position d'une particule, moins exact sera des mesures son la rapidité, et vice versa. Heisenberg montré Quel incertitude dans position particule, multiplié sur le incertitude dans son la rapidité età sa masse, ne peut être inférieur à un certain nombre, qui est maintenant appelé une constante Planche. Ce nombre ne dépend pas de la manière dont la position ou la vitesse est mesurée. particules, ni sur le type de cette particule, c'est-à-dire que le principe d'incertitude de Heisenberg est fondamental obligatoire propriété notre monde.

Principe incertitude Il a de grande envergure conséquences, dans le volume y compris et philosophique personnage. Pour terminer s'est couverte cuivre bassin effronté rêver déterministes qui, l'œil bleu, entreprenaient de prédire l'avenir de l'univers, si en leur disposition sera exact coordonnées tout constituants son particules. C'est devenu il est clair que le sujet et l'objet de la connaissance ne peuvent exister l'un sans l'autre et pour toujours lié avec une seule corde.

Toucher un objet sans le déranger le moins du monde ne serait possible que pour le Seigneur Dieu, mais on l'emmène sans pitié à la poubelle de l'histoire, car il est dit : il ne faut pas multiplier le nombre entités en excès de besoin (William occam, médiéval Anglais philosophe). L'approche d'Occam (ou "rasoir d'Occam") a été adoptée dans les années 20 du siècle dernier Niels Borom, Werner Heisenberg Erwin Schrodinger et champ Dirac, dans résultant en mécanique classique cède la place au quantique théories, à l'avant-garde qui a été le principe incertitude.

La mécanique quantique a une fois pour toutes biffé le déterminisme sur lequel Agé de la physique, et contribué dans la science inévitable élément imprévisibilité. Sans ailes et appartement unicité concédé place au probabiliste approcher.

Connaissance initial options systèmes, nous déjà ne pas Boîte garantie assez un certain résultat, mais nous ne parlons que du fait que le système sera dans un ou Par ailleurs pouvoir Avec quelques probabilité. ce C'était alors inhabituel et merveilleux!

Même ça hérétique et comme un révolutionnaire Albert Einstein, Il était une fois avec ça dans cœurs ont déclaré que Dieu ne joue pas aux dés. Cependant, la plupart des scientifiques accepté quantum mécanique parce que le elle est a donné belle accord Avec expérience.

De principe incertitude plus direct façon suit Alors appelée dualité onde-particule. Toute particule peut facilement se retourner vague, et vice versa: essence de choses, comment ni étrange, s'échappe de stricte formulations. Disons que le rayonnement électromagnétique se propage sous la forme de portions fixes, ou quanta, Quel sérieusement démontré Max Planck. Cependant dans conformité Avec Le principe d'incertitude de Heisenberg photons (quanta de rayonnement électromagnétique) dans alors même plus temps conduire moi même comment vagues, ne pas ayant certain des provisions dans l'espace, mais "enduit" dessus avec une certaine distribution de probabilité. lumière dans donné Cas - en aucun cas ne pas exception; exactement Alors même conduire moi même tout les autres particule, qui sont dits élémentaires.

Les physiciens sont un peu rusés quand ils disent qu'un électron tourne autour d'un noyau atomique, car en réalité sur tout mouvement au sens usuel du terme ici ne pas peut être être et discours : électron ne pas filage comment routine, mais situé dans quelques certain Etat, qui décrit complexe vague fonction. En d'autres termes, nous avons le droit de ne parler que de la probabilité qu'un électron restedans un point ou un autre.

Finissons sur le cette notre court excursion dans quantum mécanique et allons-nous en à considération élémentaire des particules comme ceux.

Si un photon ou un électron est indiscutablement élémentaire, alors on ne peut pas en dire autant du remplissageatomique noyaux - protons et neutrons parce que le elles ou ils ont complexe interne structure. Ces deux particules sont des triplets de quarks, c'est-à-dire qu'elles sont construites à partir de Suite fondamental briques - les quarks, ceux plus les quarks, par ouverture qui Murray Gell Mann a été décerné Nobel primes. Cependant tous les deux tout le monde sur ordre.

Les principales propriétés de toutes les particules élémentaires sans exception sont la masse, charger et tourner. La masse d'une particule est une fraction de son énergie totale, car la masse est Total seulement une autre son la forme. Lester peut être être transformé dans énergie, et vice versa; relation entre ces deux des soirées une médailles facilement voir dans célèbre La formule d'Albert Einstein $E = mc2$, où E – énergie, m est la masse, et c est la vitesse Sveta. Certaines particules ont une masse, d'autres non. Par exemple, les physiciens disent que la masse au reposphoton équivaut à zéro. ce tout simplement moyens Quel repos photons dans la naturene pas existe. Restes ajouter, Quel Distribution particules en masse ne pas obéit non intelligible motifs.

Charge électrique - aussi un animal familier. Avec la charge, la situation est exactement la même comme pour la masse : certaines particules la portent, d'autres non. Particules sans charge sont considérés comme électriquement neutres. Contrairement à la masse Il existe deux types de charges positif et négatif; des charges tout élémentaire particules multiples charge électron, par exception les quarks, charge qui multiple de 1/3 charge électron.

Tournoyer élémentaire particules représente toi-même quelques intérieur moment son rotation et est proportionnel à la constante de Planck. Si la particule ne tourne pas, son spin est zéro. De considérations visibilité boîte introduire toi-même particules dans formulaire petithauts ou des balles, tournant autour de le sien axes, mais toujours devrait rappelles toi, Quel similaire La peinture purement conditionnel et ne pas Il a Avec réalité rien général. À quantumles particules élémentaires du monde n'ont pas d'axe de rotation strictement défini. Rotation des particules nous donne une idée de ce à quoi il ressemble lorsqu'il est vu sous différents angles. Étienne colportage pistes bon exemple sur le ce compte.

...

Une particule de spin 0 est comme un point : elle a la même apparence de tous les côtés. Particule co retour une boîte comparer co La Flèche: Avec différent des soirées elle est regards différemment et ne prend la même forme qu'après une rotation complète de 360°. Une particule de spin 2 peut être comparer avec une flèche aiguisée des deux côtés : n'importe laquelle de ses positions est répétée après demi-tour (180°). De même, une particule avec un spin plus élevé revient à l'état initial lorsqu'il est tourné d'une partie encore plus petite d'un tour complet. C'est tout assez évident, mais étonnamment différent - il y a des particules qui, après avoir terminé les virages ne reprennent pas leur ancienne forme : ils doivent être complètement tournés deux fois ! Ils disent ça tel particules avoir du spin 1/2.

Toutes les particules élémentaires connues peuvent être divisées en deux groupes selon l'ampleur du spin qu'ils portent. Si le spin est exprimé sous la forme d'un nombre entier (0, 1, 2, etc.), alors ces particules sont appelées bosons, et si demi-entier (1/2, 3/2, 5/2, etc.) - fermions. Ces titres formé de noms de famille deux célèbre physiciens théoriciens Satyendra bose et Enrico Fermi. Toute matière dans l'univers est construite à partir de fermions - des particules avec un demi-entier spin, et les forces agissant entre les particules de matière sont créées par des bosons ayant entier tournoyer. Tournoyer électron est 1/2, c'est pourquoi il les coups dans groupe fermions.

À dépendances de leur rapports à fort interaction (sur quatre les types fondamental interactions parole à nous en avant) les fermions, dans ma tour, se divisent en deux familles. Les fermions qui participent aux processus avec fort interaction, appelé quarks (protons et neutrons consister de quark), et tout le reste, ne participant pas à des interactions fortes, sont des leptons. L'électron entredans la famille des leptons; en plus de cela, cinq autres particules y sont placées - un neutrino électronique, muon, neutrino muonique, neutrino tau et lepton tau. Il y a aussi six quarks variétés - i-quark, d-quark, c-quark, quark s, t quark et quark b. Alors le chemin briques univers, construction blocs question, qui nous partout on observe sommes 12 fondamental particules - 6 quarks et 6 leptons.

Parmi bosons, étant transporteurs fondamental interactions et créant des forces agissant entre les particules de matière, les photons sont les plus connus, 8 variétés gluons, 3 gentil lourd vecteur bosons (W+-boson, W-boson et Z0-boson) et tandis que Suite ne pas graviton ouvert.

Restes ajouter, Quel dans contemporain théories des champs particules loi comment ondes à petite échelle des champs correspondants. Par exemple, le rayonnement électromagnétique peut être perçue à la fois comme une onde (par exemple, dans le cas des ondes radio) et comme une particule (dure rayons gamma). Si un longueur vagues électromagnétique radiation beaucoup dépasse dimensions de l'appareil, il est alors enregistré sous forme d'onde continue, c'est-à-dire d'oscillations progressives champs électriques et magnétiques. Sinon (à une petite longueur d'onde) l'appareil capture la lumière sous forme de quanta individuels - photons. Alors ils ne parlent plus de la longueur d'onde, mais sur énergie photon. Classique Exemple onde corpusculaire dualisme.

les fermions, de qui construit substance de l'univers - en aucun cas ne pas indifférent Suppléments sur le cette vacance la vie. Elles sont interagir entre toi-même un dans les rôles transporteurs interactions (ou force, existant entre particules substances) loi bosons. À créer tout collecteur phénomènes, la nature ça a pris tour Compte quatre taper interactions - électromagnétique, faible fort (ou nucléaire) et gravitationnelle. Il y a de fortes raisons de croire que les trois premiers types les interactions sous certaines conditions peuvent être combinées en une seule force, et séparément elles n'existent qu'à de faibles niveaux d'énergie. Jusqu'à présent, un modèle a été construit interaction électrofaible (électromagnétique + faible), et les particules porteuses de cette force unifiée découverte expérimentalement (trois types de bosons vecteurs lourds). La théorie, unificateur Trois force dans une (électrofaible interaction + fort), appelé grande théorie unifiée, mais le niveau d'énergie requis pour cela n'est pas disponible accélérateurs modernes. A des énergies encore plus élevées, les quatre forces de la nature. De telles conditions existaient dans un univers très jeune, quand le monde n'était que s'est envolé de l'inexistence.

Analysons successivement les quatre types d'interactions fondamentales. Électrique et magnétique phénomènes ont général origine et sont décrits dans cadre électromagnétique interactions, qui Alors ou Par ailleurs en relation Avec échanger ou radiation photons (quantités électromagnétique radiation). Première c'est montré l'éminent physicien anglais James Maxwell en 1873. Les forces électromagnétiques fonctionner seulement entre accusé particules (du même nom des charges repousser, dissemblable - attirer). Radio, télévision, communication cellulaire et bien d'autres pratiques et utile des choses impensable sans pour autant phénomène l'électromagnétisme, parce que le ces force, basé sur le affrontement deux polaire a commencé, pouvoir se propager sur le distances importantes. De plus, les atomes et les molécules qui composent la matière aussi obligé leur existence électromagnétique interaction. Les forces électromagnétique attraction retenir électrons à l'intérieur atomes, forcer leur tourner autour de atomique graines. À les rôles transporteur électromagnétique les forces parle une particule sans masse de spin 1 est un photon (les physiciens disent que la masse au repos d'un photon est égale à zéro).

Interaction entre deux accusé particules (attiré elles ou ils ou repousser, dans donné Cas les rôles ne pas pièces) représente toi-même résultat échanger un grand nombre de photons dits virtuels. Contrairement aux "vraies" particules, leur les sœurs virtuelles sont fondamentalement inobservables, elles ne peuvent pas être enregistrées avec aider détecteur. Expliquons-nous a dit sur le Exemple. Imaginer toi-même quelques fermé un conteneur sans rien à l'intérieur - pas de rayonnement, peu importe. En d'autres termes, il y a ne contient que le vide, le vide absolu. Mais pour s'assurer que le conteneur est vraiment vide, il faut éclairer son intérieur - y envoyer un faisceau de lumière. Et depuis la lumière voyage à une vitesse finie, le processus de mesure prendra un certain temps. Pour dire en toute certitude que le contenant est vide, on ne peut qu'à ce moment-là, lorsque le faisceau lumineux revenant du conteneur atteint notre détecteur. À la fois, nous n'avons aucune certitude que le conteneur est resté vide *tout le temps procédures des mesures*. Pas exclu, Quel énergie vide pourrait hésiter (fluctuer) autour de zéro, donnant lieu à des particules fantômes de courte durée qui meurent avant de pouvoir les repérer. Ils sortent du vide et s'y cachent à nouveau alors rapidement, Quel nous ne pas Boîte découvrir leur dans principe même si Nous avons plus parfait mesure équipement. Tel particules reçu appel virtuel.

Bien sûr ne pas tout photons sont virtuels. Quanta Sveta, qui publié dans à la suite de la transition d'un électron d'orbite en orbite, sont tout à fait réels photons. De même, lorsqu'un photon réel entre en collision avec un atome, un électron peut franchir sur le Suite télécommande de noyaux orbite. À cette Cas énergie photon sera absorbé. Donc, pour résumer : la force électromagnétique agit entre toutes les particules, palier électrique charge, un son transporteurs sommes virtuel photons. MAIS parce que le lester le repos photon est égal à zéro, électromagnétique interaction peut être se transmettre sur le grand distances.

Faible interaction réponses par quelques transformation dans monde élémentaire particules. Bien Exemple les forces cette taper - Alors appelé désintégration bêta instable noyaux atomiques, à la suite desquels le neutron intranucléaire se transforme en proton, et de noyaux envoler électron et antineutrino. À faible interaction participer tout particules de spin 1/2 (c'est-à-dire tous les fermions), et ses porteurs sont des vecteurs lourds bosons co retour une (W+-boson, W-boson et Z0-boson). Parce que le vecteur bosons - extrêmement massif particules (elles ou ils plus lourd proton presque dans 100 une fois que), faible l'interaction n'est effective qu'à des distances ultra-petites de l'ordre de 10-16–10-17 cm. Comment Il a déjà été dit que l'interaction faible a été combinée avec l'interaction électromagnétique. C'était fait dans le modèle standard de Weinberg-Salam, qui est détaillé dans chapitre "Et les ténèbres vinrent". L'interaction faible est plus étroitement liée à réactions thermonucléaires, au cours desquelles l'hydrogène à l'intérieur de l'étoile se transforme en hélium, et aussi à quelques les autres processus, personne accompagnante évolution étoiles différent les types.

La force forte (ou nucléaire) maintient les quarks à l'intérieur des nucléons, et les protons et neutrons - à l'intérieur du noyau atomique, surmontant les forces de répulsion de Coulomb (protons ont éponyme charge). Comment nous rappelles toi existe six variétés (ou les saveurs) quarks - i-quark, d-quark, c-quark, quark s, t quark et quark b. Leur titres éduqué de Anglais mots en haut - "en haut", vers le bas - "descente", charme - "le charme", étrange - "étrange", vérité - "véridique" et belle - "belle". Apparemment physiciens fatiguéLatin et Grec, et elles ou ils décidé Nom fondamental briques Haut, plus bas,enchanté étrange véridique et belle particules. Protons et neutronscadeau toi-même quark triplés, mais dans leur composé sont inclus seulement quarks deuxparfums - et. Proton construit de deux quarks u et une d-quark, un neutron - de deuxd-quarks et une u-quark. MAIS parce que le quark d un peu plus lourd u-quark, neutron un peuplus lourd proton. Différence dans leur des charges (proton accusé positivement, un neutron charge ne pasIl a) aussi expliqué Caractéristiques interne bâtiments, Alors comment quarks oursfractionnaire électrique charge (2/3 et -1/3). Alors le chemin de Trois les quarks, deux de quiont charge un plus 2/3, un une - moins 1/3, il s'avère proton Avec charge +1. MAIS neutronconsiste de une quark de charge 2/3 et deux payant moins 1/3, donc en conséquence sort zéro. De quarks les autres les types (bizarre, enchanté, b et t) aussi boîte construireparticules, mais elles sont instables et se désintègrent rapidement en protons et en neutrons.À l'exception Aller, chaque quark peut être être dans Trois divers États, qui reçu appel Couleur (rouge, jaune et vert). Bien sûr dans réaliténon couleurs à quarks Non, c'est simplement à l'aise généralement accepté désignations leur Propriétés.Élémentaire particules consister de quarks différent couleurs, mais toujours dans tel combinaisons,à dans résultat s'est avéré incolore particule. Par exemple, triolet "rouge + vert + bleu" se révélera être un proton ou un neutron. Étroitement lié à la présence de couleur dans les quarks le phénomène dit de confinement des quarks ("non-éjection", "rétention" en traduction de Anglais). Le fait est que les quarks ne se produisent jamais isolément, mais existent dans proche la coopération ami Avec ami, dans formulaire déjà des connaissances nous quark triplés. Jusqu'à présent, personne n'a été capable de détecter un seul quark. Si le quark voulait se démarquer et Direct tout seul, il immédiatement a gagné aurait Couleur, Quel interdit les conditions Tâches: confinement oblige leur être tenu dans incolore combinaisons.Cependant, aux très hautes énergies, l'interaction forte s'affaiblit sensiblement, puis les quarks commencent à se comporter presque comme des particules libres. Un tel plasma quark-gluon existait sur le tôt étapes notre vie Univers.

Quarks tenu dans triplés par Chèque particules porteuses fort interactions - gluons (de l'anglais glue - "glue", "glue"), qui les collent ensemble Entre elles. Les gluons ont une masse nulle et un spin égal à un. Contrairement à tous autres types d'interactions, les forces nucléaires ne s'affaiblissent pas lorsque les quarks s'éloignent les uns des autres de ami, un contre, se développent. Gluons boîte assimiler serré élastiques de liaison quarks les uns aux autres. Tant qu'ils sont côte à côte, les bandes élastiques pendent librement, permettant les quarks se sentent relativement à l'aise. Mais ils devraient essayer de s'éloigner les uns des autres, car les élastiques s'étirent immédiatement et ramènent les personnes espiègles à leur état d'origine position. Nucléaire force efficace seulement sur le très petit distances ordre 10-13– 10-15 centimètres.

Il nous reste à considérer le quatrième type de forces fondamentales - la gravité, qui porte universel personnage et fait du corps être attiré ami à ami. gravitationnel interaction - plus faible de tout: force électromagnétique répulsion dépasse contraignant force la gravité sur dans 1043 fois. Cependant la faiblesse gravitationnel interactions Avec submergé baigner énorme dimensions corps célestes, constitués d'un nombre astronomique de particules, donc les forces de gravité entre planètes ou étoiles peut pour donner très gros Taille. À l'exception Aller, si les forces électromagnétiques n'agissent que sur les objets chargés, puis la gravité exerce rayonnement sur le tout sans pour autant exceptions corps et particules notre univers, posséder Masse.

transporteur gravitationnel interactions est au revoir Suite ne pas ouvert particule de graviton, qui devrait avoir une masse au repos nulle et un spin égal à deux. Comme l'électromagnétisme, l'interaction gravitationnelle est une longue portée force (photon aussi sans masse particule). Imeuble quantum théories la gravité associée Avec gros des difficultés c'est pourquoi gravitationnel force souvent considéré comme une manifestation de la métrique spatio-temporelle. Disons qu'au sein du général théories relativité la gravité est équivalent à courbure espace-temps. Suite À propos de ces difficile des choses nous parlons plus tard.

À conclusion restes dire, Quel à chaque élémentaire particules il y a son antiparticule - le sien gentil particule jumelle, posséder jouet même Masse, mais charge opposé pancarte (si particule charge ne pas Il a, alors son antipode ours rotation opposée). Lorsque des particules et des antiparticules entrent en collision, leurs relations mutuelles destruction (annihilation) Avec mise en évidence énorme quantités énergie. Plus souvent Total final produit annihilation sommes photons et mésons pi. O particules et antiparticules nous aussi Suite ne pas une fois que nous parlons ensuite.

Écho Gros explosion

Et Tomlinson a regardé en arrière et a vu dans la nuit Étoiles, torturé en enfer, cramoisi des rayons.
Et Tomlinson a regardé devant et a vu à travers le délire Étoiles, torturé dans enfer blanc laiteux lumière.

Rudyard Kipling

À fin première chapitres Raconté sur le volume, Quel étoiles ne pas distribué dans s'espacent uniformément, mais forment des structures plus ou moins compactes (galaxies), qui, à leur tour, font partie d'amas et de superamas s'étendant sur dizaines de millions d'années-lumière. Notre Galaxie (la Voie lactée) est l'une de ces stellaire îles et a sur 200 milliard étoiles (de 150 avant de 400 milliard sur différent estimations). Si un Regardez sur le son Avec travers de porc, elle est Il a forme lenticulaire d'une lentille biconvexe, et en plan, vu de dessus, il semble comment appartement disque co caillot dans centre et sortant de lui spirale manches. La galaxie a une structure assez complexe. Il est d'usage de distinguer le noyau, ou renflement (de Anglais renflement - "convexe, gonflement"), disque et Halo (galactique couronne). Noyau est un composant sphérique compact entourant le centre galactique, où se trouve un trou noir supermassif d'une masse de deux à trois millions de masses solaires. La densité de population stellaire près du centre de la Galaxie est très élevée : si à proximité Soleil sur le 16 cubique parsec compte pour Total une étoile, alors dans centre dans une Un parsec cubique contient environ 10 000 étoiles. Cependant, la densité d'étoiles dans le renflement tombe rapidement à mesure qu'on s'éloigne du centre : à une distance de plusieurs milliers d'années-lumière, est presque indiscernable. Le noyau est dominé par de vieilles étoiles avec une faible abondance lourd éléments, un le sien lester évalué dans vingt milliard solaire poids

Plus de la moitié de la masse de la Galaxie (environ 60 milliards de masses solaires) tombe sur appartement disque, à l'intérieur qui quelquefois allouer mince et épais partie. Diamètre galactique disque (et galaxies dans globalement) est 100 mille lumière années, ou trente kiloparsec (30 kpc), et son épaisseur varie considérablement - de 300 à 3 mille lumière années. À domaines centre il plus mince un à périphérie visiblement se développe. Disque contient beaucoup de Jeune étoiles et dense des nuages gaz et poussière - foyers actif formations d'étoiles, qui représentent jusqu'à 10% de sa masse. Le disque galactique est faux imaginez comme continu homogène structure comme une roue ou lentilles, donc comment il se décompose en bras spiraux, parmi lesquels il est d'usage de distinguer deux (parfois quatre) gros et beaucoup de petit. Soleil situé dans 26 milliers lumière années (sur huit kpc) de centre galaxies et engage autour de lui plein chiffre d'affaires par 220 millions d'années, volant dans le vide à une vitesse de 250 kilomètres par seconde. Si tu comptes une révolution autour du centre dans une année galactique, alors l'âge du système solaire sera de 20 galactique années - exactement tant se tourne elle est avait du temps liquider Avec moment le sien éducation.

Bien sûr Soleil ne pas seul dans le sien sans relâche encerclant - tout étoiles disque tournent autour du centre galactique. L'orbite du Soleil est presque circulaire et se trouve dans plan du disque galactique (à seulement 20 années-lumière verticalement), donc étude du noyau de la Voie Lactée associé à difficultés importantes. Il est clôturé de nous par des étoiles de disque plus proches du noyau, ainsi que de puissantes poussières de gaz des nuages, qui ne pas Mademoiselle lumière de structures galactique centre. Optique seule la queue de la Galaxie est accessible aux observations, et la plus intéressante est cachée aux terriens dense gaz-poussière voile. Ici si aurait nous en quelque sorte miraculeusement géré monter au dessus avion de la Voie lactée, nous verrions le renflement mystérieux dans toute sa splendeur. À Malheureusement, une telle perspective ne brille pas même pour nos lointains descendants, car le Soleil est en son mouvement orbital ne s'écarte presque pas du plan de l'équateur galactique. À notre époque mouches dans intervalle entre spirale manches Persée et Sagittaire, tout doucement s'approcher de la manche Persée.

À l'exception appartement disque et central gonflement dans domaines cœur, Galaxie a un halo sphérique qui enveloppe la lentille galactique comme un nuage. Astronomes ont remarqué depuis longtemps que certaines étoiles ne nagent pas de manière mesurée et tranquille dans un avion disque, un se précipiter dans plus différent directions, pénétrant le sien à travers. Construire impression, Quel elles ou ils remplir la totalité sphérique le volume, où chargé galactique disque, formant un ellipsoïde géant s'étendant sur des centaines de milliers d'années-lumière. Halo habiter Agé de étoiles, qui à proximité 10 milliards années de gentil, alors il y a elles ou ils deux fois plus vieux que le soleil. Une partie des stars préfère vivre dans un splendide isolement, tandis que l'autre est incluse dans composition des soi-disant amas globulaires, dont il y a environ 200. Dans chacun de ils continnent de 10 000 à 3 millions d'étoiles, ce qui ne représente pas plus de 1% de toutes les étoiles Halo. En dehors de Balle groupes et solitaire étoiles, dans galactique couronne découvert des nuages de gaz et des galaxies naines vivant à une distance de 150 pda de la Voie Lactée.

Bien que la masse totale des étoiles du halo ne semble pas dépasser le milliard de masses solaires, galactique couronne beaucoup plus lourd notre Galaxies. Sur le c'est indiquer quelques caractéristiques de la rotation de la Voie lactée et de la nature du mouvement de ses satellites. Censé, que la plus grande partie de la masse du halo est associée à la matière dite noire (ou matière cachée lester). O problème caché masses raconte dans chapitre « Et les ténèbres est venu."

Notre Galaxie fait partie des galaxies spirales qui, selon la classification L'astronome américain Edwin Hubble, il est d'usage de désigner lettre S (de Anglais le mot spirale, qui n'a guère besoin de traduction). Toutes les galaxies spirales sont constituées de sphérique et appartement Composants, alors il y a de noyaux et disque, et disque Il a exprimé spirale structure. Comment régner Majeur spirale manches arrive deux, mais peut être compter et Suite. À dépendances de formes spirale branches et Il existe plusieurs sous-types de tailles de renflement à l'intérieur des galaxies de type S : Sa, Sb, Sc et Sd. À Dans cette rangée, les branches en spirale deviennent de plus en plus irrégulières et la taille du noyau diminue. Spirale manches aussi peut être orienté différemment: dans quelques cas elles ou ils commencer directement de cœur, un dans les autres s'accrocher à prend fin épais stellaire cavaliers, traversée central partie galaxies. Tel sauteur appelé bar, et alors galaxie les coups dans Catégorie SB (spirale + bar). galaxies Avec bar subdivisés en quatre mêmes sous-types. Il y a de sérieuses raisons de croire que notre Voie lactée a une petite barre dont les points extrêmes sont 3–4 pda de centre, un sur structure spirale branches et tailles renflement prend intermédiaire position entre sous-types b et s.

Les galaxies spirales sont les plus nombreuses (plus de 50 %), et parmi toutes les autres, elles sont acceptées identifier les galaxies elliptiques, lenticulaires et irrégulières. galaxies elliptiques presque ne pas contenir interstellaire gaz et ne pas ont appartement disque. Par essence affaires, elles ou ils sont un noyau continu, dont la forme varie considérablement - d'une sphère presque parfaite à un ellipsoïde plus ou moins aplati. Hubble leur a attribué la lettre E (elliptique en anglais), et a exprimé le degré d'aplatissement en arabe Les figures. Alors le chemin nébuleuse E0 sera globulaire galaxie, un E6 acquiert forme de fuseau. Les galaxies lenticulaires sont désignées par la lettre latine L (de l'anglais les mots lenticulaires - "biconvexe") et extérieurement très similaires à elliptiques, puisque un noyau impressionnant prévaut sur un mince disque stellaire, à l'intérieur duquel, en règle générale, aucune formation structurale n'est visible. Galaxies irrégulières - c'est nuages déchiquetés, sensiblement inférieurs en masse à d'autres types de galaxies. Suite Total elles ou ils similaire sur informe taches, à l'intérieur qui boîte quelquefois découvrir instable et bras en spirale courts. Au classement Hubble ils sont désignés comment Ir ou Irr (irrégulier - "mauvais").

En plus de la variété des formes, de nombreuses galaxies ont une activité très notable. Elles explosent et se heurtent, tirant de longs jets de gaz du corps de leurs sœurs et substance stellaire, ou, au contraire, fusionner dans une étreinte étroite comme les cellules germinales sous un microscope. Certains d'entre eux rayonnent dans la portée radio et sont éjectés de leur actif noyaux puissant jets longueur dans plusieurs mille lumière années. Un exemple classique est la radiogalaxie Cygnus A. Dans les rayons optiques, elle représente toi-même un objet 17ème stellaire quantités dans formulaire deux à peine notable taches. Mais c'est impression trompeusement, car Quel dans réalité leur luminosité dans Dix une fois que Suite, comment dans notre Galaxie. Ce système ne semble faible que parce qu'il nous est éloigné. A 600 millions d'années lumière. Cependant, malgré une distance aussi impressionnante, le débit émission radio dans mètre intervalle de cygne MAIS exclusivement génial et de temps en temps dépasse les émissions radio solaires. Mais la distance de la Terre au Soleil est juste huit lumière minutes...

L'interaction des galaxies modifie très souvent radicalement leur structure. Par exemple, deux spirale galaxies peut fusionner ensemble, donnant lieu à elliptique un grand galaxies, sans grimacer, avaler facilement petit, augmentant ainsi ta taille. Notre Galaxie est également loin d'être végétarienne. Les astrophysiciens pensent qu'il formé dans résultat fusions plusieurs relativement petit galaxies, Oui et aujourd'hui laiteux Chemin conserve oreille vostro, en essayant tout le monde en vérité et par des contrevérités fixer huit galaxies naines dans son environnement immédiat. MAIS à travers 2–3 milliard années à lui destiné fraterniser Avec galaxie andromède, qui est à une distance de deux millions et demi d'années-lumière et vole dans notre direction co vitesse de 120 kilomètres dans donne moi une seconde.

À propos du groupe local, qui comprend notre Voie lactée ainsi que la galaxie d'Andromède, une galaxie dans le Triangle et quatre douzaines de galaxies plus petites, avons-nous déjà écrit. Cette système gravitationnellement lié, ayant un diamètre d'environ 1 Mpc (mégaparsec, millions de parsecs) fait, à son tour, partie d'un superamas local dans la constellation Virgo, qui est à 15 Mpc de nous. Pendant ce temps, seul le noyau est situé en Vierge superamas local, mais lui-même, selon des estimations prudentes, s'étend sur 30 Mpc (sur les autres Les données - sur le 60), un le sien épaisseur est ne pas moins Dix Mpc. Local superamas Il a formulaire ellipsoïde, un Numéro galaxies, dans Allemand contenu, environ estimé à 20 mille. Ces dernières années, plusieurs dizaines superamas. Certains d'entre eux frappent par leur taille, comme le géant une chaîne de galaxies s'étendant de la constellation de Persée à Pégase et Poissons de près de 400 Mpc (Suite milliard lumière années). ce déjà ne pas habituel ellipsoïde, un plus rapide perles, enfilé sur le ramification un fil. À hiérarchie métagalactique structures similaire conglomérats occuper un poste honorifique première place.

Ce qui a été dit ne pas moyens Quel thèse Friedmann sur isotropie et homogénéité Univers s'est avéré être faillite. En dépit sur le cordes galaxies, sur et de l'autre côté intercalation Gros Espace, dans volumes longueur dans des centaines mégaparsec espace observable Univers tout équivaut à ne pas Il a dédié directions. Et seulement à diminuer échelle réussir s'embrasser cellulaire structures, où dense parcelles alterner Avec gigantesque vides. Écoutons spécialistes :

...

La structure générale ressemble à un nid d'abeilles ou à de la mousse de savon, seulement c'est plus floue, sans motif clair défini. Les nœuds cellulaires sont formés par des superamas galaxies, et il n'y a presque pas de galaxies à l'intérieur des cellules. Les diamètres de telles cellules atteignent plusieurs douzaines mégaparsec. en essayant introduire toi-même structure Univers dans ces gigantesqueéchelle, important rappelles toi, Quel elle est ne pas statique: Univers se développe, son les pièces s'éloignent les unes des autres, de sorte que les cellules augmentent, tout comme les superamas individuels galaxies.

Les autres mots notre monde en continu évolue. Observations absolument témoigner Quel cellulaire structure tout temps déformé: "des ponts" transféré entre superamas, perdre du poids et extensible, un des murs cellules peu à peu fondre et s'étendre lentement. L'univers est extrêmement non stationnaire, il tout est croissance et formation, et à propos de cette dynamique, découverte il y a près de 100 ans, il est venu temps parler. Mais d'abord - Quelques mots sur quasars.

Ce mot est une translittération du terme anglais quasar, qui, à son tour, représente toi-même abréviation terme quasi-stellaire radio la source, Quel traduit comment
"source radio en forme d'étoile". Le premier quasar a été découvert en 1963 par l'américain radioastronome Néerlandais origine Martin Schmidt. Plus précisément en disant découvert il a été Trois pendant des années avant de et a été répertorié dans 3m Cambridge annuaire en dessous de numéro 3C 273 sous la forme d'une étoile faible de 13e magnitude dans la constellation de la Vierge, et Schmidt est le premier a attiré l'attention sur les caractéristiques étonnantes de son spectre. Lignes d'émission dans le spectre les étoiles 3C 273 au début n'ont pas pu être identifiées avec les lignes de produits chimiques connus éléments. En fin de compte, Schmidt s'est rendu compte qu'il ne s'agissait pas du tout d'un élément nouveau, inconnues de la physique moderne, mais les lignes des éléments chimiques les plus courants qui alors fortement déplacé à rouge fin spectre, Quel ont changé avant de Achevée méconnaissabilité. Après un bon moment de remue-méninges, Schmidt a pu identifier les lignes d'hydrogène, ionisé magnésium et certaines les autres éléments.

Mais si le décalage vers le rouge est si grand, cela signifie que le mystérieux l'objet s'éloigne de nous à une vitesse fantastique - plus de 40 000 kilomètres par seconde. Dans ce cas, la distance à celui-ci ne doit en aucun cas être inférieure à 620 Mpc, soit près de 2 milliard lumière années. (Par rouge déplacement définir diplôme éloignement objets astronomiques; cela sera discuté ci-dessous.) Il ne ressemble pas au galaxy 3C 273 était, mais voir une seule étoile à une telle distance, aussi brillante soit-elle, dans impossible en gros ! Après la découverte de plusieurs autres objets similaires, brillant dans la gamme visible et radio des ondes électromagnétiques, ils étaient appelés quasars - semblable à une étoile sources intense émission radio. À notre journées connu déjà plus de vingt mille quasars, de nombreux de qui brillamment briller à peine qu'il s'agisse ne pas sur le tout longueursélectromagnétique vagues - de la radiographie à la bande radio.

Un autre trait caractéristique des quasars est la variabilité de leur luminosité avec une période de plusieurs mois Quel Il parle sur urgence compacité ces objets. Si un aurait elles ou ils étaient d'immenses îles étoilées comme des galaxies, leur éclat n'est en aucun cas cas ne pouvait pas changer périodiquement, car pour synchroniser le "travail" de milliards d'étoiles fondamentalement impossible. Par conséquent, quasars - c'est solide céleste corps, quelles sont, par exemple, les étoiles. La synchronicité du changement indique également qu'ils le diamètre ne peut pas être supérieur à une année-lumière. Semble très étrange image: l'objet est de taille inférieure à la galaxie par des centaines de milliers de fois, et en même temps il brille comme gentil cent galaxies. Et même si leur tailles, sur tout probabilité, visiblement plus nombreux diamètre solaire systèmes, sur espace normes c'est tout équivaut à négligeable peu. D'ailleurs, dans la gamme radio, pas plus de 1% des quasars rayonnent, et dans le spectre de beaucoup d'entre eux, comme déjà On a dit qu'il était possible de détecter non seulement les rayons X, mais aussi les rayons gamma durs. Tout quasars - très ancien éducation et situé extrêmement loin, sur le des distances de centaines de millions voire de milliards d'années-lumière, et l'âge des plus délabrés assez comparable Avec âge univers et atteint 13 milliard années.

Quoi même la source alors puissant électromagnétique radiation, et sur le tout longueurs d'onde à la fois? La plupart des experts s'accordent à dire que les quasars représentent sont des trous noirs supermassifs qui absorbent avec voracité la matière de leur environnement. environnement. Accusé particule, capturé la gravité le noir des trous, s'accélèrent avant de vitesses élevées, ce qui entraîne un rayonnement électromagnétique intense. Substance tombe à la surface du trou noir dans une spirale rétrécie, formant une accrétion disque, à l'intérieur qui la rapidité particule, overclocké champ la gravité, approchant à la vitesse de la lumière et la température dans la partie centrale du disque atteint 100 000 degrés Celsius. Kelvin. Par direction à périphérie disque Température des chutes, c'est pourquoi quasar simultanément rayonne dans le plus large intervalle électromagnétique vagues - de rayonnement infrarouge et lumière visible aux photons de rayons X à courte longueur d'onde et dure quanta gamma. Puissant magnétique champ capture accusé particules et les tord en outre, formant des jets - des faisceaux étroitement dirigés, une sorte de fontaines qui jaillissent des pôles à une vitesse proche de la lumière et s'étendent sur des centaines mille lumière années. Interaction Avec interstellaire gaz particules jets devenir la source les ondes radio

À l'ère des quasars, le processus de naissance des galaxies battait son plein, de sorte que le matériau il y en avait plein autour. Les trous noirs supermassifs s'alimentaient parfaitement à cette époque, et donc brillait exclusivement brillant. Cependant à travers quelques temps leur devait remonter sangles et faire un régime. Ainsi, les quasars peuvent être considérés comme un certain organiser dans la vie supermassif le noir des trous: non sans raison leur, comment régner découvrir sur le distances dans milliers mégaparsec, à plus les frontières observable Univers. Pas devrait Oubliez, Quel lumière de plus loin quasars a volé à terrestre observateur de nombreux milliards d'années, nous les voyons donc tels qu'ils étaient dans leur prime jeunesse. Nécessaire croient qu'aujourd'hui ils ont depuis longtemps tempéré leurs appétits et vivent paisiblement dans noyaux calmes galaxies. Mais similaire considération Il a et inverse Obliger, c'est pourquoi devrait regarde plus attentivement regarde plus attentivement à notre la plus proche environnement - après tout L'univers est connu pour être isotrope et homogène. Vous regardez, et il y a à proximité refroidi quasars-fantômes, se sont assis sur des rations de famine. Incidemment, de tels objets sont en effet exister - rappelles toi sur supermassif le noir des trous dans noyaux galaxies.

Pour que vous, le lecteur, puissiez imaginer stock vital jeunes forces quasars, citons les professeurs Moscou physiques de l'ingenieur Institut (MEPhI) DE. G.Insister sur.

...

D'ailleurs, énergie, qui moyen quasar rayonne par donne moi une seconde, suffisant aurait pour fournissant de l'électricité à la Terre pendant des milliards d'années. Et un détenteur du record, avec le numéro S 50014 + 81, émet une lumière 60 mille fois plus intense que l'ensemble de notre Voie lactée avec son des centaines milliard étoiles!

Mettons fin à cette note majeure et passons aux questions liées àAvec l'évolution de l'univers.

Monsieur Isaac newton, formulé droit monde la gravité, a cru univers homogène, sans fin dans espace et inchangé dans temps (Stationnaire). Espace déterministes représentée toi-même fabuleux débogué et un mouvement d'horlogerie fonctionnant parfaitement, où le cercle uniforme des luminaires obéit à des lois mathématiques strictes. Le modèle de l'univers stationnaire semblait simple, logique, cohérent en interne, et donc survécu avec succès jusqu'au début XXe siècle. L'espace dans lequel se déroulait le cours des mondes était conçu comme euclidien, c'est-à-dire appartement. Nous aurons une discussion séparée sur les jointures géométriques dans ce qui suit chapitres, ici je vais vous rappeler, lecteur, ce qu'est l'espace plat. Dans l'espace Euclide, par un point situé en dehors d'une ligne, une et une seule ligne peut être tracée, parallèle à celui donné (le fameux cinquième postulat), et la somme des angles du triangle vaut 180 degrés. ce plus habituel espace, Avec qui nous compte pour entrer en collision du quotidien. Concernant l'âge de l'univers, il n'y avait pas d'unité entre les camarades : certains croyaient monde établi dans incompréhensible démiurgique loi, un autre pensait Quel il existe toujours. Une mot, éclairé Publique sur le tour des siècles vivait dans sans bornes Stationnaire univers, existant illimité pendant longtemps.

Cependant, l'infini fait peur. La raison cède à de telles catégories, parce que ils sont non seulement dépourvus de visibilité, mais pèchent aussi par de nombreuses incohérences. Bien sûr, vous pouvez toujours façonner une métaphore appropriée, et alors tout semble se mettre en place. A été, Disons tel belle est parabole: "Très très loin sur le bord Sveta monte une énorme montagne de diamants, atteignant son apogée jusqu'au ciel même. Une fois tous les mille ans un petit oiseau se perche au sommet de cette montagne pour aiguiser son bec. Quand l'oiseau est sevré montagne à la base, un moment d'éternité passera. Qui argumente, dit gracieusement et avec goût, mais en fait ce n'est qu'une illusion de compréhension. Il est clair que tôt ou tard l'oiseau atteindra le pied de la montagne, même s'il devra consacrer beaucoup de temps et d'efforts. Ainsi, l'inconcevabilité de l'éternité n'a pas disparu, elle s'est simplement déplacée vers l'inimaginableloin

Les paraboles sont des paraboles, mais le modèle de l'Univers stationnaire, infini dans le temps et l'espace, il y a des lacunes beaucoup plus graves. Si seulement les choses étaient limitées l'inacceptabilité psychologique de la catégorie de l'infini, une telle bagatelle peut Ce serait bien de fermer les yeux. Le problème est que le postulat d'un univers qui existe illimité pendant longtemps, rencontrer sur le insoluble contradiction. Éternité boîte comme une ligne droite géométrique qui s'étend dans les deux sens - à la fois dans le passé et dans avenir. En d'autres termes, il n'a ni début ni fin. Mais dans ce cas, tout moment choisi arbitrairement (par exemple aujourd'hui) L'univers *existe déjà* infiniment longue. Par conséquent, tous les processus qui s'y déroulent devraient depuis longtemps complète et l'univers doit rester dans un état d'équilibre absolu. Cependant, les observations astronomiques témoignent de manière irréfutable que le monde est constamment évoluer, et évoluer rapidement. Quand on regarde à travers un télescope nous regardons dans le passé lointain de l'univers et voyons qu'il y a 10 milliards d'années, il n'était pas le même qu'aujourd'hui. Dites-moi, s'il vous plaît, d'où vient l'évolution si nous avons par retour incalculable montant années? Nous déjà ne pas en parlant sur le volume, Quel éternité sur définition ne pas peut être être épuisé - sur le alors elle est et éternité. Alors comment même elle est géré crawl avant de notre journées?

La situation n'est pas meilleure avec l'infini dans l'espace. En 1823, l'Allemand astronome Henri Olbers publié travailler Avec critique des modèles sans fin univers stationnaire. Il a raisonné comme suit. Nous formulons d'abord trois conditions préalables : 1) l'étendue de l'Univers est infinie ; 2) le nombre d'étoiles est aussi infini, et ils sont uniformément répartis dans l'espace; 3) toutes les étoiles ont, en moyenne, le même luminosité. Bien Quel même, assez raisonnable Contexte. MAIS à présent Voyons voir, Quel à nousréussir. Mentalement placement solaire système dans centre, Olbers divisé tout l'espace au-delà en une série de couches concentriques, ou sphères. L'univers est devenu ressembler à un oignon. Laissez la couche B se trouver trois fois plus loin que la couche A. Alors le volume de la couche B sera 9 fois plus grand que le volume de la couche A ($Z^2 = 9$), puisque les volumes des couches augmentent proportionnellement le carré de la distance de chaque couche au centre. Si les étoiles sont uniformément "enduites" sur tout couches (prémisse 2), alors couche À, à qui le volume dans 9 une fois que Suite le volume couche MAIS, sera contenir dans neuf une fois que Suite étoiles. DE une autre main, luminosité individuel étoiles décroissant proportionnelle au carré de la distance, d'où il résulte que la luminosité de chaque étoile de la couche B sous la condition de leur luminosité égale (prémisse 3) sera $(1/3)^2 = 1/9$ de la luminosité d'un individu couche A étoiles. Mais il y a exactement 9 fois plus d'étoiles dans la couche B ! Autrement dit, la luminosité des couches A et B sera complètement identique, et le système solaire recevra de celles-cicouches égal quantité de lumière.

La même image est vraie pour toutes les autres couches, et puisque leur nombre infiniment (prémisse 1), alors le firmament doit briller d'un éclat insoutenable même la nuit. Ciel tournera dans une continu gigantesque Soleil, Quel dans réalité ne pas observé.

Olbers suggéré Quel lumière, Aller à nous de loin étoiles, affaiblit à cause deabsorption dans les nuages de poussière situés sur son chemin. Cependant, ce contre-argument est également intenable, puisque les nuages doivent progressivement se réchauffer et éventuellement commencer à brillent aussi brillamment que les étoiles elles-mêmes. La seule façon de résoudre le paradoxe Olbers (aussi appelé paradoxe photométrique) consiste en l'hypothèse que le nombre étoiles exprimée en valeur finale.

Une autre paradoxe, reçu Titre gravitationnel paradoxe ou paradoxe Seelier, basé sur droit monde La gravité de Newton.

Rappelle-toi, lecteur, que, selon cette loi, les corps s'attirent Obliger, directement proportionnel travailler leur masses et retour proportionnel carré distances entre leur. MAIS parce que le étoiles ne pas distribué strictement uniformément sur le fixé distances ami de ami, alors oscillations densité parmi stellaire la population conduira inévitablement au fait que tôt ou tard ils se rassembleront en tas. Entre d'ailleurs, cette conclusion équitable et pour ultime Stationnaire Univers. Vérité, moi même newton pensait Quel concept sans fin Univers permet éviter cette paradoxe car Quel sans fin Numéro étoiles, distribué Suite ou moins uniformément, jamais ne pas Rassembler dans indiquer, Alors comment dans sans fin espace Non dédié centre. Conservé même le sien lettre à Richard Bentley sur le cette sujet.

Bien sûr, Sir Isaac s'est trompé, comme l'a bien écrit son compatriote Stephen Hawking dans livre "Une brève histoire du temps":

...

Ces raisonnement - Exemple Aller, comment facilement entrer dans dans un désordre, premier conversation sur infini. Dans un univers infini, tout point peut être considéré comme le centre, puisque selon tous les deux côtés de son Numéro étoiles sans cesse. Seulement beaucoup plus tard entendu Quel Suite l'approche correcte est de prendre un système fini dans lequel toutes les étoiles tombent les unes sur les autres, viser le centre, et voir quels seront les changements si vous ajoutez de plus en plus d'étoiles, distribué approximativement uniformément à l'extérieur considéré domaines. Par droit

Newton, les étoiles supplémentaires, en moyenne, n'affecteront en rien les étoiles initiales, c'est-à-dire les étoiles tomberont à la même vitesse au centre de la zone sélectionnée. Combien d'étoiles aurions-nous quoi qu'il arrive, ils tendront toujours vers le centre. De nos jours, on sait que l'infini statique maquette Univers impossible si gravitationnel force toujours rester les forces attraction mutuelle.

Alors le chemin Stationnaire maquette sans fin Univers s'est avéré inopérable, car Quel ne pas correspondait observateur Les données. Mais si L'univers a des dimensions finies, la question sacramentelle se pose aussitôt : qu'est-ce est situé au-delà de son bord? Le grand physicien allemand Albert a trouvé une issue Einstein lorsque dans 1915 an publié la théorie, qui aujourd'hui appelé général la théorie relativité (OTO). Il suggéré Quel liant lien entre la gravité et l'espace-temps sont la géométrie. C'était une vraie révolution dans la physique: dans cadre général théories relativité espace-temps pensait ne pas plat, comme on le considérait depuis des temps immémoriaux, mais courbé sous l'influence de la masses et énergies. C'est facile à comprendre à partir d'une simple analogie. Les corps matériels se plient espace-temps, Comme pour que comment lourd Balle causes déviation étiré films ou caoutchouc feuille. Sur le tel tordu surfaces Balle chambre deux une masse plus petite ne pourra plus se déplacer rectilignement et uniformément : soit elle roulera dans trou, éduqué lourd Balle (sera attiré à lui), ou changera trajectoire le sien mouvement. Similaire façon c'est le cas une entreprise et Avec céleste corps: par exemple, le mouvement orbital de la Terre n'est pas du tout dû à l'attraction gravitationnelle du Soleil, mais par les caractéristiques de la métrique spatio-temporelle. La distance la plus courte entre deux les points dans l'espace courbe ne seront pas une ligne droite, mais la soi-disant géodésique, Suite Total pertinent droit lignes dans habituel appartement espace Euclide. Ainsi, la gravité dans la théorie de la relativité générale est considérée comme une conséquence courbure espace-temps, un question ne pas imbriqué dans vide boîte, où temps et l'espace vivent indépendamment, mais forme avec eux une unité inséparable. Si de Univers sortir tout question temps et l'espace aussi ne pas sera.

Tout le monde a probablement rencontré une ligne géodésique. Lorsqu'un avion de ligne fait long vol (par exemple, de Moscou à Vladivostok), le répartiteur demande aux pilotes un itinéraire qui ne suit pas une ligne droite, mais le long d'un grand arc de cercle, qui est juste et sera une ligne géodésique. Ainsi, une issue à l'impasse logique a été trouvée. Bien que l'univers soit fini, il est en même temps infini, tout comme il n'a les frontières surface sphères. Bien sûr visuellement imaginer c'est pas facile, mais boîte station balnéaire à bidimensionnel analogies. Si un sur le surfaces sphères Direct hypothétique créatures plates ignorant la troisième dimension, elles ne découvriront jamais les bords le sien univers, même si elle est Il a assez final tailles. Surface sphères est décrit par la géométrie de Bernhard Riemann, dans laquelle des droites parallèles se croisent, et la somme des angles d'un triangle est supérieure à 180 degrés. La courbure de l'espace dépend de la moyenne densité de matière dans l'univers. À une certaine valeur critique de densité, la courbure devient positif, et l'espace de l'Univers se referme sur lui-même, formant hypersphère à quatre dimensions, dont l'analogue en trois dimensions est la surface de la balle Ou un ballon pour bébé. Le célèbre physicien anglais James Jean a écrit : sur cette:

...

Univers, dépeint la théorie relativité Einstein similaire gonflé bulle de savon. Elle est - ne pas le sien intérieur, un film. Surface bulle est bidimensionnelle, et la bulle de l'Univers a quatre dimensions : trois dimensions spatiales et une - temporaire.

O géométrie paix nous On le fera parler Suite ne pas une fois que dans chapitres suivants.

Alors, photométrique paradoxe reçu belle autorisation. Univers Einstein fini (même si ne pas Il a les frontières), c'est pourquoi paradoxe Olbers supprimé moi même toi-même. Cependant, en dépit sur le percée vraiment révolutionnaire personnage dans entente la nature espace et temps le sien maquette resté Stationnaire, c'est pourquoi le paradoxe gravitationnel continuait de peser sur elle comme une épée de Damoclès. Quoi qu'il en soit la gravité dans son essence - l'interaction de corps gravitants ou la manifestation d'une métrique espace-temps, question, remplissage fini le volume, devoir inévitablement tirez jusqu'à un point. Pour sauver sa théorie, Einstein a été contraint d'introduire dans les équations le soi-disant terme lambda, la constante cosmologique, qui a résisté aux forces monde la gravité, effectivement "poussant" question. Cette énigmatique force ne pas généré n'importe quel la source, mais a été intégré congelé dans se structure espace-temps. Par Einstein universel force répulsion dans précision équilibre l'attraction de toute autre matière. Besoin de dire, qu'Einstein ne supportait pas le lambda, sachant pertinemment que ce n'est rien d'autre qu'un dieu de la voiture, hypothèse ad hoc (pour ce cas), et par la suite appelé l'introduction de la cosmologie constante la plus grosse erreur de ma vie. Et en effet, très bientôt d'elle devait refuser. Cependant, séparation Avec méchant lambda passé assez sans douleur.

Le modèle stationnaire d'Einstein n'a pas duré longtemps. Mathématicien de Petrograd MAIS. MAIS. Friedmann dans 1922–1924 années sérieusement montré Quel équations général théories relativité Autoriser sur extrême moins plusieurs non stationnaire solutions. Ensuite Il a révélé, Quel immobile statique maquette Einstein inévitablement devient non stationnaire, c'est-à-dire que l'Univers doit soit s'étendre, soit se contracter. En toute justice, il convient de noter que quelques années avant Friedman, en 1917, Néerlandais astronome billet de Modèle aussi proposé dynamique maquette univers en expansion, mais il a travaillé avec un espace vide idéal, tandis que Friedmann broche tordue réel maquette, rempli substance. À propos de des idées Modèle (très fructueux et loin devant le sien temps) je je dirai un petit peu plus tard.

Friedman a suggéré que le monde dans son ensemble est non seulement homogène, mais et un milieu isotrope, c'est-à-dire un dans pour lesquels il n'y a pas de directions désignées. ce était une thèse très clairvoyante, car en réalité c'est le cas façon. Groupes et groupes galaxies vraiment créer sensible inhomogénéités, mais seulement à des distances relativement proches. Si nous changeons d'un coup mettre à l'échelle et mettre en évidence dans le volume la partie observable de l'Univers (rappelez-vous : on l'appelle communément Métagalaxie) un cube de côté de l'ordre de 300 - 1000 Mpc (mégaparsec), alors nous verrons que grande échelle structure Univers est différent haute diplôme homogénéité et isotropie. La théorie Friedmann dit Quel statique inévitablement est remplacé dynamique, de plus, la dynamique d'une propriété bien définie - les galaxies et les amas de galaxies ne ont droits être dans paix, mais devoir dispersion co la rapidité, directement proportionnel distance entre leur. À cette est important différence Modèles Friedman de script sitter : dans les calculs univers astronome néerlandais se développe exponentielle, c'est-à-dire Avec accélération.

La décision de Friedman a d'abord été acceptée avec hostilité (y compris par Einstein lui-même), mais super physicien rapidement révisé votre point de vue. C'est ce que nous lisons dans l'article Alberta Einstein, publié dans 1923 an:

...

À précédent Remarque je exposé critique nommé au dessus travailler (Travailler Friedmann appelé "Ô courbure les espaces." - *L Sh)*. Cependant ma critique, comment je me suis assuré de des lettres Friman, signalé tome nain Krutkov, basé sur le erreur dans calculs. Je considère que les résultats de M. Friedman sont corrects et apportent un nouvel éclairage. Il s'avère que les équations de champ permettent, en plus des statiques, aussi des dynamiques. (alors il y a variables relativement temps) à symétrie centrale solutions pour structures espace.

Une lettre rare à partir de laquelle il est remarquablement clair qui est xy. Le physicien numéro un était gêné d'admettre publiquement son erreur, d'où il résulte qu'il ne considérait pas son équations célèbres comme la vérité ultime comme le décalogue de l'Ancien Testament (Dix commandements, reçu Moïse sur le douleur Sinaï de mains dans les bras de créateur Total étant).

La solution de Friedman signifiait que l'Univers n'est pas seulement fini dans l'espace, mais aussi a eu un commencement dans le temps. Le commencement du monde doit se situer en un point particulier - une singularité (de Latin singularis - "spécial, séparé"), où courbure espace-temps devient infini, et les concepts mêmes de temps et d'espace perdent tout sens. La matière comprimée en un point de dimension nulle doit avoir une dimension infiniment grande densité et température. A se demander ce qui était avant, ce qui a précédé singularité, ne pas Il a non sens, pour non "avant de" tout simplement ne pas existait. Les événements auxquels nous assistons aujourd'hui n'ont rien à voir avec le fait que a eu lieu avant le Big Bang, lorsque l'Univers est soudainement sorti de la non-existence. Comment avec succès Mets-le il était une fois célèbre domestique cosmologiste JE. B Zeldovitch, "C'était temps, lorsque temps ne pas C'était". C'est pourquoi nous Nous avons Achevée droit tirer profit célèbre "le rasoir Ockham" (ne pas devrait multiplier Numéro entités en excès de nécessaire) afin d'éliminer les questions inappropriées. Jusqu'au moment de "zéro" (c'est-à-dire le Grand explosion) ne pas C'était ni temps ni espace. Partiellement c'est rappelle païen cosmogonie des anciens, quand l'éternité immobile se transforme en un lieu historique vivanttemps.

non stationnaire solutions Friedmann suggérer Trois option développement événements. Première option : la courbure de l'espace est nulle (la densité moyenne de matière dans l'Univers en précision est égale à la densité critique), c'est-à-dire un espace euclidien tridimensionnel, un analogue qui - avion, se développe illimité. Deuxième option: espace Il a courbure positive (la densité moyenne de matière dépasse la densité critique), c'est pourquoi monde représente toi-même final sur le volume, mais illimité hypersphère, se gonflant comme un ballon d'enfant ou une bulle de savon. Parce que le la densité de la substance est supérieure à la densité critique, tôt ou tard l'expansion s'arrêtera et sera remplacée compression (expansion substances arrêt force la gravité). Troisième option: courbure l'espace est négatif (la densité moyenne de matière est inférieure à la densité critique), donc, comme dans la première variante, le monde s'étend indéfiniment, seule sa forme n'est pas appartement, un représente toi-même pseudosphère ou hyperboloïde, analogue qui dans deux des mesures est surface selles. Tel Univers décrit géométrie Lobachevsky, où la somme des angles d'un triangle est inférieure à 180 degrés, et passant par un point situé à l'extérieur droit, boîte dépenser Combien tout droit, parallèle donné.

Il est très curieux que les calculs théoriques de Friedman et Sitter soient tombés sur l'époque où l'astronomie d'observation accumulait progressivement les preuves que notre Univers, en dépit des modèles Einstein en aucun cas ne pas Stationnaire, un en continu évolue. Tout a commencé Avec Aller, Quel Américain astronome Weston Slifer sur le à travers Dix années (début Avec 1912 de l'année) patiemment photographié spectres nébuleuses extragalactiques. A cette époque, personne ne savait qu'en réalité ils cadeau toi-même gigantesque stellaire îles Comme notre galaxies et mentir incroyablement loin de la Voie lactée. Slipher a entrepris de calculer leur rayon la rapidité, alors il y a installer, approchant elles ou ils à notre Galaxie ou, vice versa, sont enlevés de son. À leur calculs il penché sur le il y a longtemps célèbre Effet

Doppler lequel à, Je suppose à toi, lecteur, pancarte ne pas Alors Bien, comment Américain astronome. Par conséquent je vais faire un peu battre en retraite.

autrichien physicien Christian Doppler ouvert Effet, nommé ensuite le sien nom, il y a très longtemps - en 1842. Probablement, il pourrait être trouvé plus tôt, mais c'est ainsi qu'une personne est arrangée - très souvent nous regardons, mais nous ne voyons pas. Les psychologues disent Quel tout défaut détails notre la perception, qui préfère pousser au large de choses bien connues et ignore franchement tout ce qui est inhabituel. Par homme des arbres ne pas voit les bois. Comment aurait là ni C'était, mais raconter, Quel Claude Monet, une de fondateurs impressionnisme, a été première artiste, qui a tourné Attention sur le célèbre Londres brouillard. Générations Britanique même ne pas soupçonné Quel dans leur Ambiance britannique, sursaturée des moindres particules de charbon, rien ne se passe assez spécial. Mais alors un étranger est apparu avec un œil sans nuage et a immédiatement écrit image "Pont Waterloo (Effet brouillard)", qui au sens propre labouré hautain insulaires.

DE effet Doppler une entreprise c'est le cas dans précision Alors même. Si un passé tu sur Autoroute une voiture passe en trombe avec la sirène allumée, puis à l'approche, le signal sonore retentit de plus en plus haut, mais dès qu'elle vous rattrape, le son chute immédiatement d'une octave entière puis (sur mesure suppression) devient tout Suite basse. Ce même plus boîte observer sur le quai de la gare : le sifflet d'un train qui approche monte obstinément, mais quand il passe, le ton du cor saute de haut en bas. L'essence de l'effet mensonges sur le surface, pour du son - c'est alternance compressions et raréfaction air, un la distance d'une région de compression à une autre n'est rien d'autre que la longueur d'onde. Comment plus la longueur d'onde est longue, plus le son est grave et plus l'onde est courte, plus la tonalité sonore est élevée. Si un la source du son (dans donné Cas - former) en mouvement sur direction à toi, alors sur le l'unité de longueur représente un plus grand nombre de vagues - la "palissade" des vagues devient plus proche. Si la source est supprimée, l'image est exactement le contraire. - longueur vagues départs grandir. Alors le chemin longueur vagues, émis la source, dépend ne pas seulement des propriétés la source, mais aussi de sa vitesse.

La lumière, comme le son, a également une nature ondulatoire et est une vibration (ou ondes) du champ électromagnétique. Intervalle de fréquences perçu par l'oeil humain (visible Région spectre), mensonges entre rouge lumière Avec longueur vagues 740 nm (nanomètres ou milliardièmes de mètre) et de la lumière violette d'une longueur d'onde de 400 nm. Nous percevons le rayonnement infrarouge à ondes longues comme une propagation de la chaleur des corps chauffés et des ondes radio situées à l'extrême droit les pièces électromagnétique spectre. Région court vagues présenté rayons ultraviolets, rayons X et gamma (lorsque la longueur d'onde diminue). Ainsi, les rayons gamma, la lumière visible et les ondes radio sont dans leur forme physique nature par rayonnement électromagnétique et ne diffèrent que par la longueur vagues, ou la fréquence des oscillations par seconde. Plus la fréquence d'oscillation est élevée, plus la longueur est courte vagues, et vice versa.

Dans le domaine optique, la lumière rouge a la longueur d'onde la plus longue, suivie de orange, jaune, vert, bleu, indigo et violet sont les longueurs d'onde les plus courtes visible domaines spectre. Si un la source Sveta en mouvement sur direction à nous, alors distance entre crêtes Suivant ami par ami vagues diminuera un la fréquence les fluctuations augmenteront en conséquence. En conséquence, toutes les lignes se déplaceront vers l'extrémité violette. spectre de la même quantité. On peut dire que la lumière d'une étoile s'approchant de nous un peu deviendra bleu. À suppression objet de observateur se pose opposé image : l'intervalle entre les crêtes des vagues augmente, et la fréquence des oscillations diminue. lignes sont décalés vers la partie rouge du spectre, et la lumière de l'étoile partante devient rougeâtre ombre. Ainsi, dans le premier cas, nous avons un décalage violet, et dans le second - rouge. la valeur biais comparer Avec position lignes dans spectre immobile la source.

Weston Slifer analysé spectres 40 galaxies et est venu à conclusion Quel la plupart d'entre eux s'éloignent de nous, et à des vitesses très élevées - de l'ordre de centaines et même mille kilomètres dans donne moi une seconde. Cette fait le sien très intrigué parce que le où il serait plus naturel de déceler une propagation chaotique dans le sens de leurs vitesses. Si vous Lancez une pièce 40 fois, il est très peu probable qu'elle atterrisse tête haute 35 fois de suite. De telles ruses sont tout simplement interdites par la théorie des probabilités. Et plus il y a de dimensions dépensé Slifer, les sujets Suite étrange a pris forme La peinture, pour ordre de grandeur rouge le biais augmentait de temps en temps. La situation a été aggravée par le fait que l'astronome américain, comme on s'en souvient, n'avait aucune idée de la nature extragalactique de ses objets : il les considérait nébuleuses, situé dans notre Galaxie.

Quand au milieu des années 20 du siècle dernier, il a été possible de prouver que les nébuleuses de Sliferdans réalité ne pas Quel autre comment énorme stellaire îles, mensonge loin par au-delà de la Voie Lactée, la respiration est devenue plus facile. Dès que l'objet est trouvé tout de suite deux inhabituel Propriétés - anormal la rapidité et atypique emplacement - boîte compter, Quel entre leur existe quelques lien. travailler Slifera a continué autre astronomes, et à travers un court temps à leur dans mains déjà a été une liste impressionnante de nébuleuses extragalactiques avec différents niveaux de rouge décalage. Première chance sourit dans 1929 an notre Agé de connaissance Edwin Hubble, qui était en fait un avocat de formation, et s'est intéressé à l'astronomie plus tard. Se comparer les uns aux autres la vitesse des galaxies découvert un simple modèle: que Plus une galaxie est éloignée, plus elle s'éloigne de nous rapidement. Les autres mots la rapidité galaxies directement proportionnel leur distance de terrestre observateur, qui s'exprime par la relation $v = Hr$ où v est la vitesse d'enlèvement, r est la distancede la galaxie à la Terre, et H est le coefficient de proportionnalité, qui a ensuite reçu Titre constant Hubble sur la première lettre de son nom de famille (Hubble).

Je dois dire que Hubble a eu beaucoup de chance. Il a tiré sa loi de l'observation galaxies qui ne sont qu'à 1 à 2 millions de parsecs (mégaparsec ou Mpc) de nous, alors comme on sait aujourd'hui qu'à des distances relativement petites sa loi s'applique, mou, tendre en disant peu importe, parce que le proche galaxies "lié" les forces la gravité. En supposant Quel le plus brillant étoiles les autres galaxies (supernovae et Nouveau) ont sur le même luminosité, il par rapport leur en moyenne absolu stellaire évaluer Avec visible briller et dans résultat reçu très gros évaluer coefficient - environ 400-500 kilomètres par seconde par mégaparsec. De plus, à cette époque distances avant de la plus proche galaxies étaient calculé très pas exactement: lorsque dans milieu siècle dernier a révisé l'échelle des distances intergalactiques, les galaxies les plus proches devaient être déplacés deux fois plus loin, et les plus éloignés augmentaient leur "séparation" de 6 à 7 fois. Faut-il alors s'étonner que Hubble se soit trompé dans ses calculs de près d'un ordre de grandeur ? La valeur actuelle de sa constante, calculée sur la base des méthodes modernes et avec aider très sensible équipement Comme orbital sonde Wilkinson est 71 kilomètres dans donne moi une seconde sur le mégaparsec.

Devrait ont dans dérange Quel galaxies bougent chaotiquement, dans plus différent directions, dans le volume y compris et de l'autre côté rayonner vision. Dégager, Quel tel posséder leur les vitesses, dites particulières, ne doivent pas être prises en compte. Droit Hubble œuvres seulement Avec radial vitesses, en moyenne sur gros Numéro galaxies, situé sur le le même distance de nous. Exactement sur cette raison il pratiquement inadapté aux galaxies proches, puisque leurs vitesses radiales sont relativement petit. Il faut donc séparer la vitesse due au décalage de Hubble, de individuel (particulier) rayon la rapidité, qui peut être être très important. Par exemple, local Groupe mouches comment Célibataire ensemble dans côté groupes Centauri à plus de 600 kilomètres par seconde. Mais plus on est loin ouautre galaxie, les sujets Suite son Hubble radial la rapidité et les sujets moins contribution dans son

La valeur est introduite par la vitesse individuelle de la galaxie. Ainsi, la loi la plus fiable Hubble effectué sur le distances plus de 200 MPC (200 million parsec), un pour définitions distances avant de galaxies proches meilleur prendre plaisir Céphéide échelle.

Il semblait aurait, le plus exact valeurs distances droit Hubble devoir donner pour plus loin galaxies, mais c'est ne pas du tout alors. Une entreprise dans le volume, Quel ordre de grandeur rougebiais à loin objets alors important Quel à calculs donne la rapidité suppression plus rapide que la vitesse de la lumière. Par conséquent, en calculant les vitesses des points les plus éloignés objets (par exemple, quasars) besoin apporter amendements envisagé spécial la théorie relativité, et alors formule acquiert Suite difficile voir (nous son conduire ne pas nous deviendrons). Constant Hubble - fondamental constant, et importance son un raffinement supplémentaire est évident, car il est étroitement lié à l'âge notre univers. Si nous "faites défiler" mentalement le mouvement des galaxies, nous arriverons à à un moment où la distance entre eux était négligeable. Toute matière rétrécira point, et l'univers cessera d'exister sous sa forme actuelle. En réalité, Les recherches de Hubble, ainsi que les travaux de Friedman, Sitter et d'autres théoriciens, ont servi point de départ pour créer le modèle du Big Bang, selon lequel notre monde a il y a eu un commencement dans le temps. Selon les données modernes, l'âge de l'univers est estimé à 13,7 milliard années.

Entre d'ailleurs, de Hubble droit tiges curieux considération vision du monde personnage. Parce que le la rapidité Sveta - maximum de tout vitesses possibles, il doit y avoir des objets qui sont aussi loin de nous que que la lumière émise par eux n'atteindra jamais l'observateur terrestre. Autrement dit, à observations astronomiques à des vagues de n'importe quelle longueur, il y a une certaine limite physique au-delà qui pénètrent dans principe est impossible. Les lois inexorables de la nature esquissent la zone accessible à nos appareils est une frontière idéalement vide, mais infranchissable, donc cela n'a aucun sens de se demander s'il y a des objets ou leurlà non. Nous leur tout équivaut à jamais ne pas nous verrons pour horizon événements - très important conceptdans cosmologie - coupe originaire de "notre" de Zut paix de race où plus fiable Rideau de fer soviétique. "Là, sous les nuages - l'éternité », a déclaré le héros Saint-Exupéry, volant à la barre d'un machin délabré sur une couche de nébulosité continue, en dessous de qui empilés rocheux travers de porc ibérique montagnes

Quantités rouge déplacement, mesuré à loin galaxies et quasars, a donné des vitesses si élevées qu'il était temps de douter de la validité de la loi de Hubble. À 1928 mesure la vitesse radiale de la galaxie NGC 7619 et obtient un résultat de l'ordre 3800 kilomètres par seconde, et au début des années 60 du siècle dernier, des objets ont été découverts qui dont la vitesse a atteint 40 000 kilomètres par seconde, soit plus de 1/8 de la vitesse Sveta. C'est à cette vitesse que le quasar ZS 273, découvert en 1960, s'éloigne de nous. Mais c'est étaient Suite fleurs, car Quel déjà très bientôt, dans 1965 trouvé quasars Avec ordre de grandeur z
= 3.5 (évaluer z caractérise rouge biais spectral lignes). ce a été monstrueux, fantastique évaluer, pour rouge biais première quasars ne pas dépassait 0,36 et était toujours inférieur à un. Les spectres de tels quasars montrent loin ultra-violet ligne, déménagé dans visible partie spectre à cause de énorme rouge décalage. Si un aurait ne pas phénomène rouge déplacement, elles ou ils aurait jamais ne pas ont été découverts parce que le terrestre atmosphère pleinement absorbe ultra-violet des rayons. Le radioastronome néerlandais Martin Schmidt, qui a travaillé en Californie et a trouvécette unique quasar, compris Quel le sien la rapidité est 81% la rapidité Sveta (environ 243 000 kilomètres par seconde). Au fil du temps, le nombre de ces objets est allé pour des centaines. Le quasar le plus éloigné à ce jour a été trouvé à z = 6,43, d'où il s'ensuit que la vitesse de son élimination se rapproche de la vitesse de la lumière et vaut 288 milliers kilomètres dans donne moi une seconde. Distance avant de cette quasar est 13 milliard lumière ans, l'âge de l'univers au moment où il a émis la lumière était de 880 millions années (dans notre journées - à proximité Quatorze milliard années), un son la taille dans ce temps ne pas dépassé 0,14 de

moderne. Mais Quel façon gigantesque objets, comparable sur Masse Avec notre Une galaxie qui peut se déplacer à des vitesses aussi fantastiques ? Quelle force donne leur alors incroyable accélération? À Réponse sur le ces des questions, nécessaire déterminer Avec physique la nature du redshift.

Après Aller comment Edwin Hubble formulé mien droit, de Stationnaire des modèles J'ai dû abandonner une fois pour toutes. Il est devenu clair que l'univers est un complexe structure dynamique en constante évolution. Les galaxies s'éloignent cafards lorsque vous allumez la lumière dans la cuisine au milieu de la nuit et que le taux d'élimination augmente proportionnelle à la distance à laquelle ces galaxies sont de nous. Si seulement une galaxie est deux fois plus éloignée de nous qu'une autre, alors elle se déplacera deux fois plus rapide. Soit dit en passant, il convient de garder à l'esprit que ce ne sont pas les étoiles qui se dispersent, et même pas les individus galaxies, mais des amas de galaxies. Disons que les galaxies qui font partie du groupe local, pas pressé de se séparer. De plus, beaucoup d'entre eux, au contraire, convergent, comme, par exemple, la galaxie d'Andromède et notre Voie lactée, qui volent à l'opposé cours à une vitesse de 120 kilomètres par seconde. Le fait est que l'expansion de l'Univers dans son ensemble n'affecte pas (si nous parlons très strictement - n'affecte pratiquement pas) le mouvement objets reliés par des forces gravitationnelles en un seul système. Le groupe local est juste tel gravitationnellement système stable.

Mais si la vitesse de récession des galaxies lointaines est directement proportionnelle à la distance à eux, et une image similaire est d'une monotonie déprimante, dans quelle direction vous regardez, il y a une question raisonnable : ne sommes-nous pas dans ce cas au centre de l'univers ? Si solaire système en ce sens, franchement pas de chance (comme vous le savez, ça végète dans la basse-cour Voie Lactée), alors, peut-être, au moins notre Galaxie est-elle le centre de l'univers ? Une telle conclusion réchaufferait certainement l'âme de beaucoup, car l'anthropocentrisme siège dans notre foies. Hélas, devoir tu, lecteur, décevoir: première particularité global l'expansion de l'Univers réside précisément dans le fait qu'il n'a pas de centre dédié. Friedman l'a compris lorsqu'il a offert son modèle au public le plus respectable. Il procédé de deux évident colis : tout d'abord, Univers isotrope et homogène sur le grandes distances, et deuxièmement, la même affirmation est vraie pour tout autre ses pointes. En d'autres termes, dans n'importe laquelle des galaxies où se trouve l'observateur, il verra partout image étonnante de l'univers en expansion, et sa propre galaxie apparaîtra à lui immobile centre paix.

C'est facile à expliquer avec un exemple. Si vous prenez un cordon en caoutchouc attaché à avec des nœuds et étirez-le, supposons deux ou trois fois, puis la distance entre la paire les nœuds voisins augmenteront exactement le même nombre de fois. Si nous sélectionnons un nœud dans qualité points référence, alors la rapidité suppression les autres nœuds sera grandir directement proportionnelle à leur distance. Vous pouvez également vous référer au modèle bidimensionnel. Prenons un ballon pour enfants et mettre des marques sur sa surface. Pendant que le ballon se gonfle les marques commenceront à se répandre dans différentes directions, mais en même temps aucune d'entre elles n'occupera privilégié central des provisions, un distances entre leur début grandir selon la même loi proportionnelle. Ainsi, la première fonctionnalité de l'extension réside dans le fait que tous ses sujets (c'est-à-dire les galaxies) sont complètement égaux, et dédié centre, de qui ils dispersé, absent.

La deuxième fonctionnalité de l'extension nous est déjà familière. Non seulement les galaxies elles-mêmes (sans parler déjà sur individuel étoiles ou planètes), mais même leur groupes cadeau toi-même systèmes stables liés par des forces gravitationnelles, de sorte que l'expansion de l'Univers ne affecte. Lors de l'étirement du cordon en caoutchouc, les distances entre les nœuds augmentent, mais pas du tout car ils glissent le long du fil. Tout est question de propriétés élastiques caoutchouc, un eux-mêmes nœuds fuyez nulle part ne pas pense.

D'ici suit et troisième particularité extensions Univers. Le sien souvent représenter comme une récession des galaxies dans l'espace, ce qui est complètement faux, car dans donné Cas disparu Circulation "quelque chose dans quelque chose." Boîte dire, Quel c'est gonflement l'espace lui-même, même si une telle affirmation ne serait qu'une métaphore, car espace Univers ne s'étend pas dans quelques externe sur envers lui volume. Pour reprendre la terminologie d'Emmanuel Kant, il s'agit d'une extension de l'espace sich, alors il y a dans toi-même lui-même. Imaginer visuellement similaire impossible, pour pour cette devait aurait dessiner fermé sur le moi même sphère dans Quatrième spatial la mesure.

Alors le chemin de époque découvertes Hubble et œuvres physiciens théoriciens il s'ensuit que notre univers, selon toute vraisemblance, a un volume fini et est né dans un point zéro du temps. Ou, pour le dire plus strictement, au point "zéro" est arrivé naissance triplés, pour question, espace et temps ne pas peut exister une part. Il reste à comprendre exactement comment les événements se sont développés à ce point singulier particulier. Pour la première fois, l'astronome belge Georges Edouard Lemaitre s'est sérieusement inquiété de cette question, qui, en 1927, a suggéré qu'à un point zéro dans le temps, la matière et l'énergie avenir Univers représentée toi-même quelques super dense caillot - le sien gentil
"cosmique Oeuf". À force inconnue les raisons passé catastrophique explosion, dispersé question dans tout main, et fragments cette monde cataclysme nous sont encore observés sous la forme d'une récession des galaxies. Le modèle de l'univers de Lemaitre était physique analogie théorique calculs Friedmann ou Modèle, mais à cette se sont avérés plus simples et plus compréhensibles que les constructions abstraites des mathématiciens intello. C'est pourquoi L'astrophysicien anglais Arthur Stanley Eddington est devenu son propagandiste zélé, et après un certain temps, il a été volontairement adopté et développé à fond par les Américains scientifique russe origine George Antonovitch Gamov. DE le sien lumière les bras modèle non stationnaire de l'univers chaud s'appelait la théorie du Big Bang et après les retouches inévitables mais nécessaires, il reste encore très utilisé à ce jour. Gamow a proposé son scénario en 1948 avec ses collègues Alfer et Bethe, qui parle de Le bon sens de l'humour de Georgy Antonovich, depuis les noms Al-fer, Bethe et Gamow merveilleux rappeler première des lettres grec alphabet. quelquefois la théorie Gamow appelé un, JE, théorie y sur le Quel, Apparemment il et compté.

Jugement sur calculs Gamow, Température et densité à l'intérieur espace des œufs devoir étaient dépasser tout concevable limites, mais déjà à travers une minute après La température du Big Bang est tombée à 10^9-10^{10} degrés Kelvin, et les protons et les neutrons, restant après annihilation Avec antiprotons et antineutrons (sur cette Suite seront discutés ci-dessous), ont commencé à se combiner en noyaux de deutérium, de tritium, d'hélium et de lithium. Cette traiter reçu Titre primaire la nucléosynthèse, et Gamow géré Afficher, Quel le ratio d'hydrogène et d'hélium observé aujourd'hui (environ 75 et 25% respectivement) surgi dans les premières secondes après le Big Bang. Selon ses calculs, les étoiles de tous les temps l'existence de l'Univers ne pourrait pas "produire" plus de 1% d'hélium, ce qui n'est pas du tout comme ceux 24–25 %, sur qui sans ambiguïté ils disent astronomique observations. Alors Ainsi, la théorie de l'Univers chaud a reçu un argument supplémentaire dans sa bénéficier à.

Tout cela est très bon et même merveilleux, mais le moment est venu de prendre les méchants au clou et difficile de demander dans l'esprit de Mikhail Zhvanetsky : et pourquoi, exactement ? Pourquoi ne savait pas chagrin et tristesse, l'œuf cosmique est soudainement devenu instable et a explosé ? Est ce que c'est vraiment une éphéméride si sensible qui tombe en poussière au moindre contact ? Si un l'œuf était encore une structure stable qui a vécu confortablement pendant plusieurs milliards d'années, alors il faudrait expliquer clairement quelles forces inconnues ont incité la pauvre chose à faire une série de soudain métamorphose.

Les questions, il va sans dire, sont extrêmement difficiles, de sorte que les physiciens théoriciens ont proposé dans leur temps pas mal des modèles, dans qui ne pas la lessive, Alors patinage a essayé aplatir prend fin Avec prend fin. Voici, par exemple, le scénario dit hyperbolique : l'Univers était à l'origine représentée toi-même nuage extrêmement clairsemé gaz, lequel à progressivement condensé et réchauffé en dessous de rayonnement la gravité les forces. Lorsque gaz Tirés ensemble dans dense caillot, centrifuge action haute Température et pression cassé contraction gravitationnelle et la substance du jeune univers éclaboussé dans toutes les directions, comme comment un jet de vapeur chaude s'envole de sous le rodage couvercles bouilloire en feu. Ainsi, l'Univers commence sa vie dans un vide presque absolu, puis, enjamber phase maximum densité, encore Retour dans condition vide. hyperbolique Univers décrit géométrie Rieman, un son rayon courbure fluctue sur une large plage - d'un minimum dans la période de compression à un maximum dans la période extensions. Il commence par la vacuité et se termine par la vacuité, et le stade de l'œuf cosmique il s'avère que court intermédiaire organiser sur le Contexte irréversible polaire monnaie. moins tel des modèles s'avérer irréversible États, espacés sur différent prend fin chronologie.

Hypothèse palpitant Univers privé ces lacunes. Elle est pratiquement allumettes co deuxième décision équations Friedmann (cm. au dessus) et représente toi-même éternel oscillatoire traiter entre Etat très haut densité et phase expansion maximale. Lorsque les forces de gravitation universelle (à condition que la moyenne densité question au dessus critique densité) arrêt expansion galaxies, rouge le déplacement passera au violet et les galaxies se précipiteront à nouveau dans leurs bras. Les réactions chimiques changeront également de signe et les éléments lourds commenceront à se décomposer en plus simple. En d'autres termes, lorsque l'univers se rétrécit à nouveau en un point, il sera à nouveau consister d'un hydrogène.

Basé sur des idées modernes, l'Univers après sa naissance de singularité a connu une phase à court terme d'inflation ultra-rapide - la soi-disant période d'inflation (traitée dans le chapitre suivant). Après la fin de l'inflation elle est passé dans mode proportionnel Hubble extensions, qui transition et perçu par nous comme le Big Bang. Au détour de ces deux époques champ mystérieux avec pression négative, entraînant une inflation non moins mystérieuse, a ordonné une longue vivre, et l'énergie libérée a donné lieu à un bouillon bouillant de particules élémentaires, qui réchauffé nouveau née univers avant au-delà températures.

Cependant, les modèles sont des modèles, mais j'aimerais quand même quelque chose de plus réel, qui peut être ressenti à la main. Redshift, sans aucun doute, fait beaucoup réfléchir, mais c'est juste de la géométrie, et pas très facile à comprendre. Mais s'il était possible trouver une trace matérielle du début chaud de l'Univers, alors ce serait complètement différent parler. GA Gamov, l'auteur de la théorie du Big Bang, à la fin des années 40 du siècle dernier prédit Quel Univers devoir être uniformément rempli émission radio gamme millimétrique avec une température de 25 à 5 degrés Kelvin. L'affaire est restée petit - découvrir un tel radiation.

À 1964 an américain la physique Arno Penzias et robert Wilson, des employés laboratoires Belle, expérimenté plus sensible sur le ce moment détecteur ondes micro-ondes (détecteur micro-ondes). Pour être juste, il faut dire qu'ils ils ne recherchaient pas une émission radio inconnue, mais étaient engagés dans le débogage de l'équipement pour le travail sur programme Satellite Connexions. Pour essai a été choisi vague longueur 7.35 centimètre, qui n'a été émis par aucune des sources connues. Antenne incluse dans disposition Penzias et Wilson, a été magnifique et c'est pourquoi elles ou ils étaient extrêmement surpris lorsque découvert Quel elle est en permanence correctifs outsider bruit radio, de dont on ne pouvait se débarrasser. Ce bruit était monotone et régulier et ne dépendait pas de ni de directions antennes, ni de temps journées, Par conséquent, le sien la source devoir situé en dehors de l'atmosphère terrestre. De plus, il n'a pas changé même pendant de l'année (un après tout Terre mouches sur orbite autour de Soleil), de Quel devrait de conclure, Quel la source radiation situé ne pas seulement par à l'extérieur solaire systèmes, mais et par à l'extérieur de la Galaxie, car au fur et à mesure que la Terre se déplace, le détecteur change d'orientation espace. Ironiquement, deux autres Américains, Robert Dicke et Jim Peebles, préparé chercher Contexte isotrope radiation Avec Température dessous Dix degrés

Kelvin à dessein, mais Penzias et Wilson, réalisant rapidement ce qui se passait, signalé À propos de notre résultats avant de.

Étienne colportage écrit sur cette sur:

...

Dick et Cailloux préparé à chercher tel radiation, lorsque Penzias et Wilson, connaissancesur le travail de Dicke et Peebles, réalisé qu'ils l'avaient déjà trouvé. Pour cette expérience, Penzias et Wilson a reçu le prix Nobel de 1978 (ce qui n'était pas tout à fait juste, si souviens-toi de la bite et Peebles, pas Parlant déjà sur Gamow !).

Ensuite four micro onde Contexte radiation géré S'inscrire et sur le les autres longueurs vagues - de 0,5 millimètre avant de plusieurs douzaines centimètres. Résultat observations à long terme a été réduite au fait qu'elle a un caractère thermique et correspond à radiation Tout à fait le noir corps à Température 2.7 degrés Kelvin (exactcontemporain sens - 2.725 À). Le sien spectre ne pas similaire sur le spectre radiation étoiles, radiogalaxies et d'autres sources possibles, et son intensité est presque identiquelors de l'observation de différentes parties de la sphère céleste, c'est-à-dire qu'elle est isotrope et homogène, ce qui est obligatoire prouver. soviétique astrophysicien ET. DE. Chklovsky proposé Nom mystérieuse "relique" de rayonnement, et depuis lors, le terme a été largement utilisé, bien que officiel son nom - espace fond de micro-ondes.

Qu'est-ce que le rayonnement relique et d'où vient-il ? Quand environ 14 milliards années retour dans résultat monstrueux explosion étaient nés espace, temps et question, Univers en premier a été ébullition le potage de protons, électrons, photons (lumière quants) et les neutrinos, qui violemment interagi Entre elles. Tout espace nouveau née Univers C'était rempli solide opaque environnement dans formulaire plasma ionisé à haute température. Au fur et à mesure que l'univers s'étend, la température est tombé, et quand il est tombé à 3000 degrés Kelvin, la formation de atomes stables. Il y a eu, comme disent les astrophysiciens, la séparation du rayonnement de la matière, car il n'interagit pratiquement pas avec les atomes neutres. L'univers est devenu transparent au rayonnement, et il a pu se propager librement. quelquefois ce moment est appelé l'époque de la dernière diffusion. La température de rayonnement a continué descendre dans le progrès plus loin extensions univers, mais le sien spectre conservé sans pour autant change à nos jours comme un rappel des journées chaudes de notre monde. Voici les restes ancien luxe et futur découvert Nobel lauréats.

Pas sera exagération dire, Quel ouverture four micro onde Contexte avais fondamental sens et sur le sien importance assez comparable Avec Découverte expansion de l'univers. Le dernier clou a été enfoncé dans le couvercle du modèle fixe. Dans deuxième demi XX siècle chaud maquette Gros explosion tourné dans solide plein la théorie. Académicien JE. B Zeldovitch Alors a dit sur cette dans 1984 an:

...

La théorie Gros explosion dans réel moment ne pas Il a n'importe quel notable lacunes. Je dirais même que c'est aussi solidement établi et vrai que c'est vrai que la terre tourne autour du soleil. Les deux théories étaient au cœur de l'image. son univers temps et les deux avaient beaucoup de adversaires qui prétendait quoi de neuf des idées, hypothécaire dans leur, absurde et contredire du son sens. Mais similaire discours ne pas dans pouvoir entraver Succès Nouveau théories.

Bien sûr, l'académicien respecté était un peu rusé, car même sur le Soleil, il y ataches, et la théorie Gros explosion dans cette sens en aucun cas ne pas exception. Très bientôt

Il a révélé, Quel, en dépit sur le tout ma prédictif Obliger, elle est aussi ne pas privélacunes, mais à propos de ça - dans Suivant chapitre.

Complet inflation

Dans des verres à peste en forme d'aiguilleOn boit le délire des raisons On touche des petits crochets, Comment mort facile, quantités,
Et où les déversements se sont affrontés,L'enfant garde le silence
- Gros Univers dans berceau
À petit éternité en train de dormir.

Ossip Mandelstam

Traduit littéralement du latin, le mot "inflation" signifie "gonflement". à peine nécessaire Explique, Quel surproduction papier d'argent ou autre Paiement fonds, permettant une réplication sans fin au moyen d'une presse à imprimer, conduit directement à le gonflement susmentionné pour vide papier, debout des sous, immédiatement vient dans contradiction avec l'offre réelle de biens. Cependant, les citoyens de notre pays connaissent bien Avec inflation ne pas ouï-dire : Avec plus début années 1990 elle est suspendu au dessus tête tout le monde respectueux de la loi russe Comme Damoclès épée, un mensuel résumés gaiement rapport Pour autant que perdre du poids le sien porte monnaie par rapports période.

Astrophysiciens économique la tourmente occuper peu, mais contemporain cosmologie Avec volonté ont pris sur le armement solide terme, le long du chemin retour à lui sens originel. Si en économie l'inflation n'est qu'une belle métaphore, alors en cosmologie, il est compris comme un véritable processus physique - une inflation rapide refait surface de singularités nouveau née espace. ce habituel et une étape nécessaire dans l'histoire du tout premier univers, fondamentalement différente de qui a remplacé le sien banal extensions, sur qui détail Raconté dans le chapitre précédent. La question se pose immédiatement : pourquoi les physiciens ont-ils dû introduire Additionnel entité, si Agé de gentil la théorie Gros explosion, semblait aurait, bien expliqué tous les faits observés ? Après tout, même le célèbre anglais scientifique Fred salut, hérétique de astrophysiciens et original penseur, avec diligence développement théorie d'un univers stationnaire, a finalement abandonné et accepté le concept du Grand explosion.

Le fait est que dans le cadre du modèle traditionnel, plusieurs solutions n'ont pu être trouvées. très important cosmologique problèmes. Avant de Total c'est Alors appelé problème horizon particules et problème platitude. À l'exception Aller, la norme maquette ne pas a donnéréponse sur le question, Quel C'était avant de Gros explosion, et ne pas était capable Explique tailles univers observable (si la théorie du Big Bang est correcte, alors l'univers devrait être beaucoup plus petit). Ces incohérences gênantes, comme des éclats, sortaient du corps d'un standard théories, et de nombreux cosmologistes ont ouvertement fermé les yeux sur elles, estimant qu'avec le passage Avec le temps, ils se débrouilleront tout seuls. Cependant, les événements ont tourné de telle manière que insignifiant petites choses augmenté fondamentalement différent scénario origine notre paix.Quelque chose similaire dans le sien temps passé Avec exceptionnel Allemand physicien Max Planck, qu'on a tenté de dissuader de la physique théorique parce que la science est presque terminée. Seules des taches individuelles assombrissent ses horizons lumineux, le professeur lui a appris par la vie lui a dit, pourquoi gaspiller vos meilleures années sur glosage stupide? Planck, comme vous le savez, n'a pas écouté : il a bientôt proposé hypothèse quantique et en déduit sa célèbre constante, jetant ainsi les bases d'une nouvelle, non classique la physique.

Analysons les incohérences de la théorie du Big Bang dans l'ordre. Commençons par le problème de l'horizon particules. Astronomique observations Afficher Quel Univers exclusivement homogène dans gros Balance. Température relique radiation, comment nous rappelles toi moyenne d'environ 3 degrés Kelvin (2,725 K), avec des écarts de température de milieu valeurs sur divers directions Tout à fait insignifiant - elles ou ils ne pas dépasser une cent millième (10-5). distances, disponible moderne télescopes, s'inscrire dans une valeur de l'ordre de 10 milliards d'années-lumière, et dans ces espaces on nous observons exactement la même chose - une « douceur » frappante des contrastes de densité. Selon les concepts modernes, la vraie taille de l'univers est plusieurs fois plus grande qu'elle la partie observable, qui est généralement appelée la métagalaxie. Depuis le commencement du monde a eu lieu sur 13–14 milliard années pour que retour, lumière de loin objets élémentaire ne pas géré avant de nous y aller - à lui simplement ne pas suffisant temps. Étoiles et galaxie, situé par horizon événements (si tel là disponible), fondamentalement inaccessible, car la vitesse de la lumière est la plus grande possible de toutes les vitesses. Mais à l'intérieur horizon tout particules causalement lié ami Avec ami, Alors comment elles ou ils il y a longtemps déjà géré échanger entre toi-même nécessaire informations.

Le hic, c'est que la théorie du Big Bang ne parvient pas à expliquer comment cet échange pourrait avoir lieu. L'horizon grandit (et a toujours grandi) à la vitesse de la lumière, et interaction entre particules dans Achevée conformité Avec la théorie relativité inévitablement effectué à des vitesses légèrement inférieures. Les cosmologistes écrivent : horizon particules toujours sera développer plus rapide mutuel distances entre deux essai particules. Il s'avère, Quel thermique équilibre (un le sien Existence - fait incontestable) ne pourrait en aucun cas être réalisé dans le cadre du modèle standard par expiré 14 milliards années.

Lorsque l'univers avait 300 000 ans, la température du plasma a chuté de manière significative, et a commencé éducation neutre hydrogène. Radiation séparé de substances et les photons pouvaient se propager librement dans toutes les directions. Cette le moment du temps est généralement appelé l'époque de recombinaison ou l'époque de la dernière diffusion. Il est clair que la taille de l'horizon à cette époque lointaine était beaucoup plus petite que l'actuelle 10 milliard lumière années et a été approximativement une mégaparsec (une Mpc). Alors Ainsi, au moment de la recombinaison, l'équilibre thermique pourrait mis sur une échelle ne pas dépassement 1 MPc. Aujourd'hui terrain a une telle taille au firmament angulaire la taille à proximité 2 degrés, Par conséquent, nous intitulé attendre notable hésitation température du rayonnement relique remplissant l'Univers. Cependant, astronomique observations Afficher haute diplôme isotropie sur le tout coin Balance: Température différentiel, comment nous rappelles toi ne pas dépasse Trois cent millièmes (3 X 10-5).

En dehors de Total autres choses dans cadre la norme cosmologique des modèles restes le mécanisme de la poussée initiale est incompréhensible. Quelle force a mis les mondes en mouvement ? Peut-être que l'univers est né du pouvoir monstrueux de la thermonucléaire explosion de nature inconnue? Après tout, le modèle cosmologique standard qui a été créé par les travaux de GA Gamow et d'autres scientifiques, et s'appelle la théorie du Grand explosion. Mais à examen plus approfondi tout de suite clair : mécanismes explosifs donner pratiquement rien. Lors d'une explosion (chimique ou thermonucléaire - aucune valeur) Il a) surgir différence pression et hétérogène Distribution substances : dans une plus de mouches de son côté, moins de l'autre. De plus, il doit y avoir un point - centre d'explosion.

À réel même Univers rien similaire ne pas observé: elle est sur le rareté est homogène, et un point distinct, qui pourrait être identifié avec le centre, n'est pas est trouvé. Déjà mentionné DE. G. Rubis, Professeur MEPhI, écrit sur cette sur:

...

C'est comme si notre Terre avait une forme idéale de boule avec des "montagnes" non plus de 40 mètres de haut. A titre de comparaison : le diamètre de la Terre est d'environ 1,2 x 107 mètres. Difficile C'était aurait alors croire en son accident origine.

Pas moins problèmes à la norme cosmologique des modèles se pose et Avec Alors appelé le problème de planéité. Ce virage un peu maladroit signifie que nous nous vivons dans un monde presque plat, décrit par la géométrie d'Euclide, que tout le monde a étudiée dans école. Comment connu physique espace peut être être tordu en dessous de rayonnement la gravité. Au sens strict, la théorie de la relativité générale d'Einstein considère la gravité comme une sorte de reflet de la métrique spatio-temporelle. Imaginez visuellement tordu tridimensionnel espace pas facile, mais c'est boîte sans pour autant travail fais, se référant aux analogues bidimensionnels correspondants. La surface d'une sphère représente toi-même fermé bidimensionnel espace ultime Région, qui, les sujets ne pas moins, ne pas Il a les frontières. Hypothétique habitants tel paix (c'est appartement créatures, troisième dimension inconnue pour eux) peut se déplacer dans n'importe quelle direction choisie, à chaque fois traversée seul et ceux même points, mais nulle part ne pas découvrir les bords le sien Univers. Sphère Avec croissance rayon sera pas mal analogue expansion fermé tridimensionnel espace. Une telle surface non euclidienne est décrite par la géométrie de Riemann, et la somme coins Triangle sur le son Suite 180 degrés. non euclidien géométrie Lobatchevski est réalisé à la surface d'un hyperboloïde ou d'une pseudosphère - une structure courbe complexe, rappelant surface selles. Tel univers sera ouvert, un somme coins Triangle dans leur sera moins de 180 degrés. Pour terminer, disponible intermédiaire option
– plan non courbe décrit par la géométrie d'Euclide. Comme dans le cas du complexe surface de Lobachevsky, ce monde plat sera ouvert et infini en superficie. De même, notre tridimensionnel espace, dans qui nous nous vivons.

L'espace de l'Univers réel à de grandes distances comparables à l'horizon particules, comme déjà mentionné, est presque plat. Bien sûr, cela n'exclut pas les zones courbure locale, surtout près de grandes masses gravitantes, mais en cosmologie A l'échelle, l'écart de la géométrie de notre monde par rapport à la géométrie d'Euclide est absolument négligeable. Géométrie espace plus direct façon lié Avec Taille, dénoté grec lettre ?, qui est attitude milieu densité matière de notre monde à une densité critique. Si un ? est égal à un, alors notre Univers est parfait appartement structure. Si un Oui Suite unités (densité notre paix au dessus critique), alors Univers sur atteindre quelques maximum rayon va commencer rétrécir en dessous de action la gravité. À cette Cas tôt ou en retard Gros explosion sera remplacé par le Big Crash (ou Big Crunch), et l'Univers redeviendra un point et disparaîtra dans singularités. Si un ? moins unités (densité Univers dessous critique), le monde s'étendra indéfiniment et la densité de la matière deviendra progressivement tomber.

Des mesures effectuées ces dernières années ont montré que cette valeur est très proche de unité, bien que, très probablement, elle ne lui soit pas exactement égale (les mesures ne sont pas encore complètement fiable). C'est là qu'intervient le problème notoire de la planéité. Connaissance approximatif valeur du paramètre ?, boîte sans pour autant gros travail calculer, Quel doivent être les conditions initiales du tout premier univers pour conduire à l'actuel valeurs observées. Et des miracles immédiatement formés sont révélés. Citons M. À. Sazhina, auteur fascinant livres "Moderne cosmologie dans populaire présentation":

...

Prenons le paramètre approximativement égal à un, disons 0,5 ou 1,5. Voyons maintenant comment cela devrait être à différentes époques de l'évolution de l'Univers qui étaient avant notre ère. À l'ère de la recombinaison différence Q de unités déjà ne pas devoir dépasser 0,001. Une plus grande différence conduirait à ce qui est aujourd'hui ? serait égal à 10 ou, disons, 0,1, ce qui facilement mesurable. À ère nucléosynthèse différence Oui de unités ne pas devoir dépasser 0,00000000000000001. À Suite début de l'ère quark-gluon plasma différence Q de l'unité "caché" à 21 décimales. Au moment de Planck (c'est le tout début de notre monde, dont nous parlerons plus tard. – *L. Sh.*) cette différence a été exprimée par une valeur de 10-60. Où peut prendre tel initial termes?

Les autres mots se développe impression, Quel initial options étaient montés avec une précision sans précédent : sinon, on n'aurait pas réussi à n'importe quel prix aurait obtenir d'aujourd'hui quantités indicateur ?. Pas par hasard quelques astrophysiciens ils disent sur mince sur le chantier paramètre densité. Quoi et parler, La peinture désagréable, vous faisant sérieusement penser au créateur de toutes choses. Pendant ce temps, la science rigoureuse ne fait en quelque sorte pas il convient de s'engager dans des arguments vides au sujet d'un esprit supérieur. C'est le lot des philosophes et théologiens. Mais s'il y a un possibilité ne pas révéler cosmologie sur une rançon théologiens ?

je suis pressé tu, lecteur, calmer - tel possibilité nous dans Achevée mesure donne inflationniste scénario naissance univers, sur qui déjà pendant longtemps C'est l'heure parler Suite. Il facilement et à l'aise supprime et problème horizon, et problème planéité, et un tas d'autres problèmes, sous le poids desquels le modèle classique a été épuiséGros explosion.

Alors, qu'est-ce que l'inflation cosmologique et en quoi diffère-t-elle de l'inflation standard ? extensions, qui nous Continuez observer aujourd'hui dans formulaire rouge biais dans spectres de galaxies lointaines ? L'inflation est une période d'inflation catastrophiquement rapide l'espace dans la phase initiale de la vie de notre Univers. Dis que c'était un ballonnement rapide et fugace - pour ne rien dire. Sa durée est dans en s'évanouissant petit termes: inflation a débuté lorsque âge Univers a été 10-43 secondes, et s'est terminé lorsqu'il a atteint 10-37 secondes. Au début de l'inflation L'univers mesurait un peu plus de 10-33 cm, ce qui est comparable à la longueur de Planck, et au moment de sa l'obtention du diplôme était égal à sur 0,1cm (dans les autres inflationniste scénarios cette ordre de grandeur varie de un à trente centimètres), c'est-à-dire que son diamètre a augmenté d'au moins 1027 fois.

Facilement voir, Quel initial extension Jeune Univers passé co la rapidité, à plusieurs reprises dépassement la rapidité Sveta, parce que le Planckien longueur et les temps sont interconnectés : en 10-43 secondes, la lumière n'a plus le temps de parcourir une distance, comment 10-33 cm. Vraiment nous finalement réfuté plus Einstein ? Pas On le fera dépêche toi, lecteur. En réalité, non contradictoires ici non et dans rappelles toi, pour la théorie la relativité ne limite la vitesse de la lumière que le mouvement des corps matériels, mais ne dit absolument rien sur le taux d'expansion de l'espace lui-même en tant que tel. Au revoir particules substances Continuez mouvement co vitesses plus petit comment la rapidité lumière, l'espace qui les entoure est autorisé à gonfler arbitrairement vite: la vitesse son gonflement n'est limité que par la quantité d'énergie disponible, fournissant mentionné inflation.

Entre d'ailleurs, introduction le seul et unique Additionnel paramètre - expansion inflationniste exponentielle - résout automatiquement le fichu problème horizon. À le sien temps nous postulé Quel horizon toujours croissance plus rapide, comment augmente distance entre deux des points (ou deux particules) dans espace. Cependant bientôt après naissance Univers c'est condition, évidemment, ne pas était joué. Imaginez un petit jeune Univers de l'ordre de la longueur de Planck - un tout petit peu plus 10-33cm. À l'intérieur cette domaine Suite *avant de début* inflation géré s'installer thermodynamique équilibre et causal lien. Lorsque vient phase inflation,

l'espace s'accélère rapidement, gonflant littéralement à pas de géant, à la suite de quoi une zone homogène microscopique grossit presque instantanément monstrueusement. Le volume du domaine croît beaucoup plus vite que la distance à l'horizon. À la fin inflation il est sur une cm3, et à l'intérieur cette domaines Univers est
"lisse" sans pour autant notable contrastes de densité, de température et pression. Plus loin l'inflation cède la place à l'expansion standard, et l'horizon des particules continue son tranquillement grandir, atteindre à notre temps quantités ordre 1028cm. À cette tout particule, remplissant la partie observable de l'Univers, avant même le début de l'inflation, ils ont réussi à établir entre toi-même causal lien. domaine, trop développé dans le progrès la norme extensions, sauve alors condition, qui formé dans temps inflation. Cosmologues ils disent, Quel tout contemporain Univers situé à l'intérieur une causal domaines.

De la même manière résolu et problème platitude. Aujourd'hui espace notre L'univers est pratiquement plat, mais avant l'époque de l'inflation, le paramètre ? pourrait être sensiblement différent de l'unité dans n'importe quelle direction. Quelle que soit la courbure du monde près du point "zéro en au final, on obtient toujours un modèle presque plat, car le gonflement inflationniste lisse les contrastes de densité. C'est facile à voir avec un exemple simple. Supposer que le paramètre de densité avant le début de l'inflation était sensiblement supérieur à l'unité (? › 1). Ensuite nous on obtient la topologie d'un espace clos, c'est-à-dire que l'Univers équivaut à une surface sphères. À inflation Balle le sien rayon croissance, et si choisir sur le le sien surfaces surface suffisamment petite, sa courbure sera pratiquement impossible à distinguer de zéro. À la fin prend fin surface Terre semble nous Tout à fait appartement. Si un même rappeler, que dans certains modèles d'inflation (on parlera de divers scénarios inflationnistes un peu dessous) initial minuscule domaine, comparable Avec Planckien longueur, gonflé avant de astronomique quantités 101000cm, alors observable Univers (ou métagalaxie), diamètre qui sur équivaut à 1028cm, sera se maquiller insignifiant partie du mégaverse géant. Il est clair que dans ce cas la zone microscopique, non dépassement Yu-1000 pièces gigantesque Balle, sera perçu comment parfait appartement. Alors le chemin Non non besoin postulat spécial initial conditions qui assurèrent par la suite une courbure presque nulle de l'univers. Paramètre densité pourrait prendre toutes les valeurs autour du point "zéro", Alors comment complet inflation inévitablement lisse tout bosses et ça ira espace pratiquementappartement.

Revenons à début inflation, dans ère très tôt univers, lorsque son âge était de 10 à 43 secondes. Ce qui force l'espace dispersé à des vitesses inimaginables et augmenté le sien le volume sur le ordres ordres? À Réponse sur le cette difficile question, les scientifiques ont dû introduire un concept supplémentaire de champ d'inflation, qui est souvent également appelé le champ de Higgs scalaire et le faux ou faux état de vide. Vous ne devriez pas avoir peur de cela, car pour expliquer le mystère de la masse cachée et de l'énergie noire (en parlant de ces phénomènes devant nous) de toute façon, d'une manière ou d'une autre, vous devrez recourir à Nouveau champs inconnus science moderne. Dans la nature haute la physique nous ne pas monter, parce que le adéquatement déterminer dans ces des choses sans pour autant très complexe mathématique appareil ne pas semble possible. Noter seulement, Quel le champ d'inflation hypothétique a des effets très étranges et même légèrement effrayants les caractéristiques.

Tournons à visuel Exemple, pour que dans vivant images illustrer statut. Imaginez une montagne enneigée pleine de bosses et changements locaux d'altitude. Vous roulez la boule de neige et l'envoyez sur la pente. Si un neiger suffisant humide, boule de neige va commencer vite augmenter dans tailles, au revoir ne pas se transforme en une énorme masse. Le processus se développe de manière exponentielle - plus le diamètre est grand boule de neige, plus elle grandit vite. Notre pente hypothétique se termine en abîme, et quandla boule de neige atteint le bord de la falaise, puis en pleine conformité avec les lois de la physique elle volera verticalement descente Avec croissance la rapidité. Attrapé sur le journée, il en miettes va casser et partie cinétique énergie neigeux coma va partir sur le Chauffer environnemental environnement.

À présent nous reviendrons à l'inflation champ Avec le sien mystérieux les caractéristiques. Premièrement, il s'agit d'un champ scalaire, c'est-à-dire un champ qui n'est aucunement orienté dans l'espace, en différence, Disons de électromagnétique. À Allemand disparu Puissance ligne, un le sien tension partout est le même. DE quelques Réservations le sien boîte assimiler substance homogène comme le miel étalé visqueux. Deuxièmement, le champ d'inflation caractérisé extrêmement fort négatif pression, qui au sens propre
"poussant" substance, surmonter force la gravité. À la norme chaud des modèles Au Big Bang, la densité de la matière diminue à mesure que la taille de l'univers augmente, ce qui assez naturellement, Alors comment énergie densité déterminé en espèces énergie, divisé en volume. Mais le champ d'inflation (c'est-à-dire un faux vide) se comporte paradoxalement: le sien énergie densité sur mesure inflation restes permanent, donc l'énergie gestionnaire gonflement espace, ne pas seulement ne pas diminue un au contraire, il croît de façon exponentielle. Cependant, rien ne dure éternellement sous la lune - un état de la matière avec pression négative croissante est extrêmement instable, et doit donc inévitablement monnaie mode extensions. Phase inflation rapidement se détacher sur le Non, et tout l'énergie potentielle d'un faux aspirateur se transforme en une soupe bouillante de nouveau-nésélémentaire particule, réchauffé avant de le plus élevé températures. Les autres mots Avec fin ère inflation est né ordinaire question dans formulaire chaud plasma.

Faisons une autre promenade sur le versant enneigé de la montagne et jouons à nouveau. boules de neige. À cette à l'aise des modèles analogue l'inflation des champs, remplissage tout espace, il y aura de la neige sur la pente. Grâce aux fluctuations quantiques aléatoires, notre le champ peut prendre une variété de valeurs dans différents domaines. Formation boule de neige est exactement tel quantum fluctuation. Au revoir boule de neige repose, rien rien de remarquable ne se passe, mais dès qu'il descend la pente, il départs rapidement grandir. Inflatonique champ, gonfler nouveau née fluctuation, tend à prendre une position dans laquelle son énergie est minimale. Exactement ça même plus passe et co neigeux grumeleux: perdant énergie et monstrueusement gonflé il atteint finalement les bords falaise et tombe par terre dans abîme, un tout accumulé leur énergie se transforme dans cinétique énergie dispersé particules. Au revoir neiger com monte à flanc de montagne, l'inflation ne cesse d'augmenter, mais frais à lui toucher fond gorges, comment énergie l'inflation des champs rétrécit avant de le minimum pour tomber Suite nulle part. passe échauffement univers, et comment une fois que cette moment perçu par nous comme Big Bang.

Le plateau sur lequel roule notre boule de neige n'est en aucun cas une table lisse et polie sans chienne et attelage, un surface, ayant où Suite difficile le soulagement. Local changements d'élévation sous la forme de divers types de bosses et d'obstacles inattendus inévitablement perturbations perceptibles dans la trajectoire de la boule de neige. De plus, ces grumeaux (lire - fluctuations quantiques) il y en a beaucoup sur le versant : certains se trouvent plus près de la falaise, d'autres en sont plus éloignés. Et si les boules de neige individuelles réussissent relativement librement glisse vers le bas tout droit descente, alors autre condamné Esquive et saut "survallées et collines », rester coincé dans des fosses et des nids de poule profonds pendant longtemps. Ils mènent exactement la même chose moi même et réel quantum fluctuation - embryons avenir univers : seul de leur connaître une inflation à court terme (l'inflation, on s'en souvient, continue jusqu'à puisque, au revoir neiger com en mouvement sur plateau), autre gonflé avant de à présent puisque, un troisième immédiatement effondrement, ne pas avoir le temps comment devrait grandir. Alors le chemin dans notre tout un ensemble d'univers est à votre disposition au lieu d'un seul, chacun co leur Positionner unique Propriétés.

Cette scénario, reçu Titre éternel, ou chaotique, inflation, a été proposé au milieu des années 80 du siècle dernier par un astrophysicien américain exceptionnel Andrei Linde, notre ancien compatriote. Entre autres choses, le modèle de l'éternel inflation magnifique les sujets Quel permet se débarrasser de de malédictions contemporain cosmologie - le principe anthropique. Cependant, nous parlerons du principe anthropique dans Suivant chapitres, ici même Remarque seulement, Quel fondamental constantes (constante gravitationnelle, masse des électrons, etc.) et les lois mêmes de la nature qui régissent comportement notre paix, étonnante façon Autoriser occurrence complexe structures en général et raisonnable la vie dans particulier. Si un leur évaluer légèrement tordre (du tout un peu, sur le insignifiant partager pour cent), Univers sera transformé radicalement. Disons à Par ailleurs rapport masses proton et électron éducation n'importe quel complexe structures va devenir fondamentalement impossible. Entre les sujets observable rapport - nu empirique fait, ne pas dérivable de théorique constructions. Comme si quelqu'un de sage, clairvoyant et prudent, ayant soigneusement pesé tous les pro et contra, spécialement sélectionné les valeurs des constantes fondamentales de telle manière que hostile espace est devenu "hospitalier" pour la personne. MAIS ici idée sur innombrable multitude univers, divergent sur leur paramètres, automatiquement supprime cette problème.

En toute justice, notons que l'hypothèse d'une étape inflationniste dans l'histoire des premiers Univers a été première exprimé domestique scientifiques E. B Glaneur et MAIS. MAIS. Starobinski Suite dans 60 - années 70 années du passé siècle, mais séjourné à malheureusement non revendiqué par la communauté scientifique. Le terme « inflation » a été inventé par les Américains physicien Alan Guth en 1981, et il a également construit le premier modèle inflationniste basé sur une sorte de transition de phase qui a provoqué la surfusion du jeune Univers. Pas ici lieu d'analyser en détail le scénario de Gutian, car il est rapidement apparu qu'il ne fonctionne pas, car cela donne un Univers très inhomogène au final, ce qui en réalité invisible. Mais le modèle d'AD Linde était dépourvu de ces défauts, qu'immédiatement a acquis une popularité sans précédent : si avant le scénario inflationniste est très souvent accepté avec hostilité, aujourd'hui la plupart des physiciens et astronomes ont rejoint les rangs de son partisans. De belle, mais précaire hypothèses inflationniste Commencer Univers tourné dans de sang pur scientifique la théorie, en permettant expérimenté Chèque. Cosmologie, ancien avant de récent temps la discipline dans important diplôme spéculatif petit à petit devient strict expérimental la science.

Comment nous rappelles toi la théorie inflation postulats Disponibilité insignifiant changements dans densité de matière dans l'univers primitif. Puisque le volume du monde nouveau-né est comparable à dimensions élémentaire particule, raisonnable supposer Quel quantum fluctuation jouaient à cette époque un rôle très important. Le principe d'incertitude de Werner Heisenberg dit qu'on ne peut pas calculer simultanément la position exacte d'une particule et sa quantité de mouvement (produit de la vitesse et de la masse). En d'autres termes, l'énergie et la position de la particule ne sont jamais ne pas peut être mesuré exactement et cette principe dans Achevée mesure appliquer à première des moments la vie Univers (Balle enroulement sur pente, un ne pas roulant tout droit descente). Total Effet quantum fluctuation génère minuscule oscillations densité, qui grandissent dans le processus d'inflation et deviennent les embryons de futures galaxies et étoiles. Mais il s'ensuit inévitablement que le fond diffus cosmologique doit conserver la mémoire de ces événements, une sorte "d'empreinte" sous forme de fluctuations de température entre différents pointes de l'espace. Pendant longtemps, il n'a pas été possible de mesurer cet écart de température - pas suffisamment de sensibilité de l'équipement. La percée a eu lieu en 1992 lorsque l'américain Satellite SOUVEZ (Cosmique Contexte explorateur) et russe "Relique-1" découvert Température fluctuation Contexte radiation. Leur ordre de grandeur s'est avéré extrêmement insignifiant (Température relique radiation est sur 2.7 degrés Kelvin un déviations de milieu ne pas dépassé 0,00003 degrés Kelvin), c'est pourquoi du tout ne pas merveilleux, Quel avant de similaire des mesures étaient conjugué Avec considérable complexités. Alors ou Par ailleurs, mais inflationniste la théorie reçu fiable expérimental la confirmation.

Commencer troisième millénaire marqué Nouveau réalisations. Après un an et demi observations et une analyse Donnée reçue Avec aider espace observatoires wmap, a été présenté beaucoup Suite détaillé carte Distribution température du rayonnement de fond cosmique des micro-ondes dans tout le ciel. Abréviation anglaise MAP moyens Four micro onde Anisotropie sonde, Quel boîte Traduire comment "four micro onde anisotrope sonde" (ou sonde), un lettre O ajoutée dans honneur astrophysique Wilkinson lequel à a été initiateur projet, mais ne pas Survécu avant de le sien terminaisons. À l'exception Aller, le goudron - en anglais "carte". La valeur de la carte de Wilkinson est difficile à surestimer. Analyse des reçusLes données et subséquent l'ordinateur la modélisation autorisé recréer imagenaissance et développement de l'Univers, pour clarifier son âge et sa composition. C'est un événement marquant passé 13.7 milliard années retour (plus ou moins 200 million années), Quel autorisé mettre fin au débat sans fin sur le moment exact où l'univers est né. Géré finalement découvrir, Quel espace Univers géométriquement appartement, et exactement calculer l'une des constantes fondamentales - la constante de Hubble, qui reflète la vitesse expansion de l'univers. Jugement selon la sonde Wilkinson, cette valeur est de 71 kilomètre dans donne moi une seconde sur le une mégaparsec distances (rappelles toi Quel une parsec - 3.26 année-lumière). En d'autres termes, une zone d'un mégaparsec (1 million de parsec) tous donne moi une seconde pousse sur 71 kilomètres.

Il est établi que l'Univers, s'étant refroidi après le Big Bang, est resté longtemps foncé et froid. Première étoiles, sur clarifié Les données, a débuté prendre forme à travers
400 million années après Gros explosion, et alors tôt leur apparence En plus une fois que témoigne dans bénéfice de l'existence caché masses (ou foncé question), qui leur gravitationnel champ collecté barbouillé question dans grumeaux. En bref en disant inflationniste maquette montré moi même fiable réalisable la théorie génial cohérent Avec expérimenté Les données. MAIS Donc Il a sens regarde plus attentivement à son regard plus attentivement suivant l'étape organiser l'histoire de notre Univers.

Par moderne des idées, Univers est né dans résultat Aléatoire quantum fluctuation s'envoler de singularités - adimensionnelle points, dans qui courbure espace-temps sans fin. Densité substances dans cette indiquer aussi atteint sans cesse gros quantités, un espace et temps appliquer dans zéro. En d'autres termes, ni l'espace, ni le temps, ni la matière au sens habituel de singularités ne pas existe, un tout célèbre lois arrêt travailler. Pas Il a il ne sert à rien de se demander ce qui était avant, car avant il n'y avait rien : la singularité - c'est ultime la frontière, Rubicon, lequel à c'est interdit aller. recherché aurait spécialement souligner que le scénario décrit de la naissance de l'Univers pratiquement "à partir de rien" n'est pas fantasmes vides de physiciens théoriciens à l'improviste; il est basé sur des données scientifiques rigoureuses calculs.

Le lecteur a déjà rencontré tant de fois l'expression "fluctuations quantiques" que il a dû tourner longtemps sur sa langue : quel genre d'animal est-ce et avec quel mangent? Comment, de cette petitesse accidentelle, en fait, du vide, peuténorme la paix avec planètes, étoiles et galaxies ?

Les gens qui sont loin de la physique ont tendance à croire que le vide est l'absence totale de quelque chose. peu importe. En attendant, il découle nécessairement de la théorie des particules élémentaires que le vide physique n'est en aucun cas le vide, mais l'énergie minimale des champs et des particules, non égale à zéro. Il est littéralement bourré de particules dites virtuelles, qui naissent par paires comme de rien (par exemple, un électron et son positon antipode), du cœur gambader comme des éphémères et en un instant périr dans un acte d'annihilation, laissant mémoire de soi sous la forme d'un quantum de lumière - un photon. Leur durée de vie est si courte qu'elle ne peut être mesuré dans principe. N'importe quel mesure traiter limité Naturel limite physique - la vitesse de la lumière, et les particules virtuelles, émergeant du vide, sont détruits Alors vite, Quel jamais ne pas peut être observé directement.

Incidemment, le fait que l'espace "vide" ne peut pas être complètement videAvec preuve suit de lois quantum mécanique. Si un aurait vide a été Tout à fait vide, cela signifierait que tous les champs (électromagnétiques, gravitationnels, etc.) qu'il contient sont en précision égal zéro. Cependant ordre de grandeur des champs et la rapidité le sien changements co temps sont analogues à la position et à la vitesse de la particule, et au principe d'incertitude de Heisenberg, comme connue interdit la connaissance simultanée des deux paramètres : le plus précisément l'un des ces quantités, moins la seconde est connue exactement. Pas deux pois par cuillère - vous devez choisir quelque chose une. Écoutons Étienne Colportage, célèbre Anglais physique théorique:

...

Par conséquent, dans vide espace champ ne pas peut être ont permanent zéro valeurs, Alors comment alors ce avais aurait et exact sens (zéro), et exact la rapidité change (également zéro). Il doit y avoir un minimum d'incertitude dans intensité du champ – fluctuations quantiques. Ces fluctuations peuvent être considérées comme des paires particules Sveta ou la gravité, qui dans quelques moment temps ensemble surgir, divergent, un après se rapproche à nouveau et anéantir ami Avec ami.

...

Tel particules sommes virtuel ‹…›, dans différence de réel virtuel les particules ne peuvent pas être observées avec un vrai détecteur de particules. Mais les effets indirects produit virtuel particules, par exemple petit changements énergie les orbites des électrons dans les atomes peuvent être mesurées, et les résultats concordent remarquablement bien Avec théorique prédictions. Principe incertitude prédit aussi Existence similaire virtuel vapeur particules matière, telle comment électrons ou quarks. Mais dans cette Cas une membre des couples sera particule, un deuxième - antiparticule (antiparticules Sveta et la gravité - C'est quoi même la chose même et particules).

Cependant immédiatement se pose question. Droit conservation énergie interdit son obtenant de rien, et nous, supposant la naissance des particules du vide, cette loi semble violé. cercueil s'ouvre simplement. Pour début envisager, comment pistes moi même électrique charge à naissance des couples électron - positron. Plein charge restes égal à zéro, puisque moins (charge d'électron) par plus (charge de positon) à la fin donne zéro. Juste pour un très court laps de temps, la charge nulle totale est divisée en deux égal moitiés - positif et négatif. Quelque chose similaire passe et Avec énergie des particules : l'électron a une énergie positive, et son antiparticule (positon) a, dans quelques sens, égal quantité négatif énergie. Alors Ainsi, l'énergie totale reste toujours nulle au moment de la naissance et après destruction mutuelle virtuel particules.

Des considérations similaires s'appliquent à l'univers né de rien. Pour le premier vue, nous sommes face à un paradoxe insoluble, car la partie accessible aux observations L'univers contient un nombre astronomique de particules à partir desquelles la matière est construite. D'où viennent-ils tous ? La réponse est simple : selon la théorie quantique, les particules peuvent être né de énergie dans formulaire vapeur particule - antiparticule. Bien, mais où est pris Stupéfiant montant énergie? Question, remplissage univers (planètes, étoiles et galaxies assemblées à partir de particules) a une énergie positive, mais le monde a aussi la gravité, dont l'énergie est négative, donc l'énergie totale de l'Univers est nul, ainsi que sa charge électrique (le nombre de protons et d'électrons est le même). Mais Quel disponible dans dérange lorsque ils disent sur négatif énergie la gravité?

Suite une fois que citons Colportage.

...

La matière dans l'univers est formée d'énergie positive. Mais tout compte lui-même s'attire sous l'influence de la pesanteur. Deux morceaux de matière étroitement espacés ont moins d'énergie que les deux mêmes pièces éloignées, car que pour les écarter, vous devez dépenser de l'énergie pour surmonter la force gravitationnelle pouvoir de les unir. Par conséquent, l'énergie du champ gravitationnel dans certains sens est négatif. On peut montrer que dans le cas d'un Univers approximativement homogène en espace, cette négatif gravitationnel énergie dans précision compense énergie positive associée à la matière. Par conséquent, l'énergie totale de l'univers est zéro.

Très curieux, Quel montant positif énergie peut être double parallèle doubler négatif parce que le deux fois zéro - tout équivaut à zéro. À la norme expansion cette impossible, parce que le sur mesure augmenter Univers la densité d'énergie diminue. Mais à l'ère de l'inflation, on s'en souvient, la densité énergétique faux vide reste constant malgré augmentation de la taille Univers. Par conséquent, lorsque doubler diamètre notre paix deux fois grandir et positif énergie substances et négatif énergie la gravité, un total énergie Univers sera toujours robe zéro. MAIS parce que le dans phase inflation dimensions Univers augmenter exponentiellement, sur le ordres ordres alors et général montant énergie, obligatoire pour éducation particule, aussi monstrueusement augmente. Ici à toi, lecteur, et réponse à la question de savoir comment, de manière si miraculeuse, toute la matière qui remplit l'Univers aujourd'hui, pourrait tenir dans un volume minuscule comparable à la longueur de Planck. Elle n'est pas là pensé à mettre: quand le champ d'inflation réduit au minimum tout y est stocké potentiel énergie disparu sur le naissance élémentaire particules.

Revenons à début a commencé, à première des moments la vie notre paix, lorsque il s'apprêtait juste à s'envoler hors de la singularité cosmologique. Il faut dire que singularité - très inconfortable concept, car comment abonde palissade très désagréable infini: sans cesse petit le volume, sans cesse grand densité, la masse et la température, la courbure infinie de l'espace-temps, etc. dans le même ordre d'idées. Physiciens pas par hasard ne pas aimer infini, car Quel partout, où elles ou ils apparaître, départs chaos: lois refuser travailler, formules perdre sens, undes descriptions cohérentes se désagrègent au niveau des coutures. Dans ce cas, pouvez-vous essayer se débrouiller du tout sans pour autant singularités, jeter leur, Alors dire, sur le dépotoir de l'histoire ? Après tout parler se rend sur en s'évanouissant petit spatio-temporel échelle, où classique la physique Newton - Einstein déjà ne pas œuvres et où sans partage règne lois de la mécanique quantique. Peut-être que l'espace et le temps, comme la charge, la rotation ou magnétique le moment aussi ont quelques limite divisibilité, alors il y a, les autres mots quantifié ? droit qu'il s'agisse nous fais ça supposition?

Et pourquoi pas, après tout ? Il est probable que dans la nature il y a des indivisible cellule espace, le sien gentil le minimum distance, qui ne pas susceptible d'être broyé davantage. Si tel est le cas, alors aucun organisme ne peut s'effondrer en un point sans dimension. L'étoile et l'univers dans son ensemble seront dans ce cas s'effondrer jusqu'à une certaine limite, jusqu'à ce qu'ils atteignent une limite infranchissable, puis à l'intérieur d'un trou noir il n'y aura pas une singularité avec ses fastidieux infinis, mais particulier quantum espace, élémentaire le volume diamètre 10^{-33} centimètres. Parce que le surmonter c'est distance devrait une accident vasculaire cérébral (dans Par ailleurs Cas nous s'est avéré être aurait dans quelques moment au milieu indivisible segment, Quel impossible sur définition), alors il doit aussi y avoir un quantum de temps - la durée minimale de tout processus. Un simple calcul montre qu'il est d'environ 10^{-43} secondes, et ces deux quantités, reçu titres Planckien longueur et de Planck temps nous déjà

Bien connu.

Quantités de Planck basées sur des constantes fondamentales - la constante planche, la rapidité Sveta et la gravité permanent, - inévitablement conduire nous à Suite seul important indicateur - maximum possible densité question dans nul moment. À présent elle est déjà ne pas sans fin même si et inimaginablement génial - 1093g/cm3. Cette ordre de grandeur dépasse n'importe quel imagination, pour densité atomique noyaux sur le Contexte ces chiffres astronomiques ressemble presque à un vide absolu. Qu'il suffise de dire que dix masses solaires (et le Soleil est une étoile de taille moyenne avec un diamètre d'environ 1,4 millions de kilomètres) peut facilement tenir dans un volume tout à fait comparable au noyau d'un atome hydrogène. La température d'un tel bouquet superdense dépasse également l'échelle au-delà de tout ce qui est concevable limites et est d'environ 1032 degrés Kelvin.

La signification des valeurs de Planck maximales possibles est qu'aucune d'autres paramètres (plus petits, en ce qui concerne la longueur et les intervalles de temps, et plus grands, si la conversation se tourne vers des indicateurs de densité et de température) ne peut pas exister dans principe. Par exemple, ridicule demander, Quel passé à travers 10-45 secondes après Gros explosion, parce que le tel des moments temps simplement ne pas C'était. Nous atteint a commencé et s'est heurté à une cloison impénétrable: il n'y a pas d'autre moyen, pour l'habituel les notions d'espace et de temps perdent tout sens. Dans le quartier de Planck quantités disparu sous-séquence événements, là rien ne pas passe et car temps nulle part couler. Espace aussi perd connexité, adressage dans ébullition le chaos bulles clignotantes et décolorées. Nous ne pouvons pas voir ce breuvage boueux, car les échelles disponibles pour les accélérateurs modernes se situent dans la gamme de 10 à 16 centimètres, et sur tel distances espace-temps continue rester lisse. À personnellement voir Planckien échelle, nous devait aurait augmenter sensibilité équipement dans 1017 fois. Et ici alors nous vu aurait quantum océan, respectueux dans pouvoir permanent chaotique bouillonnant, quelque chose Comme préoccupé nautique un élément qui entraîne constamment vague après vague. Cependant, d'une grande hauteur, l'individu vous ne pouvez pas voir les vagues - l'océan semble être une surface d'eau calme. Et juste en train de descendre plus bas nous nous pouvons voir Succession course rapide mousseux agneau.

Dans le microcosme, au niveau des valeurs de Planck, le continuum espace-temps s'effondre irrévocablement, et l'espace et le temps commencent à mousser. Dans cet insolite monde il n'y a pas de certitude, il n'y a pas de direction ou de séquence sélectionnée événements, et donc le physicien américain JA Wheeler l'a appelé à juste titre quantique, ou espace-temps, mousse. L'espace et le temps deviennent discrets, et notions "avant de" ou "plus tard" perdre n'importe quel sens. Derzhavinskaya fleuve fois éclaté en gouttes séparées. Et seulement quand quelque chose émerge soudainement de rien (aléatoire fluctuation quantique connaît une inflation rapide), les familiers naissent l'espace et le temps, et avec eux un nouvel univers. Le chaos a donné naissance au Cosmos. Alors le chemin naissance Univers à l'identique naissance espace-temps.

Justice pour l'amour de nécessaire Marquer, Quel quantum personnage l'espace-temps n'est pas la vérité ultime, mais juste une hypothèse, même si Suite ou moins convaincant. Entre les sujets loin ne pas tout scientifiques Je suis d'accord Avec tel poser une question. De nombreux physiciens doutent sérieusement que l'espace-temps et la gravité se prête généralement à la quantification : il est probable que celles-ci soient purement classiques objets. Une entreprise dans le volume, Quel naissance Univers de quantum fluctuation (ou espace-temps mousse) devoir être décrit lois ne pas existant sur le d'aujourd'hui journée la science - quantum théories la gravité. Cependant formuler ces lois astucieuses, du moins même au niveau théorique, jusqu'à présent personne n'a réussi. ce une tâche grandiose des difficultés, et du tout ne pas par chance premier scientifiques mettre son sur le première place parmi Dix plus difficile problèmes contemporain la physique. M À. Sajine écrit :

...

Général la théorie relativité (OTO) - relativiste la théorie la gravité - fondamentalement différent de la théorie du champ électromagnétique et des champs connus d'autres les types. GR relie la géométrie de l'espace-temps aux propriétés de la matière. C'est pourquoi construction quantum la gravité équivalent à construction quantum géométrie espace-temps. À cette se pose beaucoup de purement théorique (plus rapide même mathématique formelle) des difficultés.

En d'autres termes, il est nécessaire de lier d'une manière ou d'une autre l'approche quantique à la la théorie relativité à la description phénomènes micromonde. Et à ne pas embrouiller tu, lecteur, finalement, essayer court partir planifier essence Problèmes, ne pas entrer dans dans mathématique subtilités.

Quantum et classique approches diffèrent fondamentalement. À la description mouvements particules classique la physique opère notion son trajectoires, alors comment quantum une approche insiste Total seulement sur le probabilités détection particules (dans selon le principe d'incertitude - plus la vitesse des particules est calculée avec précision, plus sa localisation est moins bien connue). En langage classique, on dit qu'un électron se déplace, mais en langage quantique, vous ne pouvez pas dire cela. Il est plus correct de dire que l'électron est dans un certain état, décrit par une certaine fonction d'onde, donnant probabilité rester électron dans le volume ou Par ailleurs place. À première Cas l'équation mouvements est différentiel équation et facilement est décidé un dans deuxième exigence dérivabilité ne pas effectué. Mathématicien diront Quel tel probabiliste la trajectoire est indérivable.

Je vais me permettre une autre citation du livre de MV Sazhin (si vous, le lecteur, n'êtes pas concerné officiel calculs, vous pouvez facile à manquer ce paragraphe):

...

Alors, dans quantum mécanique trajectoire est remplacé notion probabilités trouver particule. À théories des champs concept particules est remplacé notion quantités des champs. Ce caractérisé par l'amplitude, la phase et la fréquence. Dans la théorie quantique des champs, l'amplitude, la phase et la fréquence de n'importe quel champ est remplacée par le concept de la probabilité des mêmes quantités. En théorie générale relativité rôle des champs pièces géométrie espace-temps. À son nécessaire travailler avec la probabilité d'avoir n'importe quelle géométrie. Mais en relativité générale la géométrie doit être différentiable, un dans quantum la gravité, comment nous vu sur le Exemple trajectoires particule, ceci, en général dire non Alors!

Il s'avère, trouvé tresser sur le pierre. La théorie relativité et quantum Mécanique obstinément réticent à adhérer au niveau des valeurs de Planck. Et si jamais ils réussir cohérent cravate, alors couler temps dans micromonde sera être décrit particulier vague fonction, désignant probabilité fuites quelques intervalle temps même si c'est des sons, mou, tendre en disant plusieurs inhabituel. Cependant, la résolution des paradoxes de la gravité quantique n'est peut-être pas loin. L'un des plus récents physique théories - Alors appelé la théorie supercordes - il semble, promesses décoller contradictions inamovibles entre la mécanique quantique et la relativité générale. À propos de ce très curieuse théorie nous parlons dans Chapitre suivant.

En attendant, pour décrire la naissance de notre monde à partir de rien, il faut impliquer le plus idées générales sur l'évolution quantique de l'Univers dans son ensemble. En même temps, il doit y avoir plusieurs les conditions. Premièrement, à Jeune débutant Univers s'est envolé de vide sans dépense d'énergie, sa masse doit être égale à zéro. Un peu plus haut, j'ai déjà écrit ça positif énergie question compensé négatif énergie la gravité, un car Achevée énergie Univers (un moyens, et son lester) il s'avère que égal zéro. Lois les sauvegardes dans ce cas ne sont pas violées. Il en est de même pour l'électricité charge. Pour terminer, probabilité naissance Univers de rien calculé Comme sous le passage de la barrière particules alpha dans résultat traiter tunnelisation. Quoi ici disponible en dérange?

Lorsque potentiel énergie barrière beaucoup de au dessus énergie particule, elle est, Il semblerait qu'en aucun cas il ne pourra le surmonter. Cependant, les fluctuations quantiques vide Fabriquer réviser cette conclusion. Parce que le dans conformité Avec principe incertitude, la position et l'énergie d'une particule ne peuvent pas être établies avec la même précision, nous obligé J'accepte dans Attention quantum effets, inévitablement influencer sur le son comportement. Tôt ou tard, l'énergie de la particule augmentera brusquement au hasard et deviendra relativement important, à la suite de quoi la barrière potentielle sera surmontée. Comme phénomène mouvements plus de barrières connu dans la physique comment traiter tunnelisation. Quelque chose de la même veine est arrivé une fois à notre univers : bien que son Achevée énergie était égal à zéro, Aléatoire quantum fluctuation autorisé son tunnel dans Existence de rien.

Alors, émergent de espace-temps mousse, nouveau née Univers pendant un certain temps, il a gonflé à une vitesse supraluminique (la théorie de la relativité, comme nous rappelez-vous, cela ne l'interdit pas, car cela limite la vitesse de mouvement des corps matériels), mais lorsque l'énergie du champ d'inflaton est tombée au minimum, il y a eu naissance de matière sous la forme plasma chaud. Fin de l'inflation, remplacée par l'expansion habituelle, que nous observer à ce jour.

La naissance de l'univers de la mousse quantique à travers une transition tunnel prône la théorie éternel (ou chaotique) inflation André Linda. Bien sûr terme "éternel l'inflation" ne peut pas être interprété littéralement. Le stade inflationniste est éternel exactement dans la mesure où dans la mesure où, disons, les particules élémentaires sont éternelles, bien que chacune d'elles soit née dans son mandat est perdu. Notre Univers était dans une phase d'inflation d'une durée assez finie (et très court) temps, mais univers une seulement notre Univers ne pas épuisé. Il y a beaucoup d'univers, ils émergent constamment de espace-temps mousse par Chèque quantum fluctuation. Cette traiter Aléatoire chaotique et ne pas Il a ni la fin ni début. Seul univers effondrement, à peine avoir le temps naissent, d'autres grandissent, restant vides et morts, parce que les lois en eux sont telles que interdisent l'émergence de structures complexes, d'autres se transforment en une sorte de fantômes, pour privé temps et développement, un Quatrième sont remplis étoiles, galaxies et planètes. Par une heureuse coïncidence, nous vivons justement dans un tel univers. Essayons Explique mécanisme éternel l'inflation sur spécifique Exemple.

Au temps de Planck (10^{-43} secondes), avant même le début du gonflage, physique processus géré se propager maximum sur le distance Planckien longueur (10^{-33} centimètres). Ce n'est que dans un tel volume élémentaire au début de l'inflation qu'il pourrait y avoir atteint l'équilibre thermodynamique. Cependant, l'échelle réelle de l'univers n'est pas doit nécessairement être limité par la longueur de Planck ; il est probable qu'ils étaient beaucoup plus grande et étaient une collection de zones minuscules, dont chacune avait taille approximativement égale à 10^{-33} centimètres. Toutes ces zones étaient isolées les unes des autres. d'un ami, parce que le signal lumineux n'a tout simplement pas eu assez de temps pour pénétrer d'un domaines dans une autre. Par conséquent, physique termes dans différent domaines visiblement différaient, changeant d'une région à l'autre de manière chaotique. Densité énergétique à l'intérieur élémentaire cellules aussi significativement varié.

Rappelons-nous encore une fois les boules de neige éparpillées au hasard sur le versant de la montagne : certaines mentent presque au tout les bords abîme, un autre supprimé de son sur le important distance. À Dans la grande majorité des cas, la boule de neige roule sans encombre et facilement atteint points le minimum. À tel "prospère" domaines inflation prend fin relativement rapidement (rappelons-le, cela continue tant que la boule de neige est sur le plateau) et est remplacé banal extension sur droit Friedmann - Hubble. Mais La peinture compliqué par le fait que des grumeaux individuels sous l'influence de quantum fluctuation peut mouvement et dans directement opposé côté, atteindre inimaginable vitesses, parce que le traiter inflation se développe sur exposant. À tel domaines inflation ne pas ne finira jamais.

Pour visualiser cela de quelque manière que ce soit, imaginez une feuille de caoutchouc ou film plastique, doublé d'alvéoles comme un échiquier. Chacun des des champs, pertinent dans donné Cas élémentaire Planckien le volume, boîte extensible comment peu importe fortement ou, vice versa, Pars dans immunité. À résultat nous on a confus conglomérat, qui consiste de fragments unifié la totalité déformé purement individuellement. "Calmes" terrain, où inflation il y a longtemps commandé pendant longtemps Direct, peut être être entouré par innombrable quantité Régions, situé dans Tout à fait différent modes : dans quelques inflation tout de suite même étouffé un dans les autres continue jusqu'à à présent puisque.

C'est pourquoi la taille observable à présent Univers (Métagalactique), composant 1028 centimètres, ce qui correspond à peu près à 10 milliards d'années-lumière, peut être une partie insignifiante de l'univers dans son ensemble. Là, au-delà de l'horizon des événements, d'autres vivent et vivent mondes qui n'ont rien à voir avec notre univers. Et bien qu'ils lui soient formellement associés incontestable fait point en commun origine, Avec physique points vision elles ou ils sommes

« des choses en soi », car elles n'ont rien à voir avec notre Univers. Scénario de l'éternel l'inflation stochastique (probabiliste) décrit tous les univers possibles, qui célèbre sens exister "quelque part" dans l'espace.

MAIS. MAIS. Starobinski, membre correspondant RAS et principale scientifique employé Institut théorique la physique leur. L RÉ. Landau, donné question simple:

...

Quelle est la signification pratique de tout cela ? Nous ne pouvons pas voir ces autres univers par conséquent, cela ne conduit pas à de nouveaux effets d'observation (ou nous n'avons pas encore appris à trouver - il faut reconnaître que toute l'image théorique du métaverse n'est pas encore développé). Cependant, d'un point de vue idéologique, il est clair que tous les chauds précédents les discussions sur la "naissance unique de l'univers" étaient naïves. Il est devenu clair que notre l'univers visible n'est qu'une des réalisations possibles d'univers constamment se produisent dans le Métavers à différents endroits de l'espace (et même dans un certain sens dans différents moments - le temps dans d'autres univers, en général, n'a pas à être corrélé avec temps dans notre univers).

Court résumer a dit. Naissance classique espace-temps de la mousse quantique était le résultat d'une fluctuation quantique aléatoire, et l'âge de l'univers a été alors sur 10-43 secondes. Diamètre Univers dans cette époque était un peu Suite 10-33 cm, un densité cette microscopique caillot atteint monstrueux valeurs - 1093 g / cm2 (la soi-disant densité de Planck, le maximum possible dans la nature). Température aussi a été en dessous de devenir - à proximité 1032 degrés Kelvin. À le progrès inflation, durée qui a été plusieurs Planck fois (10-43–10-37 secondes), la température variait sur une très large plage, tombant rapidement à zéro. Rapide inflation lissé espace et a fait le sien pratiquement homogène dans toutes les directions. L'ère de l'inflation est fondamentalement une étape froide ; particules élémentaires Suite Non, un question présenté scalaire inflatonique champ.

Lorsque inflatonique champ atteint le minimum potentiel énergie, passé la naissance de la matière sous forme de plasma chaud à partir de quarks, de gluons, d'électrons et de leurs antiparticules. L'Univers s'est réchauffé à des températures très élevées de l'ordre de 1026-1029 degrés Kelvin. L'inflation exponentielle a été remplacée par l'expansion tranquille habituelle sur droit Hubble, Quel perçu nous comment Gros explosion. Tôt Univers représentée toi-même le sien gentil chaud quark le potage: haute Température a empêché leur unification, et donc chaque quark a vécu une vie indépendante. Par mesure tomber Température elles ou ils a débuté unir dans nucléons, Alors comment Existence quarks sous forme de particules libres à des températures relativement basses est impossible. Lorsque L'univers s'est refroidi à environ 10^{11}-10^{12} degrés Kelvin (son âge à cette époque était 10^{-4} secondes), il n'y a plus de quarks libres dans la nature - ils se sont tous unis en protons et neutrons. Cette traiter reçu appel baryosynthèse, ou quarkadron phase transition. À cette époque, l'espace du jeune Univers s'était transformé en un épais gâchis de protons, neutrons, électrons, neutrinos et photons, ainsi que leurs antiparticules. Cependant, ici ce qui est curieux : si particules et antiparticules étaient égales à la fin de l'inflation, alors elles inévitablement devoir étaient aurait mutuellement être détruit dans traiter annihilation, et alors matériau de construction nécessaire à la formation des étoiles, des galaxies et de nous, ne suffirait tout simplement pas. En d'autres termes, pourquoi la rupture de symétrie s'est-elle produite ? entre particules et antiparticules ?

Alors, lois la nature sont identiques pour particules et antiparticules, un car pas mal aurait déterminer, comment est né baryonique excès. Sur le n'importe quel événement Remarque Quel final réponse sur le cette question Non, disponible plusieurs versions Suite ou moins convaincantes, et chacune d'entre elles nécessite l'intervention d'un appareil mathématique complexe. C'est pourquoi bornons-nous à un schéma simplifié maquette, qui, mais, aide comprendre essence affaires.

Introduisons un champ hypothétique qui interagit également avec les particules et antiparticules, et le notons par la lettre grecque 0. Nous le représentons graphiquement, sous la forme paraboles. L'énergie du champ sera maximale sur ses branches et minimale dans la zone inférieure, en indiquer, mensonge sur le axes abscisse. Pour visibilité boîte introduire toi-même fosse ou une sorte de récipient, disons un bol ou un verre à vin s'élargissant vers le haut avec un fond arrondi. Nous plaçons une boule sur la paroi interne du bol et supposons que son énergie est d'autant plus grande que au dessus il est situé. Rouler vers le bas boules, la balle perd énergie.

Rappelons maintenant qu'au moment de la naissance de notre Univers, la densité d'énergie était très génial. À plus loin elle est tout temps abattre s'efforcer à zéro, un énergie des champs passé dans énergie née particules. À notre des modèles antiparticules devoir être un peu moins. Mais comment cette atteindre? Supposer Quel particules née à le champ se déplace le long du côté gauche de la parabole et les antiparticules - le long de la droite. La peinture continue restent complètement symétriques : ni les particules ni leurs jumeaux antipodaux n'ont même compte pas d'avantages, parce que le fluctuation quantique - embryon notre Univers
– avec une probabilité égale peut se produire à la fois sur la branche gauche et sur la branche droite. Et maintenant Voyons voir, ce qui se passe ensuite.

À propos de cette Bien et simplement raconte DE. G. Rubis:

...

Le moment de vérité vient précisément à la naissance de notre univers. Si nous vivons dans Univers, né accidentellement sur la branche gauche, puis ce qui suit s'est produit. Le terrain commence descendez et faites apparaître des particules. Puis il "saute" la position du minimum et monte vers la branche droite de la parabole, mais une partie de son énergie a déjà été donnée aux particules, et il va augmenter dessous élémentaire valeurs. C'est pourquoi, lorsque départs Circulation retour à énergie potentielle minimale, le champ génère des antiparticules en plus petites quantités. Ces décoloration fluctuation Continuez suffisant pendant longtemps, et total montant particule, assurément, ne pas sera coïncider Avec quantité antiparticules - simplement car, Quel leur En naissant sur la branche gauche du potentiel, l'Univers a rompu la symétrie de la théorie. C'est exactement ce que nous recherchions ! Soit dit en passant, si l'Univers est né accidentellement sur la branche droite, alors nous serions dominés par les antiparticules. Nous serions composés d'antiparticules, mais bien sûr nous appellerions aurait leur "particules".

Et foncé est venu

Le vent nous a apporté du réconfortEt dans l'azur nous nous sommes sentis Ailes de libellule assyrienne,Bustes coudé ténèbres.

Ossip Mandelstam

Précédent chapitre presque entièrement a été est dévoué loin passé notre Univers. L'image qui en ressort est étrange, absurde et un peu effrayante : un monde immense, habité innombrable de nombreux étoiles et galaxies, est né au sens propre de rien, pratiquement de vide, de quelques insignifiant quantum fluctuation. Cependant et dans l'état moderne de l'Univers est également plein de bizarreries, et la première place parmi elles dans droit appartient au mystère de la masse cachée, qui est aussi appelée matière noire, et foncé l'énergie (non confondu avec masse cachée).

Les observations des deux dernières décennies ont montré que la fraction du visible ordinaire substances - protons, neutrons électrons et photons - compte pour ne pas Suite quatre % la gravité masse-énergie Univers (alors il y a masse-énergie, créer gravitationnel champ). Repos 96% - c'est quelques énigmatique substance, qui ne pas rayonne et ne pas absorbe Sveta, un son présence boîte découvrir seulement seulement sur établi son gravitationnel champ. Elle est certainement pas ne pas interagit Avec ordinaire matière, donc l'épithète "sombre" devrait être reconnue comme n'étant pas tout à fait réussie : avec le même succès on pourrait l'appeler "transparent" ou "invisible". Autrement dit, majestueux une ronde de corps célestes, que des astronomes méticuleux ont étudiée pendant des siècles, en fait s'est avéré être une partie superficielle insignifiante d'un iceberg reposant sur un bloc sombre invisible inconnu quoi. À propos de la nature physique de ce fantôme incorporel mais très lourd contemporain la science ne pas peut être dire rien certain. Suite Aller, du tout récemment il s'est avéré que les dessous obscurs de notre monde sont hétérogènes et se décomposent à leur tour en deux composants aux propriétés très différentes : la matière noire (elle est aussi cachée masse), qui représente environ 25 % de la masse-énergie totale, et l'énergie noire (71 %). Cependant de tout en ordre.

La première cloche, indiquant que tout ne va pas bien dans le royaume danois, a sonné 1933 an, lorsque Astronome américain d'origine suisse Fritz Zwicky imaginé mesure Achevée Masse groupes galaxies sur leur luminosité. Il Je l'ai fait simplement : j'ai compté le nombre d'étoiles dans chaque galaxie et j'ai multiplié ce nombre par milieu Masse étoiles. Il semblait aurait, fiable et vérifié méthode. Cependant une autre une approche, fondé sur le droit monde la gravité et évaluation vitesses étoiles, a donné quantité de masse incomparablement grande. Zwicky a remarqué des anomalies extrêmement curieuses dans mouvement individuel galaxies à l'intérieur groupes. N'importe quel par chance pris galaxie déplacé de telle manière que si la masse totale de l'amas dépassait largement la somme masses de ses galaxies constituantes. Étant donné que cet "appendice" lourd est invisible et peut être découvert seulement par la nature de la gravitation indignation, Zwicky a proposé de nommer le sien matière noire.

A cette époque, la communauté scientifique a réagi à la proposition de Zwicky assez lentement, et seulement 40 ans plus tard, ils ont recommencé à parler de la masse cachée. Dans les années 70 du siècle dernier anomalies, similaire les sujets quel genre découvert Américain astronome, étaient révélé dans galaxies spirales. Comme vous le savez, les galaxies spirales, contrairement aux galaxies d'un autre les types (elliptiques et irréguliers) tournent, cependant cette rotation n'a rien en commun avec la rotation d'une toupie ou d'une toupie pour enfants. La galaxie n'est pas solide corps, un consiste de douzaines milliard étoiles, chaque de qui en mouvement se sur toi-même décrivant fermé courbe autour de galactique centre. D'ici suit, Quel dans selon les lois de la mécanique céleste, la vitesse d'une étoile lorsqu'elle s'éloigne du centre devrait tomber. Dans tous les cas, les planètes du système solaire se comportent exactement comme ceci : plus loin planète est à la traîne du soleil, les sujets dessous son vitesse orbitale.

MAIS ici Circulation étoiles dans spirale galaxies sur incompréhensible raison cette immuable droit ne pas obéit. Astronomique observations témoigner sur le volume, Quel la rapidité tout étoiles, début Avec quelques distances de centre, devient une valeur constante. Comment résoudre cette situation désagréable? Mets ma main sur mon coeur nous avons peu de choix. De deux choses l'une : soit les masses des galaxies sont mal estimées, soit les lois Les principes de Newton ne sont pas universels et peuvent être violés sous certaines conditions. Deuxième option semble trop extravagant et n'est pas sérieusement considéré par la plupart des scientifiques, bien que séparé hérétiques de la physique Autoriser tel possibilité. Disons israélien MMilgrom relativement récemment proposé hypothèse reçu Titre modifié newtonien haut-parleurs (MONDE). Selon cette hypothèse Circulation étoiles, nuages de gaz interstellaire et autres objets dans les couches externes des galaxies spirales n'obéit pas à la loi de Newton, mais à une loi plus générale, qui inclut la mécanique newtonienne comment privé événement. Accéléré Circulation étoiles expliqué les sujets Quel sur le gros distances du centre galactique, la loi habituelle de Newton ne tient pas, car force la gravité acquiert une autre Taille.

Tem ne pas moins majorité spécialistes indiquer vision Milgrom ne pas partager. La dynamique modifiée pèche non seulement avec beaucoup d'exagérations franches, mais aussi ne s'accorde pas bien avec les données de l'astronomie d'observation (par exemple, il est incapable d'expliquer personnage mouvements substances dans groupes galaxies). C'est pourquoi presque tout astrophysiciens tendent à expliquer les anomalies du mouvement des étoiles par la présence de matière invisible (noire), qui, comme un énorme nuage sphérique, enveloppe chaque galaxie. Calculs montrent que dans le cas de notre galaxie, le diamètre d'un tel halo doit être d'au moins 300 mille lumière années, alors il y a dans trois fois dépasse diamètre du lait Façons.

Mais quelle est la nature physique de cette substance inhabituelle, qui, on s'en souvient, il en représente 25% - plus de six fois plus que la matière ordinaire, émettre de la lumière ? Premièrement, les candidats au rôle de porteurs de masse noire peuvent être corps compacts, les soi-disant objets compacts astrophysiques massifs dans le halo Galaxies - Massive Astrophysical Compact Halo Objects (MACHO). Parmi ces sombres formations relater le noir des trous, brun nains, Agé de neutron étoiles, nuages de particules à faible interaction et éventuellement de naines blanches. Tous ne doivent pas briller, sinon ils auraient été découverts il y a longtemps. Les naines brunes sont quelque chose moyen entre gaz planètes géantes et petit lumière étoiles. Lester tel objet ne pas devoir dépasser Dix % masses Soleil, Par ailleurs à l'intérieur lui éclater réactions thermonucléaires qui conduiront à émission lumineuse. trous noirs et neutron étoiles, affirmant sur le rôle compact objets, aussi devoir satisfaire certaines conditions. Les premiers n'ont pas le droit d'être trop massifs, car le rayonnement de la matière qui tombe sur eux les trahira immédiatement, et ces dernières doivent avoir un âge très respectable, puisque seules les vieilles étoiles à neutrons pratiquement ne pas rayonner et car invisible.

Sous l'influence des forces gravitationnelles, la matière noire est répartie de manière inégale, simplement en disant bondé, Comme ordinaire question, et astronomes étude personnage cette Distribution divers méthodes - sur courbé rotation galaxies, leur structure à grande échelle, lentille gravitationnelle, etc. Sous le dernier l'apparition de fausses images est comprise, puisque les champs gravitationnels de la masse cachée fausser trajectoire mouvements Sveta de loin sources. Cependant observations Afficher Quel quelques seulement compact objets clairement pas assez pour couronné de succès autorisations Problèmes foncé question. C'est pourquoi la physique, impliqué dans étude élémentaire particule, croire Quel phénomène caché masses lié dans première tour Avec Alors appelé MAUVIETTE - Faiblement Interagir massif Particules (faiblement interagir massif particules). Ces hypothétique particules au revoir ne pas découvert, et alors circonstance, Quel elles ou ils extrêmement faiblement interagir Avec substance crée grand difficultés à prouver leur existence. Ces particules sont parfois appelées froides, ou non relativiste foncé question, parce qu'ils bougent co vitesses, beaucoup de plus petit comment la rapidité Sveta. Cependant leur lenteur Avec submergé baigner très poids décent, car la masse des particules à faible interaction est de 1000 fois ou plus dépasse Masse atome hydrogène.

Soit dit en passant, en plus du froid dans l'Univers, il y a aussi de la matière noire chaude sous la forme neutrinos reliques avec une masse au repos non nulle, mais leur contribution à la force gravitationnelle totale masse-énergie ne pas dépasse un et demi pour cent. Comment nous nous voyons travailler à astrophysiciens toujours pas de fin, mais douter de l'existence réelle de la matière noire aujourd'hui est déjà ne pas devoir parce que le exactement elle est contribue apport principal dans Masse galaxies.

Mais Suite Suite mystérieux Propriétés a foncé énergie, sur le partager qui représente 71% de la masse-énergie totale de l'univers. Contrairement à la masse cachée, ce n'est pas foules sous l'influence de la gravité, mais remplit strictement uniformément et uniformément tout espace univers, Comme idéal solide environnement, et partout et toujours Il a densité constante. L'hypothèse de l'énergie noire (qui, à proprement parler, est maintenant devenue théorie complète) a émergé en 1998 lorsque deux équipes internationales d'astronomes annoncé la découverte de l'expansion accélérée de l'univers. Ce fait fondamental sens qui difficile surestimer, a été installée à observations par loin supernovae étoiles certain taper (taper 1a). Tel supernovae ont exclusivement haute luminosité, comparable co luminosité ensemble galaxies, dans qu'ils évasent, et sont donc clairement visibles à des distances intergalactiques. À l'exception De plus, une caractéristique unique des supernovae de type 1a est le fait que leur propre la luminosité à la luminosité maximale se situe dans des limites très étroites. Autrement dit, le pouvoir radiation étoiles cette taper pratiquement identique, et car leur reçu appel
"la norme bougies." De école cours la physique connu Quel couler lumière radiation diminue retour proportionnellement carré distances de la source. Alors façon, mesurer la luminosité d'une supernova sur Terre qui a éclaté dans une galaxie lointaine, et comparer avec la luminosité intrinsèque réelle de la source (qui est connue), on peut calculer distance avant de objet. Surtout important épidémies supernovae taper 1a dans très loin galaxies, puisque les effets cosmologiques deviennent significatifs et qu'on peut non seulement définir permanent Hubble, mais et mesure paramètre densité univers, alors il y a installer son géométrie.

Les données d'observation sur les supernovae de type 1a, accumulées à ce jour, permettent d'affirmer avec une probabilité de 99% que l'Univers s'étend à un rythme accéléré. Et il est très curieux que le mode d'expansion standard de Hubble n'ait pas changé hier et pas aujourd'hui, mais il y a au moins plusieurs milliards d'années. Il est difficile de citer la date exacte mais si croire archives photographies stellaire ciel, plus télécommande de nous
"la norme bougie" allumé sur le distance dans Dix milliard lumière années de planètes Terre. Sa luminosité rentre parfaitement dans les paramètres du modèle de Friedmann, ce qui implique de conclure, Quel Suite Dix milliard années pour que retour Univers a continué développer classiquement - dans Achevée conformité Avec droit Hubble. Cependant personnage briller Suite les jeunes supernovae ne permettent pas de douter qu'il y a 7 à 8 milliards d'années l'obscurité énergie a prévalu au dessus les forces la gravité et Univers est devenu développer plus rapide.

Construire impression, Quel dynamique univers gouverne quelques champ "en expansion". Tant que le volume de l'univers est relativement petit, la gravité est effectivement contrer l'expansion de l'espace, mais tôt ou tard il arrive un moment où lorsque la densité de matière tombe en dessous d'une certaine valeur critique et que le champ, densité qui ne change pas avec le temps, commence à gonfler l'espace de plus en plus énergiquement. Suite Aller, rythme extensions il s'avère que dans précision tel Quel fait du rappeler le fameux "lambda", la constante cosmologique qu'Einstein a introduite dans les équations théorie générale de la relativité en 1917. L'univers d'Einstein était statique, et il avait besoin du membre lambda pour équilibrer la force de constriction de la gravité répulsion cosmologique universelle : sinon, toute matière doit rassemblent inévitablement. Einstein lui-même ne supportait pas son "lambda" et par la suite a appelé l'introduction du membre lambda "la plus grande erreur de la vie". Cependant, après en 1922–1924 Le mathématicien de Leningrad AA Fridman a trouvé une solution non stationnaire Les équations d'Einstein et l'astronome américain Edwin Hubble en 1929 ont découvert le rouge biais dans spectres loin galaxies, est devenu dégager, Quel Univers Avec moment le sien la naissance est en constante évolution et l'incommode "lambda" a été oublié en toute sécurité. L'oubli s'est étendu sur plus de 40 ans, et seulement au tournant des années 60 - 70 du passé siècle sur cosmologique constant a commencé à parler encore. De œuvres domestique physiciens théoriciens E. B Glaneur, MAIS. MAIS. Starobinski, JE. B Zeldovitch et quelques d'autres ont suivi que le vide peut avoir une énergie non nulle. Dans ce cas, l'hypothèse constante cosmologique équivaut à l'idée d'un milieu parfaitement homogène, uniformément remplissage tout l'univers. Propriétés tel environnements très inhabituel: son pression exprimé négatif Taille, un densité inchangé dans temps et espace. Et dès que la pression est négative, alors à densité constante elle sera créer anti-gravité Effet, accélérant extension Univers. Par conséquent, tout à fait Probablement, Quel foncé énergie il y a ne pas Quel autre comment manifestation vide des champs Avec négatif pression.

Cela ne vous rappelle rien, lecteur ? Revenez ensuite au début du dernier chapitre, dans qui parole marché sur cosmologique inflation - période ultrarapide extensions nouveau née Univers. Hypothétique inflatonique champ, effectivement gonflé espace à proximité points "zéro", avais exactement tel même les caractéristiques - extrêmement forte pression négative et une densité constante qui ne change pas avec le temps. Par conséquent, nous sommes en droit de supposer que le champ d'inflation n'a pas disparu, mais continue à être présent dans notre univers. Alors l'énergie noire sera un tel champ, situé dans le minimum le sien potentiel. Entre d'ailleurs, d'ici suit important conséquence: ère inflation qualitativement Tout à fait similaire celui à qui notre L'univers approche aujourd'hui. Sans aucun doute, il y a une différence entre eux, mais c'est purement caractère quantitatif. Il est clair qu'à l'aube de l'histoire, au stade de gonfler tous les sens courbure de l'espace-temps et la densité d'énergie effective étaient dans une colossale fois plus qu'aujourd'hui, mais il n'y a pas de différences fondamentales entre ces deux époques vu.

Ainsi, jusqu'en 1998, il était possible de parler avec confiance des trois composants de la matière, uniformément remplissage espace Univers. Premièrement, c'est habituel substance - protons, neutrons et électrons qui composent les étoiles, les planètes et aussi peu quenous Avec tu. Deuxièmement, c'est mystérieux foncé question (caché lester), qui consiste de non relativiste particule, ne pas rayonnant Sveta et pratiquement ne pas interagir Avec substance ordinaire. Enfin, troisièmement, il s'agit du rayonnement "résiduel" - les photons reliques et les neutrinos, conservés comme un écho du début chaud de notre monde. Non découvert jusqu'à présent, les gravitons et certaines autres particules ultrarelativistes tombent également dans cette Catégorie. Ces Trois incarnations univers apporter à l'échelle mondiale la gravité, un ici Quatrième composant, sur le partager qui compte pour deux tiers Achevée densité contemporain univers, identifié du tout récemment et crée phénomène universel répulsion cosmologique. Ainsi, le destin du monde est contrôlé par un certain continuum avec densité constante positive et pression négative, et en absolu expression ces deux quantités égal entre toi-même.

En ce qui concerne la nature physique de cette substance mystérieuse, nous sommes actuellement jour on ne peut presque rien dire. S'il est interprété comme une sorte de cosmologie permanent, nous inévitablement nous rechignons dans bijoux précision initial paramètres, ce plus mince paramètre, qui pendant longtemps imposé dans les dents. Il s'avère, Quel initial l'énergie potentielle de l'univers a été calculée si parfaitement que l'expansion "calme" ultérieure a réussi à fournir une telle densité critique notre paix, qui a fait espace presque parfait appartement. "Pourquoi anti-gravité action foncé énergie est apparu seulement à ce temps, lorsque devenir surgir galaxies ? - interroger quelques astrophysique. Vérité, ces divergences supprimé dans le scénario d'inflation chaotique AD Linde : constante cosmologique peut être J'accepte divers valeurs, et seulement là, où exister étoiles, galaxies et en général, des structures complexes, il acquiert une telle valeur qui permet l'apparition sujet interrogateur. En d'autres termes, l'énergie noire est inégalement répartie dans espace, un car version Divin faire de la pêche boîte co calmes âme proche. À ceux coins univers, où sens cosmologique constant sur sera le hasard aveugle s'est avéré être différent, poser des questions sur l'ajustement des paramètres des bijoux est simplement personne.

En attendant, tous les physiciens ne sont pas prêts à accepter une telle formulation de la question et On pense que la densité de l'énergie noire n'est pas de nature vide et peut éventuellement monnaie. Disons que les américains Paul Steinhardt et Richard Caldwell pensent que sous le masque foncé énergie cache spécial quantum champ, qui peut être J'accepte variables valeurs. En mémoire des anciens penseurs, ils l'appelaient la quintessence. Comme on le sait, les anciens croyaient que les composants de l'univers sont quatre éléments - terre, eau, feu et air, mais agité Aristote ajoutée cette nomenclature cinquième essence - la quintessence dont les corps éthériques sont censés se composer. Dans les disputes des théoriciens savants nous n'interviendrons pas, mais nous noterons seulement que la question de la nature physique de l'énergie noire encore très loin de l'approbation finale. Alors ou sinon, mais le rôle principal l'énergie noire dans l'évolution de l'univers à nos jours de doute n'appelle plus. Que ferait-elle ni l'un ni l'autre n'était au niveau microscopique - une énergie de vide spéciale ou géométrique radical investi dans l'univers - mais le fait demeure : depuis plusieurs Depuis des milliards d'années, notre Univers s'étend à un rythme accéléré, et le ton de cette expansion est donné par exactement foncé énergie - quelques substance Avec négatif pression et constant densité.

Sur la base de ce qui précède, toute l'histoire de l'univers peut être divisée en quatre époques et décrire avec une formule à quatre termes de la forme suivante : ... DS (I) - FI - FM - DS ... Premier le lien de cette formule désigne la phase de gonflage (la lettre "I" entre parenthèses), et la combinaison "DS" indique le caractère de Sitter de l'expansion. Bien qu'à propos de l'astronome néerlandais Willem Sitter nous l'avons déjà mentionné, il est nécessaire de faire une petite explication. Il était l'un des les premiers scientifiques à reconnaître la théorie de la relativité générale, mais le modèle stationnaire Einstein ne lui convenait pas. L'univers d'Einstein a été décrit par la géométrie riemannienne et était une hypersphère à quatre dimensions, dont un analogue en trois dimensions peut êtreêtre la surface d'une vessie en caoutchouc ou d'un ballon. Cet univers est fermé lui-même et n'a pas de frontières, bien que sa portée soit finie. Un rayon de lumière, s'il ne rencontre aucun obstacle, se propagerait dans un tel modèle le long d'un cercle (plus précisément, le long d'une ligne géodésique, car le plus court à travers entre deux des points sur le surfaces sphères est exactement tel courbe).

Modèle proposé dynamique maquette vide et en continu expansion univers, similaire sur le air Balle, lequel à tout temps gonfler. Par mesure inflation diamètre Balle en permanence croissance, un le sien géométrie, continuer rester Riemannien tout Suite et Suite approchant à géométrie Euclide. Les autres mots l'espace dans un tel univers devient de plus en plus plat et le faisceau de lumière ne se déplace pas cercles, mais dans une spirale en expansion continue. Cependant, Sitter n'a pas eu de chance. Il était trop en avance sur son temps, et son hypothèse est restée dans la mémoire de ses contemporains. gracieux et spirituel mathématique incident. Univers Modèle étendu sur exposant (alors manger dans géométrique progressions dans dépendances de temps), Quel dans ce temps (dans

1917) contredit les observations. Mais proposé quelques années plus tard maquette MAIS. MAIS. Friedmann a insisté sur le le volume, Quel objets sont enlevés ami de ami co la rapidité directement proportionnel à la distance C'est à eux de voir.

Aujourd'hui, nous comprenons que cette contradiction est imaginaire. Et Friedman n'était pas idiot, et Modèle aussi ne pas chaussures libériennes soupe aux choux avalé : chaque a été à ma façon droits. À ère inflation l'espace a grandi de façon exponentielle - en pleine conformité avec les calculs de Sitter. MAIS lorsque l'énergie du champ faisant éclater l'Univers est tombée au minimum, le mode d'expansion a immédiatement même modifié. Et sur le étapes radiation (phase FI), lorsque Univers a été rouge chaud caillot chaud plasma, et sur le étapes recombinaison (phase MF), lorsque radiation séparé de la matière, notre monde s'est étendu proportionnellement - selon la loi de Friedman - Hubble. Mais lorsque l'Univers s'est considérablement développé et s'est refroidi, l'énergie noire est de nouveau entrée dans tes droits. Il y a plusieurs milliards d'années, l'ère de la domination de l'obscurité énergie, qui continue avant de à présent puisque, et Univers encore début développer accéléré. MAIS parce que le sur leur dynamique paramètres contemporain ère presque rien ne pas est différent de étapes inflation, MAIS. MAIS. Starobinski proposé Nom son de Sitter (abréviation DS dans le côté droit de la formule).

Incidemment, le problème de l'obscurité l'énergie a très curieux philosophique aspect. Jusqu'au moment où la force de la répulsion cosmologique universelle est devenue dominant un Univers début développer accéléré géré se produire beaucoup de différents événements. Avant d'entrer dans le mode d'expansion accélérée, le monde a traversé une ère inflation (DS(I) - organiser), phase de rayonnement (stade FI) et phase dominance foncé matière (étape FM), lorsque le rayonnement est séparé de la matière. Par conséquent nous avons plein droit de supposer que la phase d'inflation sur le côté gauche de la formule a été précédée par quelques développements.

MAIS. MAIS. Starobinski écrit :

...

Tout quatre étapes et transitions entre leur, inclus dans cette formule, peut être calculé en théorie et exploré sur existant observateur Les données. Cependant, est-il possible de penser que cette chaîne contient toute l'évolution de notre Univers en passé et avenir? Je suppose Quel non. Comment une fois que vice versa, magnifique qualité analogie entre DS(I) - et étapes DS, expliqué au dessus, suggère nous, Quel cette chaîne
– juste un petit morceau de quelque chose de beaucoup plus grand, peut-être même infini. Regardons la formule de droite à gauche. On voit qu'avant l'étape DS il y a eu une longue et histoire variée. Il est alors naturel de s'attendre à ce que l'étage DS(I) ait également son propre arrière-plan (points de suspension à gauche de la formule). Regardons maintenant de gauche à droite. Il est évident que DS (I) - la scène était instable, l'énergie noire primaire s'est désintégrée en d'autres (y compris y compris ordinaire) types de matière. Pourquoi alors l'énergie noire moderne doit-elle être stable et ne peut pas se transformer en d'autres types de matière à l'avenir (points de suspension à droite de formules) ?

Bien sûr, la durée Étapes DS plusieurs fois supérieur à phase d'inflation parce que les systèmes quantiques avec une énergie totale inférieure sont beaucoup plus stables. Quoi préoccupations pré-inflationniste histoires notre paix, alors majorité contemporain cosmologique des modèles interdire ellipse la gauche de formules et insister sur le occurrence Univers de rien (de rien). Cependant, sur opinion MAIS. MAIS. Starobinsky, il existe d'innombrables autres scénarios dans lesquels DS(I) - la scène est précédée de quelque chose. Il écrit cela avec Ya. B. Zeldovich ils ont formulé le concept opposé de la naissance de l'Univers "de n'importe quoi" (de n'importe quoi), mais, à cause de extrême son extrémisme ne pas considère son en détail. Une mot, tentatives à savoir, Quel précédé phase inflation, ne pas arrêt, et être peut être, nous attendre sur le cette façon Suite beaucoup de intéressant découvertes. Alors ou Par ailleurs, mais monde s'est avéré être incommensurablement Plus fort comment semblait scientifiques Suite n'importe quel trente années retour.

Et qu'en est-il du futur lointain de notre univers ? Quel est l'âge à venir pour nousles trains? Il y a plusieurs réponses à cette question, car la nature physique de l'obscurité l'énergie est toujours un mystère avec sept sceaux. Dans le cas le plus simple, si l'énergie du vide est positif et ne change pas avec le temps, l'univers s'étendra indéfiniment. Le ciel nocturne commencera à se vider petit à petit à mesure que de plus en plus d'objets se déplaceront au-delà l'horizon des événements, et dans 10-20 milliards d'années à la disposition de l'humanité restera notre Galaxie (Laiteux Chemin), voisin nébuleuse Andromède Oui Suite plusieurs galaxies du soi-disant groupe local. Après 10^{14} ans, de nouveaux cesseront de naître étoiles et dans l'univers il n'y aura que des corps qui ne donnent presque pas de lumière - blanc et marron naines, étoiles à neutrons et trous noirs. Mais à la fin toutes les étoiles s'éteindront et mourront,et dans 10^{37} ans dans un espace exorbitant gonflé il sera impossible de trouver autre chose que du noir trous et particules élémentaires. Mais rien n'est éternel. En raison des processus quantiques, le noir des trous après tout rayonner, même si et très tout doucement, un car tôt ou en retard elles ou ils aussi évaporer. ce un événement qui va se passer lorsque âge Univers sera 10^{100} ans et tout univers sera rempli extrêmement clairsemé gaz de écurie particules élémentaires - électrons, trois types de neutrinos et, éventuellement, protons. Paix à nouveau va devenir vide, comment biblique Terre dans tôt a commencé, parce que le distance entre deux particules sera surpasser de loin dimensions contemporain Univers.

Quoi et disons, un spectacle déchirant. Cependant, ce sont toujours des fleurs, parce que il existe des scénarios bien plus catastrophiques pour notre avenir lointain. L'un d'eux spectacles Quel dans monde en général rien ne pas restera. Une entreprise dans le volume, Quel si habituel extension Univers dans formulaire continu croissance son espace ne pas génère aucune force n'agit sur les corps physiques, alors l'énergie noire se comporte complètement Par ailleurs. Accéléré inflation également apparence quelques force, élongation tout objets. Aujourd'hui, sa magnitude est extrêmement faible - 10^{30} fois plus faible que la gravité à la surface Terre. Si l'accélération croît régulièrement de façon exponentielle, alors, en fin de compte, la question se terminera non seulement par la destruction de tous les corps physiques, mais même des particules élémentaires, où toute matière est construite. L'univers se transformera en un néant gonflé, vide en au sens le plus littéral du terme. Ce modèle, appelé le Big Gap repose en paix En anglais), a été suggéré dans 2003 an dans article R R Calwell, M Kamionkovsky et H H Weinberg "Fantôme énergie et espace la fin Sveta". Cependant, tout n'est pas si désespéré : d'autres astrophysiciens, par exemple, Stephen Hawking pense que l'expansion sera tôt ou tard remplacée par la contraction. Pour parler franchement, une telle perspective n'est pas non plus de bon augure pour l'humanité, mais c'est déjà un autre chanson.

Cependant, les années à venir se cachent dans la brume, comme l'a écrit le classique, et donc pas devinons sur le marc de café, mais nous tournerons nos visages vers le passé. Dans le chapitre précédent la théorie des supercordes a été mentionnée, ce qui semble être cohérent mécanique quantique et relativité générale. Il est temps de parler d'elle plus en détail, d'autant plus que les théories des cordes dans diverses versions sont très populaires aujourd'hui et très vive discussion.

Pour début rappelles toi sur quatre les types fondamental interactions - électromagnétique, forte, faible et gravitationnelle, sous le signe de laquelle cetteimparfait monde. Brièvement Laissez-moi vous rappeler à toi, lecteur, Quel électromagnétisme a été exhaustivement décrite par le physicien anglais James Maxwell en 1873. Sinon cette force, construit sur le affrontement deux polaire a commencé (des charges une pancarte se repoussent et les opposés s'attirent), ni les atomes ni les molécules ne pourraient exister. Chimie et la biologie Alors ou Par ailleurs calme toi à électromagnétique interaction. la télé et radio, grâce à qui nous apprendre sur tsunami dans Indonésie, escapades inachevé talibans dans collines Hindou Kush ou Suivant décoller des prix sur le pétrole sur le monde les marchés, aussi obligé leur existence phénomène électromagnétisme.

fort interaction détient protons et neutrons à l'intérieur atomique cœur, contrecarrant les forces de répulsion de Coulomb, et colle également ensemble sous-nucléaire les particules sont des quarks, à partir desquels toute matière est construite. Interaction faible (plus faible qu'elle seulement gravitationnelle) réponses par transformation élémentaire particules dans micromonde et quelques sortes désintégration radioactive.

Pour terminer, gravitationnel interaction (ce plus faible de tout - la répulsion électromagnétique des charges opposées dépasse la force de contraction la gravité dans 1043 fois) oblige corps être attiré ami à ami et Il a seulement une pancarte
– la masse (qu'est-ce que la "masse" et d'où elle vient, personne ne le sait). Mais les forces électromagnétiques fonctionner seulement sur le accusé objets, un la gravité - sur le tout corps sans pour autant exceptions, avoir de la masse. Et puisque les structures macroscopiques sont presque toujours électriquement neutre force monde la gravité acquiert définir rôle dans cosmologique Balance.

transporteurs électromagnétique interactions sommes photons (si plus précisément, virtuel photons), fort - gluons (de Anglais adhésif - "colle", "colle") faible
– Alors appelé lourd vecteur bosons (W+-boson, W-boson et Z0-boson). UN ici la gravité frais dans cette ligne une part, car Quel transporteur gravitationnel interactions - hypothétique gravitons - avant de à présent puisque ne pas découvert. C'est pourquoi gravitationnel champ décrit dans cadre général théories relativité comment incurvé en quatre dimensions espace-temps continuum. Courbure l'espace est déterminé par la présence de masses, et ces masses elles-mêmes, comme déjà mentionné précédemment, ils ne se déplacent pas en ligne droite, mais le long de trajectoires de la plus petite longueur - des lignes géodésiques. Souvenons-nous Facile Exemple. Si un mettre sur le élastique caoutchouc feuille lourd métal Balle, caoutchouc affaissement, formant trou. Si un à présent prendre Balle un peu moins et essayez de le faire rouler devant une boule lourde, soit il roulera dans un renfoncement (il sera attiré à lourd Balle), ou décris à proximité lui quelques courbe Quel sera dépendre de la rapidité poumon Balle et distances entre leur. Comment Suite lester, les sujets plus forte déforme espace. Les autres mots force la gravité est équivalent à pliez espace-temps.

Il reste à ajouter que l'électromagnétisme et la gravité sont à longue portée forces, tandis que les interactions fortes et faibles ne sont efficaces qu'aux petites et ultrapetites distance (10-13– 10-15cm et 10-16– 10-17cm respectivement).

À 1967 an dans la physique élémentaire particules passé important un événement. Américain Étienne Weinberg et Anglais Abdus salam quel que soit ami de ami ont montré que les interactions électromagnétiques et faibles sont de même nature et ont un point commun origine. Séparément, ils n'agissent qu'à des températures relativement basses, et à Température ordre 1015 degrés devenir indiscernable unir dans force électrofaible. Du modèle de Weinberg-Salam, il découlait qu'en plus du photon il y a trois autres particules qui sont porteuses de l'interaction faible, - des bosons vecteurs qui nous sont déjà familiers (« double-ve plus », « double-ve moins » et « z zéro »). À haute niveaux énergie, pertinent Température 1015 degrés Kelvin (un la température, comme on le sait, n'est qu'une mesure de la quantité d'énergie), les particules W-- et Z commencent à se comporte exactement comme un photon sans masse. Ceci est similaire au comportement de la balle lors du jeu.dans roulette. Stephen Hawking écrit :

...

À haute énergies (alors il y a à rapide rotation roues) Balle pistes moi même presque également - sans arrêt tourne. Mais lorsque la roue ralentir énergie Balle diminue et dans fin prend fin il échoue dans une de trente Sept rainures, disponible sur la roue. En d'autres termes, à basse énergie, la boule peut exister dans trente-sept États. Si pour une raison quelconque nous ne pouvions observer la balle que lorsque basses énergies alors considéré aurait, Quel existe trente Sept différent les types des balles!

Dix années plus tard théorique maquette Weinberg - Salama brillamment confirmé expérimentalement : trois types de bosons vecteurs lourds ont été trouvés, et c'est avec les paramètres prédits. Le succès a dépassé toutes les espérances, et aujourd'hui droit compte, Quel importance des modèles Weinberg - Salama, reçu Titre modèle standard, est tout à fait comparable aux réalisations du grand Maxwell, qui combinait dans le sien le temps l'électricité et le magnétisme.

Mais si l'électromagnétisme et les forces faibles sont les deux faces d'une même médaille, alors peut-être que l'interaction forte n'est rien d'autre qu'une sorte de force commune ? Eten effet, le modèle standard prédit qu'à des températures encore plus élevées (à proximité 1028 degrés) devoir se produire une association fort et électrofaible interactions. Photons, gluons et bosons vecteurs commencent à se comporter de manière identique et ils deviennent tous "sur un seul visage", comme les trois hypostases du Créateur - Dieu le père, Dieu le fils et Dieu l'esprit St. transporteur cette universel interactions devoir être mystérieux Particule de Higgs (ou boson X), qui n'a pas encore été détectée expérimentalement. Cependant la physique ne pas perdre espoir, Quel Gros hadronique collisionneur - le plus grand dans monde accélérateur de particules élémentaires construit sur les rives du lac Léman et lancé à l'automne 2007, contribuera à mettre les points sur les i. Par ailleurs, le boson de Higgs notable Suite et ce qui donne tout peser le repos particules.

Donc trois interactions sur quatre – électromagnétique, fort et faible - à certain les conditions fusionner ensemble avant de Achevée indiscernabilité. Tel termes existait dans le tout premier univers, lorsque son âge était estimé à microscopique fractions de seconde. D'abord, l'interaction forte séparée du tronc commun, puis électrofaible, qui, à son tour, à mesure que la température diminuait, se décomposait en faible et électromagnétique. Une théorie qui prétend réunir les trois forces (elle n'a hélas pas encore été construit), appelé théorie du grand les associations.

MAIS comment être Avec la gravité? Logiques suggère Quel à températures ordre 1032 degrés, il doit inévitablement fusionner en une triple union, transformant une trio en un quatuor complet. Le hic, cependant, est que si trois forces dans un quantum mécanique sans pour autant spécial travail unir dans Célibataire force (sur extrême moins purement en théorie), alors la gravité dans cette formule ne pas grimpe, obstinément ne pas vouloir succomber quantification. Elle continue d'être la sellette d'attelage dans le chariot, et en essayant de combiner approche quantique avec la théorie de la relativité générale de toutes les fissures commence immédiatement ramper ridicule infini. Alors Quel épithète "génial" en ce qui concerne à théories l'unification de trois forces pèche avec un certain étirement : presser la gravité dans le lit de Procuste hypothétique unifié superpuissances certainement pas ne pas réussit.

Entre les sujets façon, en permettant cohérent cravate la gravité Avec l'électromagnétisme, a été proposé Suite dans tôt du passé siècle (sur deux les autres interactions - fortes et faibles - à ce moment-là, ils ne savaient rien). En 1919, le mathématicien Théodore Kaluza a écrit Einstein lettre, dans qui détail décrit ma idée unification des forces électromagnétiques et gravitationnelles. Comme vous le savez, la théorie d'Einstein formulé dans cadre représentation sur en quatre dimensions espace-temps (Trois spatial des mesures un plus une temporaire). Kaluza proposé Entrer Additionnel spatial la mesure et construit maquette cinq dimensions espace-temps (quatre dimensions spatiales plus un temps), et a pu montrer que son modèle à cinq dimensions est identique au modèle à quatre dimensions d'Einstein un plus électromagnétisme. Les autres mots dans théories Kalutsy cinquième la mesure espace
"répondu" par électromagnétisme : il prouvé Quel introduction Additionnel

spatial des mesures équivalent à introduction électromagnétisme.

Selon Einstein, la gravité, rappelons-le, est une manifestation de la métrique à quatre dimensions espace-temps, un Kaluza trouvé non quantique, géométrique la solution pour électromagnétisme. Il découle de sa théorie que la gravité dans le monde à cinq dimensions est une, et dans en quatre dimensions espace-temps Einstein elle est parle dans formulaire deux les forces - la gravité et électromagnétique.

Le modèle de Kaluza était parfait d'un point de vue mathématique, mais contenait incohérence importante. Il n'a pas expliqué pourquoi la cinquième dimension de l'espace ne se manifeste en aucune façon dans notre monde réel à quatre dimensions. Nous essaierons d'éliminer cette l'espace, en utilisant à une simple analogie.

Tout cordon, corde ou tuyau est, sans aucun doute, un corps en trois dimensions - cylindre. Si un nous On le fera envisager tel cylindre Avec suffisant gros distance, alors sa longueur viendra au premier plan, puisque les deux autres les mesures (hauteur et largeur) lui sont bien inférieures en taille. Regarde l'humain cheveux ou fil de toile : ce sont exactement les mêmes cylindres qu'une grosse corde, mais deux les mesures dues à leur petitesse ne sont pratiquement pas perçues par nous. Toile d'araignée ou cheveux ressembler à une ligne unidimensionnelle.

Il est tout à fait possible que l'espace de notre Univers soit organisé de la même façon : trois spatial des mesures étiré avant de cosmologique échelle, un Quatrième si peu que "attrapé" même avec l'aide du laboratoire le plus sensible technique, sans parler de le voir à l'œil nu. Nous ne pouvons pas voir la quatrième dimension de l'espace de notre Univers pour exactement la même raison que pas dans pouvoir voir Additionnel des mesures le plus fin fils. Mais rester fondamentalement inobservable, il se manifeste néanmoins à grande échelle comme une force électromagnétisme.

Idées Kalutsy étaient développé dans 20s années du passé siècle suédois mathématicien oscar Klein et a obtenu Titre théories Kalutsy - Klein. Long temps elles ou ils se sont présentés spéculatif spéculation ne pas ayant rapports à réel monde physique, mais ces jours-ci sont devenus très populaires. Le fait est que si électromagnétisme peut être être expliqué impliquant Additionnel des mesures l'espace, alors est-il possible de faire la même chose avec d'autres types de universel interactions - fortes et faibles ? Peut-être sont-ils également liés à des éléments cachés dimensions au-delà de notre perception. Puis l'image de l'univers immédiatement simplifie, acquérant un aspect élancé et fini. Appelons ces compacts cachés mesures en *interne* l'espace, et les trois grandes dimensions - *l'espace extra-atmosphérique*. Si un structure externe espace déterminé les forces la gravité, alors la forme interne espace sera lié Avec Trois les autres interactions - faible, puissant et électromagnétique. Il est clair qu'une telle description unique de toutes les forces de la nature sur Langue la géométrie apparaît très attrayant.

Cependant, il faut d'abord répondre à deux questions très sérieuses. Première question : comment l'espace intérieur est agencé, à quoi ressemble-t-il à y regarder de plus près ? Question deuxièmement : si l'Univers est multidimensionnel, alors pourquoi n'y a-t-il que trois dimensions spatiales ? gonflé à cosmologique échelle?

Découvrons-le sur ordre. Premièrement, interne espace devoir être très petit. Par tout probabilité, le sien la taille mensonges dans domaines Planck longueurs (à proximité 10^{-33}cm). Deuxièmement, malgré sa petitesse, il ne devrait pas y avoir de frontières. Autrement cas, les particules élémentaires, ayant atteint le bord, se comporteraient exactement de la même manière que les billes sur dessus de table : ils rouleraient vers le bas. Ainsi, l'espace intérieur être simultanément et compact, et enroulé, alors il y a fermé soi sur le moi même. Pour terminer, rappelles toi sur le volume, Quel courbure espace (dans donné Cas parole se rend sur externe l'espace) est étroitement lié à la gravité. Si l'espace intérieur C'était aussi tordu, c'est causé aurait Additionnel gravitationnel effets. MAIS parce que le nous leur ne pas on observe restes supposer Quel interne espace en plus, il doit être plat. Mais est-il possible d'imaginer un chiffre qui dans même être enroulé et à plat?

Pour comprendre ce chacha, tournons-nous vers une analogie à deux dimensions. Laissons un exemple appartement espace sera ordinaire papier feuille. À malheureusement lui il y a quatre les bords, un notre une tâche dans le volume et consiste, à de ces bords se débarrasser de. cercueil s'ouvre simplement. Si vous roulez la feuille dans un tube, il ne reste que deux faces ouvertes. sur le opposé prend fin formé cylindre. En se connectant leur découper dans découper, nous nous obtenons une figure ressemblant à un bagel ou un beignet. En géométrie, une telle figure s'appelle torus. Topologie - chapitre mathématiques, en train d'étudier plus général Propriétés géométrique Les figures - réclamations Quel à similaire gentil continu transformations que nous vient de faire, la surface de la feuille de papier reste appartement. Et bien que sur la première vue au tore Avec papier feuille général du tout un peu, surface beignet - bien Exemple plat final espace.

Entre autres choses, le modèle du beignet donne une bonne idée de pourquoi des dimensions supplémentaires de l'espace nous sont cachées, non observables en principe. À Le tore a deux diamètres. Le premier diamètre est "grand", c'est le diamètre du cercle, qui s'est formé lorsque nous avons transformé un tube de papier droit en un anneau fermé. Diamètre chambre deux beaucoup de moins - c'est, simplement en disant épaisseur tubes. Supposer Quel gros diamètre Il a astronomique dimensions et est 1030cm, dans alors temps commentpetit diamètre ne dépasse pas 10-30cm. Puis une créature hypothétique de taille moyenne, logement sur le surfaces tore, volonté avoir l'air de le sien le monde est unidimensionnel.

Nous avons donc répondu à la question de savoir comment l'espace intérieur peut être simultanément appartement et plié. Restes déterminer Avec privilégié la position des trois grandes dimensions. Pourquoi seulement trois coordonnées spatiales notre paix gonflé comment sur le Levure, un tout les autres séjourné ratatiné petits? En d'autres termes, pourquoi le Grand Univers est-il tridimensionnel et non bidimensionnel ? ou, dirons-nous à quatre dimensions ?

Souvenons-nous scénario chaotique inflation André Linde, sur qui marché parole dans précédent chapitre. À visuellement démontrer inégal personnage inflation dans différent domaines (ou zones) univers, nous alors profita analogie avec un film plastique, brisé en une sorte de damier, chacun de qui a la taille de Planck. Ces champs se comportent purement individuellement. Dans certaines l'inflation s'arrête assez rapidement, dans d'autres elle continue indéfiniment, et d'autres encore s'effondrent instantanément, ayant à peine le temps de naître. film plastique peut être étiré comme vous le souhaitez et dans n'importe quelle direction, de sorte que nous obtenons trousse élémentaire cellules Différentes tailles et formes.

Il en est de même avec la prédominance des trois dimensions. Un damier dans notre modèle peut être étiré uniformément, et après la fin de l'inflation, il sera toujours reste un avion, seulement plus grand. Et l'autre peut être transformé en le plus mince un fil dont la longueur dépassera sa largeur d'un nombre astronomique de fois. Fourmi, rampant sur un tel fil, considérera à juste titre que son monde n'a qu'un seul spatial la mesure - longueur, parce que le largeur appliqué pratiquement dans zéro.

À scénarios chaotique inflation notre réel physique Univers est une petite partie d'un immense tout - le Mega- ou Metaverse (dans la littérature anglaise le terme multivers est utilisé par analogie avec l'univers - "univers"). "Là, au-delà de la rivière," bien au-delà de l'horizon des événements, il existe d'autres mondes avec un nombre différent d'espaces mesures déployées à des échelles cosmologiques. Ils n'ont rien à voir avec notre univers, et même le temps dans ces autres univers n'ont pas besoin d'être en corrélation avec le nôtre. Parlant chiffon Langue stricte la science, nous Avec tu nous vivons à l'intérieur une zone causalement liée, une fois pour toutes clôturée des autres domaines régis par Balle du tout autre physique lois. Nous simplement chanceux: si aurait Numéro "gros" mesures était de deux ou quatre, pour s'intéresser à la structure de l'univers, plus probablement Total, est devenu aurait simplement personne. Par heureux chance nous étaient nés dans monde, permettant la formation de structures complexes; plus précisément, ce n'est que dans un tel monde que nous pourrait naître, car des univers avec d'autres valeurs de constantes fondamentales sont élaborés ne pas à propos de nous - rappelles toi sur bijoux sur le chantier initial paramètres.

Alors proche intérêt à théories Kalutsy - Klein et problème enroulé (compactées, comme disent les physiciens) les mesures ne sont en aucun cas un caprice et non un jeu de perles, car elles sont plus directement liées aux modèles de cordes. À température d'environ 1032 degrés, les quatre interactions - électromagnétique, faible, forte et gravitationnelle - doit fusionner en une seule superpuissance universelle. Cependant traditionnel performance sur élémentaire particules comment sur indiquer objets ne pas permet cohérent cravate général la théorie relativité Avec quantum mécanique. En 1984, les physiciens Michael Green du Queen Mary College de Londres et John Schwartz de californien technologique Institut montré Quel problème facilement est résolu si le monde des particules élémentaires est représenté non pas sous la forme de minuscules sphères, mais sous la forme des objets étendus, une sorte de threads, ou des chaînes (strings), ayant des propriétés élastiques. Certes, pour la première fois, ils ont commencé à parler de cordes à la fin des années 60 du siècle dernier, mais jusqu'en 1984 cordes des modèles resté Candide exotique, ne pas Suite comment génial Jeu dérange.

Si un extensible élastique caoutchouc ruban, tension à l'intérieur son tranchant augmentera. Mais il suffit de le lâcher, car les forces élastiques reviendront instantanément sur la bande forme originale. Quelque chose de similaire se produit avec la chaîne. Alors que la température baisse la tension de la corde augmente, et lorsque la température descend sensiblement en dessous de 1032 degrés, il se rétrécit immédiatement en un point. C'est pourquoi les particules élémentaires que nous observés aujourd'hui se comportent comme des objets ponctuels. Cependant, en réalité, les fondamentaux univers mentir invisible cordes, élastique personnage qui implique Quel elles ou ils peut vibrer comme une corde de guitare. Ainsi, toutes les particules élémentaires sont les quarks, électrons, protons - essence ne pas Quel autre comment vibration ces minuscule cordes, dont la taille longitudinale est comparable à la longueur de Planck (10-33cm). Plus la longueur est courte vagues, les sujets au dessus son énergie. MAIS parce que le énergie est équivalent à Masse (rappelles toi célèbre formule d'Einstein $E = mc2$), alors on peut facilement comparer la longueur vagues et son énergie Avec Masse. C'est pourquoi fluctuation cordes Avec divers la fréquence peut interprétés comme des particules différentes. Cette approche peu orthodoxe est étonnante. qui permet de considérer toutes les particules élémentaires sous la forme d'une seule et même objet fondamental - chaînes. Une autre caractéristique intéressante des théories des cordes est que l'interaction entre les particules est expliquée de façon élégante et naturelle s'effondrer cordes sur les pièces ou lien individuel son fragments.

Alors, tout célèbre nous briques univers boîte assimiler des sons naissant des vibrations d'une corde de guitare, puis l'univers se transformera en un grandiose une symphonie émergeant majestueusement du Rien invisible. Inutile de dire qu'impressionnant et passionnant esprit La peinture, premier sur le Mémoire la première opus Frédéric Nietzsche -
"Naissance la tragédie de esprit musique." À supports Remarque Quel cordes théories plus souvent appelée théorie des supercordes parce qu'elles ont une soi-disant supersymétrie, unificateur particules Avec ensemble retour (par exemple, photons) et à moitié entier retour (par exemple, électrons) dans Célibataire diagramme, mais nous sommes dans ces physique jungle ne pas monter.

Le problème est que les cordes mentionnées refusent obstinément de sonner en l'espace de trois dimensions, et donc la théorie des supercordes est valable au moins dans le monde à dix dimensions (un temps et neuf dimensions spatiales, dont six recroquevillés et cachés à l'observateur en raison de leur taille microscopique). Comme vous le savez, la guitare chaîne de caractères adapter fluctuation seulement Avec quelques assez certain longueur vagues, car Quel son prend fin dur fixé. Supercordes aussi hésiter ne pas de toute façon comment, parce que le limité interne espace - six caché des mesures fermé sur le moi même. C'est pourquoi longueur vagues, permis sur le chaîne de caractères, déterminé structure et dimensions de l'espace intérieur. Ainsi, la structure de l'intérieur espace pièces premier rôle dans Caractéristiques ceux force, qui nous on observe.

circonstancié une analyse cordes théories (un leur sur le d'aujourd'hui journée proposé beaucoup) ne fait pas partie de nos tâches. Nous remarquons seulement que, disons, le soi-disant La théorie M, qui succède directement à diverses théories des supercordes et est très populaire, impose Additionnel restrictions sur le Numéro spatial des mesures. Ce modèle, construit en 1995 par un professeur de l'université de Princeton Edward Whitten, dépourvu de contradictions évidentes, apparemment uniquement dans l'espace 11 ou 26 mesures. Cependant, la théorie des supercordes a non seulement de fervents admirateurs, mais aussides opposants non moins farouches, qui croient à juste titre que l'idée de notre multidimensionnalité L'univers doit s'expliquer par les graves difficultés de ce modèle. Autre son un inconvénient non négligeable (malgré la masse d'avantages qu'ils ne se lassent pas de rappeler apologistes cordes) est impossibilité expérimental chèques (sur extrême moinsdans un avenir prévisible). Et en général, franchement, la théorie des supercordes est encore très et est loin d'être complet. Certes, de nombreux physiciens ne perdent pas espoir que la corde une approche tôt ou en retard permettra construire universel la théorie, qui reçu appel la théorie Total (En anglais - la théorie de tout, abrégé DOIGT DE PIED).

imaginaire temps Étienne Colportage

Non, pas la lune, mais un cadran lumineuxbrille moi et comment c'est de ma faute,
Quelles étoiles faibles est-ce que je ressens laiteux ? Et l'arrogance de Batyushkov me dégoûte ; Lequel à heure? le sien demandé ici
MAIS il a répondu curieux: éternité.

Ossip Tige d'amande

Ainsi, les théories des cordes de divers types prétendent être une unification cohérente quantum mécanique Avec général la théorie relativité et Comme aurait Autoriser toujours et à jamais se débarrasser des singularités gênantes avec leurs infinités inconfortables. Cependant, nous déjà eu la chance de s'assurer que, malgré les avantages indiscutables, la théorie des supercordes franchement glisse, lorsque essayer dur aplatir tout multicolore paix à le seul et unique fondamental entités - élastique unidimensionnel chaîne de caractères, perdu dans l'espace multidimensionnel. Par conséquent, de nombreux experts tentent de trouver d'autres options pour contourner la singularité, offrant leurs propres scénarios d'évolution univers, ne pas en relation Avec déroutant géométrie. Gol sur le fiction ruse, et alternative structures proposé génial beaucoup de, mais maquette exceptionnel Le physicien théoricien britannique Stephen Hawking, qui privilégie le concept d'imaginaire temps, mérite, à mon avis, une discussion séparée. Cependant, avant de parler de imaginaire temps nécessaire correctement déterminer avec le temps ordinaire.

Le temps est généralement une catégorie mystérieuse. Depuis des temps immémoriaux, les gens se sont intéressés à la question de savoir ce que c'est. représente près - une loi immuable régissant le mouvement des mondes, ou quelques psychologique kunstuk, à travers qui notre conscience arrange couler entrant de dehors sensations ?

Plus récemment, il y a un peu plus de 100 ans, même les grands scientifiques ne doutaient pas dans absolu temps. cadrans, dispersé sur sans bornes univers, partout montré la même heure. L'univers a été dessiné sous la forme d'une boîte vide sans dimension, où majestueusement encerclant planètes et étoiles, obéir sans relâche lois céleste mécanique. Synchronisez des horloges dispersées au hasard dans les ruelles de ce géant bulle, c'était plus facile à la vapeur navets - cracher et moudre.

La théorie relativité ne pas la gauche de ces naïf représentations de pierre sur la pierre et aujourd'hui nous nous savons Quel monde arrangé beaucoup de Plus difficile. Idée absolu temps (comment, cependant, et absolu espace) commandé pendant longtemps Direct. Regardez deux observateurs, situés dans des systèmes de référence différents n'ont pas à correspondre. Aujourd'hui l'espace et temps ne pas envisager isolé, un unir dans universel en quatre dimensions le continuum "espace-temps", lui-même indissociable des corps matériels, remplissage l'univers. Si un quelques miraculeux façon extrait de univers tout remplissage le sien des choses, tout question avant de dernier particule, alors espace et temps cessera automatiquement d'exister. Cependant, les gens intelligents l'ont compris. et avant de. tome déjà devait Devis Christian philosophe Béni Augustin, qui a dit que le monde n'a pas été créé dans le temps, mais avec le temps. À le sien "Aveux" il a écrit:

...

Si un même avant de ciel et terrain ne pas C'était temps alors Pourquoi demander, Quel Tu a faitalors. Lorsque ne pas il n'y avait pas de temps était et alors.

australien physicien théoricien Sol Davis dans livre "Ô temps" collecté riche une collection d'aphorismes sur la nature de cette substance mystérieuse - parfois ernicheskie, parfois franchement ridicule, et parfois exceptionnellement profond. Citons quelques de leur.

...

Mystique XVI siècle Ange Silesius : "Temps établi tu Par nous-même, c'est Regardez dans tontête. À ce moment lorsque tu arrêt réfléchir aussi effondrement morte."

...

L'ancien poète romain Titus Lucretius Kar: "Et de la même manière, le temps ne peut pas exister soi sur toi-même mais seulement de mouvements de choses on a nous sensation temps. Personne, nous l'admettons, ne sent pas le temps en soi, mais ne connaît le temps que par le mouvement de tout autres choses."

...

Évêque James Huissier (1611 an): "Commencer temps tombé dans nuit le jour d'avant 23 Octobre 4004 avant la nouvelle ère.

...

Une inscription sur le mur toilette: "Temps - c'est simplement une difficulté par une autre".

...

Christian auteur Agathon : "Même Dieu ne pas peut être monnaie passé".

...

George rouleur, physicien: "Temps - c'est façon, qui la nature ne pas donne toutprend place tout de suite".

...

se retirer, aussi physicien: "Temps - c'est intermédiaire entre possible et réalisé."

Davis pouvait également se souvenir de l'inégalé Lewis Carroll. Quand Alice a une tassethé a dit, Quel aime pas mal dépenser temps, fou Chapeau avec indignation a crié:
« Regardez ce que vous voulez ! Si vous connaissiez le vieil homme Time comme je le connais, vous ne le sauriez même pas. bégayé. Ce n'est pas dépenser! Pas sur le attaqué comme ça !"

Enfin, Ostap Bender, que Davis ne connaît probablement pas : « Le temps que nous avons c'est argent, qui à nous Non".

Cependant, blague à part. Le temps, si vous y regardez de près, s'avère être dans concept éminemment inintelligible. Pourquoi nous souvenons-nous du passé, mais ne nous souvenons-nous pas avenir? Pourquoi, on se demande, dans l'espace, vous pouvez vous déplacer dans n'importe quel endroit désiré direction, le long tout le monde Trois le sien axes ou coordonnées alors comment est le temps fondamentalement unidimensionnel et toujours écoulement de du passé dans avenir? Existe même concept "flèches temps", et reçu allouer Trois son constituants - thermodynamique, flèche cosmologique et psychologique. Étonnamment, ils sont tous destinés à un côté. Pour l'homme de la rue, ces questions peuvent sembler futiles et sans sens, parce que notre implication inconditionnelle dans le cours des événements lui semble être quelque chose pris pour acquis. Pendant ce temps, le mystère de la "flèche du temps" est l'un des plus difficiles, et final réponse sur le question, Pourquoi temps écoulement dans une assez certain direction, ne pas géré trouver au revoir Suite personne.

Le problème est aggravé par le fait que les lois de la science ne distinguent pas le passé du futur. Si un parler Suite strictement, elles ou ils ne pas changent dans résultat infractions Alors appelé Symétries CPT. La lettre C désigne le remplacement d'une particule par une antiparticule, la lettre P désigne un miroir réflexion, lorsque la gauche et la droite sont inversées, et la lettre T - un changement de direction mouvements tout particules sur le inverse, alors il y a tour temps retour. Autre mots les processus physiques qui se déroulent dans notre Univers, ne changera pas d'un iota si inverser les paramètres C, P et T. Par contre, si les lois de la science sont si sont indifférents même à la triple combinaison des opérations C, P et T, nous sommes fondés à supposer que de la même manière, ils ne doivent pas changer lors de l'exécution d'une seule opération T. Cependant Tout à fait évidemment, Quel entre mouvement vers l'avant et retour dans temps mensonges distance énorme Taille. porcelaine une tasse, être tombé co table sur le pierre sol, est voué à se briser, et personne n'a encore vu l'inverse séquence d'événements lorsque les fragments sont réunis, et la coupe entière à nouveau saute sur le table. Similaire comportement dicté deuxième début thermodynamique, qui dit que dans tout système fermé, le désordre (ou l'entropie, ce qui revient au même) augmente toujours avec le temps. En un sens, ce meilleur des mondes est soumis à célèbre droit murphy, selon à qui sandwich toujours des chutes peinture à l'huile descente. Lecteur gravitant à scientifique gravité, boîte suggérer plusieurs autre formulation de cette loi comique : de deux événements également probables se produit toujours plus désagréable.

Ainsi, la loi de l'entropie non décroissante, ou l'augmentation du désordre dans le temps, sous-tend la flèche thermodynamique. La flèche cosmologique reflète l'expansion univers, un psychologique définit notre subjectif sensation temps. MAIS parce que le elle est donné thermodynamique La Flèche et subalterne son, nous rappelles toi événements dans le même ordre que l'entropie croît. C'est pourquoi nous nous souvenons du passé, et ne pas avenir.

Initialement, à moment Gros explosion, Univers séjourné dans très ordonné Etat, mais sur mesure Aller comment ère modifié ère, un monde structure générée après structure sous forme d'étoiles, de planètes et de galaxies, entropie constante grandi. À première vue, nous sommes confrontés à une certaine contradiction, puisque l'évolution Univers en général et évolution BIO paix dans particulier (ne pas Parlant déjà surdevenir raison sur le planète Terre), semblait aurait, ne pas Je suis d'accord Avec augmenter désordre. Après tout, la vie s'est développée du simple au complexe et a finalement produit lumière étonnante et parfait mécanisme - homéostat deuxième gentil, Quel est cerveau humain. Presque personne ne prétendrait qu'une personne est beaucoup plus compliquée bactéries. Tem ne pas moins c'est contradiction imaginaire, pour local l'ordre assurément accompagné croissance entropie. Étienne colportage illustré c'est circonstance très clairement. Il écrit à "Bref histoires temps":

...

Si vous mémorisez chaque mot de ce livre, votre mémoire recevra environ deux million unités informations et ordre dans ton tête monter sur sur le deux million unités. Mais au revoir tu lis cette livre, sur extrême mesure mille calories ordonné énergie, qui tu a obtenu dans formulaire aliments, tourné dans énergie désordonnée que vous avez transférée dans l'air autour de vous sous forme de chaleur pour convection et transpiration. Le désordre dans l'univers augmentera d'environ vingt million million million million unités, Quel dans Dix million millions de millions de fois l'augmentation indiquée de l'ordre dans votre cerveau - et cela se produire seulement dans le volume Cas, si tu rappelles toi tout de mon livre.

Alors le chemin notre subjectif sensation temps - le sien sans relâche psychologique La Flèche - donné La Flèche thermodynamique, et deuxième Commencer la thermodynamique dans une telle formulation de la question devient presque triviale. Désordre croît avec le temps parce que nous mesurons le temps dans le sens où il croît désordre. Logiques assez impeccable. Restes seulement déterminer, Pourquoi et les flèches cosmologique et thermodynamique pointent également dans la même direction. cercueil s'ouvre simplement. Si un Univers sera développer suffisant pendant longtemps, alors à pour que moment où l'expansion est remplacée par la contraction, toutes les étoiles s'éteindront en toute sécurité, et les particules tomber en morceaux sur le élémentaire briques. Les autres mots Univers sera dans extrêmement désordonné condition. Mais pour évolution BIO paix et existence raisonnable la vie nécessaire comment nous rappelles toi fort thermodynamique La Flèche, car que tous les êtres vivants consomment de la nourriture, qui agit comme un transporteur d'une forme ordonnée énergie. La vie le traduit sous une forme désordonnée, transformant l'énergie des aliments en chaleur. Ainsi, au stade de la compression, l'existence de structures complexes est impossible, car le monde est différent désordre extrême et ne pas contient nécessaire construction Matériel. De plus, pendant la phase de compression, la température et la pression augmenteront régulièrement, de sorte que n'importe quel BIO inévitablement mourra dans flammes du feu du monde.

Justice pour l'amour de devrait Marquer, Quel quelques scientifiques envisager nouveau née univers comment extrêmement désordonné structure. Disons célèbre Belge physicien russe origine Il y a Belle croit Quel histoire Univers Avec moment Gros explosion il y a ne pas Quel autre comment traiter complication évolutive de certains "atome primaire", qui était son élémentaire état chaotiquement homogène. Et observable et absolument incontestable les processus de dégradation thermodynamique de notre monde sont de nature purement locale et ni dans moindre diplôme ne pas affecter sur le destin Univers. Par Prigoginé processus

auto-organisation sera Continuez illimité pendant longtemps, au revoir dans fin prend fin ne pas va triompher au dessus les forces universel pourriture. Cependant majorité physiciens Avec Prigogine est fortement en désaccord et considère l'état initial de l'Univers comme un exemple de structure hautement ordonnée. D'une manière ou d'une autre, mais la question de la flèche du temps est encore très loin de la résolution finale. Et toi, le lecteur, si tu veux comprendre problème Suite à fond, je recommande fascinant livre Étienne Colportage
"Bref histoire temps."

Revenons à option contourne singularité, proposé Colportage. fonctionnement un peu en avance, je constate que son script est bourré de mathématiques déroutantes et donc très pas facile pour populaire présentation. Même à spécialistes, chien mangé sur le divers modèles de l'univers, abandonnent parfois lorsqu'ils essaient de comprendre constructions Britanique théoricien. Par exemple, célèbre domestique physicien JE. MAIS. Smorodinsky franchement écrit, Quel passera Suite pas mal temps au revoir séduisant et prometteur L'idée de Hawking deviendra n'importe compréhensible.

Le modèle standard de l'univers, chargé d'une singularité, peut être graphiquement représenter dans formulaire inversé cône, livré sur le indiquer. vertical axe sur leun tel diagramme dénotera le temps, et deux horizontales mutuellement perpendiculaires - l'espace de notre monde. Le sommet du cône correspond au point "zéro", le moment de la naissance univers « à partir de rien ». Il est facile de voir que le facteur d'échelle, c'est-à-dire la taille de l'univers, aussi était égal à dans alors temps zéro. DE couler temps diamètre cercles en continu croît à mesure que l'univers s'étend. Ainsi, notre cône inversé peut être introduire comment trousse tranches divers diamètre, chaque de qui correspond un moment très précis dans le temps. Plus on remonte dans le temps (de haut en bas vertical axes), les sujets moins la taille univers, au revoir dans Haut cônes (alors il y a dans singularités) il finalement ne pas tournera dans zéro. Alors, avant de nous le sien gentil conique pain pain, composé de individuel tranches en pain.

Cependant, la singularité, comme on s'en souvient, n'est pas seulement un point sans dimension, mais petit le volume, mensonge dans domaines Planck longueurs (10^{-33} centimètres). Laissez-moi vous rappeler Quel fluctuations quantiques, que nous négligeons facilement dans "grand" monde, devenu très significatif à des échelles de l'ordre de 10^{-33} centimètres. Longueur de Planck d'un faisceau lumineux des croix par 10^{-43} secondes, Par conséquent, nous Boîte envisager cette évaluer comment une sorte de "quantum de temps". Ainsi, mère nature elle-même a misé sur notre chemins de fronde qui interdisent des mesures précises. L'ordre des choses établi dans la structure originelle du monde, s'avère plus forte que nos désirs. Mais dès que l'espace et le temps ne peut pas être physiquement mesuré en dessous de la limite de Planck, il n'est pas clair si similaire quantités pourtant n'importe quel physique sens. Si un sur le Haut cônes parler d'espace n'a pas de sens, alors c'est exactement la même chose pour temps à début a commencé.

Revenons à notre graphique en cône, où temps en mouvement verticalement en haut, un espace se déroule horizontalement et décrit cercle Avec portable diamètre. À de Planck limite, là, où se déchaîner quantum fluctuation l'espace et le temps perdent enfin tout sens physique, et nous n'avons plus raison de dire que le temps rampe et que l'espace s'étire horizontalement. Temps dans un tel modèle perd complètement sa spécificité inhérente, et il n'est plus possible de le distinguer d'autres dimensions spatiales. En d'autres termes, lorsque la taille de l'univers était moins de Planck limite, temps dans notre habituel soumission ne pas existait. À foncé, comment connu tout chats soufre, c'est pourquoi temps dans domaines Planck longueurs devient pleinement équivalent spatial des mesures, formant ensemble Avec leur en quatre dimensions sphère. Et seulement lorsque Univers enjambé Planckien limite et est devenu irrésistiblement grandir, quantum fluctuation perdu le sien fondamental sens, un espace et temps trouvé divers Propriétés.

Hawking a suggéré que l'univers au début du commencement était aussi simple que c'est possible. Mais quoi de plus simple qu'une sphère ? Par conséquent, nous décidons de manière décisive et irrévocable jeter le sommet dans notre modèle de cône inversé et le remplacer par le bord inférieur bol rond ou sphère. Du point de vue du théoricien britannique, l'espace-temps est inférieur Planckien longueur rappelle sphère, et Univers, alors le chemin ne pas Il a non début, dans le volume sens, qu'elle ne pas Il a bords ou bordures.

Pour visibilité tournons à bidimensionnel analogies. voir sur le ordinaire école le globe, cette imparfait maquette terrestre Balle, et Imaginer toi-même sur le moment où son Pôle Sud sera le point de naissance de l'Univers. Tout comme de d'une pierre jetée à l'eau, des cercles divergent sur le miroir de l'étang, ainsi et du point conditionnel, chronométré dans ce cas au Pôle Sud de notre petite boule, l'Univers départs en toute confiance développer. À cette distance de cercles à cercles, tracé le long du méridien reflétera la croissance de l'univers au fil du temps. Dégager, Quel chaque subséquent un cercle sera Suite précédent, au revoir gonflement paix ne pas atteindra équateur. DE cette moment cercles début une fois que par immediatement diminuer dans diamètre et finissent par s'annuler à la pointe du pôle Nord. Et bien qu'en un tel modèle, l'Univers acquiert automatiquement des dimensions nulles aux deux pôles, environ maladroit singularités boîte sans encombre Oubliez. Parce que le tout points sur le surfaces sphères Tout à fait égal et rien ne pas différent ami de ami, à univers croissant dans le scénario de Stephen Hawking manque un certain point spécial (c'est-à-dire singularité) dans laquelle toutes les lois physiques standard seraient violées. Atteindre maximum sur le équateur, latitudinale cercles début tout de suite même talon au revoir ne pas converger vers un point au pôle Nord. Et bien que la taille de l'univers soit nulle aux pôles, ces points (assez, cependant, conditionnel) sera singulier seulement sur définition, comment Du sud et Nord poteaux sur le surfaces terrestre Balle. Lois la physique sera être exécuté dans leur Avec tel même décontracté faciliter, comment elles ou ils effectué sur le Du sudet Nord poteaux planètes Terre.

À malheureusement alors gracieux et lisse la description histoires notre paix a besoin présentations imaginaire temps. Et même si expression "imaginaire temps" des sons, être peut être, quelque peu sauvage, il s'agit néanmoins d'un concept scientifique rigoureux. Si multiplier n'importe quel nombre ordinaire (ou réel) sur lui-même, nous obtiendrons un résultat intelligible nombre positif. (Disons que deux fois deux égalent quatre, et exactement le même on obtient la même chose en multipliant -2 par -2.) Cependant, il existe une classe spéciale de nombres (leur reçu appel imaginaire), qui à multiplication sur le moi même donner négatif Taille. Par exemple, l'unité imaginaire (généralement désignée par la lettre "i") lorsqu'elle est multipliée par moins 1 se donne. Parfois, il est décrit comme la racine carrée de moins un. Dans un tel monde conditionnel limite avec la catégorie de temps dans le domaine des longueurs de Planck métamorphoses étonnantes : il perd à jamais ses propriétés originelles durée et départs rappeler étendu spatial des mesures. À au crépuscule, les objets perdent leur visage, se ressemblant jusqu'à Achevée indiscernabilité.

Et ce n'est qu'à mesure que le facteur d'échelle augmente que le temps imaginaire de Stephen Hawking acquiert ma originalité. Ce comment aurait est né sur le lisse place, imperceptiblement naviguer deespace et se secouer vous-même une guirlande inutile sa longueur.

À première vue, le scénario de Hawking peut sembler un calcul mathématique frivole amusement. Ses calculs déroutants rappellent la célèbre parabole du tailleur fou, qui coud toutes sortes de vêtements, sans se soucier le moins du monde à qui ils pourraient aller adapter. L'entrepôt de produits finis a longtemps été jonché d'une variété de chiffons qui peut être montez à qui peu importe - poulpe, centaure, Licorne ou seiche. Il professe une approche complètement fonctionnelle : chacun des vêtements est parfait lui-même par soi-même, mais un vrai sujet qui pourrait tirer un ou différent bizarre tenue, sur le horizon ne pas vu. fou tailleur en relation Avec installation de mathématicien sur la cohérence interne : le costume peut être n'importe quoiridicule, mais s'il est adapté en pleine conformité avec les règles de coupe et de couture, alors déjà la plupart a le droit d'exister. Qui peut vraiment en profiter courbé sweat à capuche, pas de rôle pièces.

Ils disent Quel une fois que exceptionnel russe mathématicien P L Tchebychev énoncée à lis aux parisiens conférence sur mathématique théories construction vêtements. Le quorum était grand. Les meilleurs coupeurs sont venus écouter la célébrité mondiale, créateurs de mode et législateurs Maude. Retenir haleine et Dressé plumes, ouvriers aiguilles découvert leur des cahiers et Remarques livres. Tchebychev commencé de loin.

– Messieurs, dit-il, supposons pour simplifier que le corps humain a la forme Balle.

Repos les mots il convenu dans vide Salle.

blagues blagues, mais les mathématiques aussi pas bâtard cousu. A la théorie Stephen Hawking spécialistes relater assez Sérieusement, même si et comprendre son Avec cinquième sur le dixième. ingénieux le Britannique estime qu'en réalité le monde vit selon les lois de l'imaginaire temps un Alors appelé réel temps - Total seulement fiction, apparence, un papillon d'un jour voletant à la surface d'immobiles lourds et imperturbables l'eau. Selon sa profonde conviction, le temps réel compté par nos chronomètres, en alentours Planck quantités se transforme dans temps imaginaire, et alors inconfortablesingularités peut être facilement barrée de histoires notre Univers. Réel temps, avec laquelle nous avons l'habitude de traiter, s'avère être une tournure psychologique, à l'aise notion, fantôme invention notre psyché, un sur le fond univers la chose en soi, temps imaginaire, repose indifféremment. Cependant, donnons-nous la parole. Colportage.

...

Peut-être faut-il en conclure que le temps dit imaginaire - c'est en marche en fait, le temps est réel, et ce que nous appelons le temps réel n'est que le fruit de notre imagination. En temps réel, l'Univers a un début et une fin correspondant à singularités qui forment la limite de l'espace-temps et dans lesquelles les lois de la science. À imaginaire même temps non non singularités, ni les frontières. Alors quoi être peut être, exactement alors, Quel nous appel imaginaire temps, sur le lui-même acte Suite fondamentalement, un alors, Quel nous appel temps réel - c'est quelques subjectif performance, surgissant à nous à tentatives décris, qui nous voir l'univers. Après tout
‹…› une théorie scientifique est simplement un modèle mathématique que nous avons construit pour décrire observations : il n'existe que dans nos têtes. Donc ça n'a pas de sens demander ce qui est réel - temps « réel » ou temps « imaginaire » ? C'est seulement important qui de leur Suite convient à descriptifs.

Résumé enfer en dessous de raisonnement audacieux Britanique, restes Marquer, Quel ne pas l'univers lisse et sans frontières de Hawking, pour tout son charme, Il a sur extrême mesure une important défaut: pratiquement Achevée absence base expérimentale fondée sur des preuves. Cependant, il n'y a aucune raison de croire que le dans un avenir prévisible, de telles preuves apparaîtront. Cependant, ce n'est pas le pire des péchés, parce que le lion partager autre cosmologique des modèles aussi ne pas se prête expérimental vérification. La théorie chaotique inflation André Linde est, peut-être une heureuse exception dans cette série, car elle s'accorde remarquablement avec la dernière réalisations astronomie d'observation.

D'autre part, l'idée que l'espace et le temps forment un surface fermée donne matière à réflexion sur le rôle de Dieu dans la vie Univers. Philosophique potentiel cette des modèles difficile surestimer. À peine qu'il s'agisse ne pas tout cosmologique scripts, postuler naissance paix "de rien", laisser implicitement et Avecgros craquer, mais encore autorisé Existence Créateur.

Étienne colportage écrit :

...

Si l'univers est vraiment complètement fermé et n'a ni frontières ni bords, alors elle ne devrait avoir ni commencement ni fin : elle est simplement, et c'est tout ! Reste-t-il alors place pour le Créateur ?

Un autre scénario pour l'origine de notre univers a été proposé par un physicien américain Lee Smolin. Selon lui, de nouveaux mondes peuvent naître à l'intérieur des trous noirs. À propos du noir des trous, ces charbon Sacs univers, où question échoue sans pour autant revenir, détaillé dans le chapitre Star Panopticon, donc je ne vais pas me répéter. Permettez-moi de vous rappeler que l'étape du trou noir est une étape naturelle dans l'évolution de très massives étoiles. Lorsque étoile brûlures le sien nucléaire le carburant, interne pression déjà ne pas peut être contrer les forces de gravité, et le corps céleste s'effondre vers l'intérieur. Tel la contraction catastrophique est appelée effondrement gravitationnel. Cependant, non seulement les étoiles ou d'autres objets massifs peuvent être la source de trous noirs ; théorie de l'inflation prédit, Quel sur le tôt étapes évolution univers, dans phase inflation, devoirétaient en multitude forme primaire le noir des trous.

Les forces gravitationnelles à l'intérieur de l'horizon des événements d'un trou noir sont si fortes que l'effondrement continue jusqu'à ce que la densité de la matière devienne infiniment grande. Samo il va de soi que le volume occupé par la matière compressible s'annulera alors. À l'intérieur le noir des trous est assis déjà connaissance nous singularité - adimensionnelle point Avec densité et courbure de l'espace-temps infiniment grandes. Espace noir les trous sont une route vers nulle part, un échec sans fond et noir comme de la cire, à partir duquel vous ne pouvez pas éclater ni une particule. Même lumière devient éternel son un prisonnier pour Puissance la gravité par horizon événements transcende tout concevable limites.

Cependant, la théorie de la relativité, comme on le sait, n'est pas prend en compte effets quantiques, et par conséquent, cela fonctionne très mal sur des échelles inférieures à la longueur de Planck. Entre-temps rôle quantum fluctuation sous la limite de Planck, lorsque eux-mêmes notions de temps et les espaces perdent enfin leur sens physique, il devient décisif. Mêmeplus équitable et pour courbure espace-temps. Autre mots nous intitulé supposons qu'il n'y a pas de singularité avec son infinis ennuyeux à l'intérieur le noir des trous Non, un tel choix, comment densité substances et courbure espace-temps, devoir être limité quelques critique évaluer. Mais si gravitationnel effondrement dans domaines Planck longueurs se détacher sur le Non, alors assez Probablement, Quel espace à l'intérieur le noir des trous peut être subir impétueux gonfler. Rappelez-vous l'inflation, qui a augmenté le volume d'un nouveau-né de plusieurs ordres de grandeur Univers? La théorie prétend que quelque chose de similaire pourrait arriver à un trou noir, lorsque effondrement Naturel façon s'évanouir.

Cependant, nous sommes immédiatement confrontés à un paradoxe insoluble. Si l'espace à l'intérieur du trou noir commence à gonfler à pas de géant, puis son volume doit se multiplier croître en très peu de temps. A la fin de l'inflation, il il est facile de dépasser la taille de l'observable partie de l'univers, si l'inflation continuait suffisant pendant longtemps.

Mais d'un autre côté, un trou noir est une chose vraie en soi, dont rien, même lumière, ne pas boîte Sortez dehors. N'importe quel extension, comment aurait génial ce ni C'était, doit nécessairement être limité par le volume interne du trou noir, sa force gravitationnelle rayon. Et comme l'horizon des événements d'un trou noir ne fait pas le poids face à dimensions Achevée univers, alors Tout à fait pas clair, Quel façon alors grandiose le volume peut être s'intégrer à l'intérieur minuscule les mèches.

Pour faire face à ce paradoxe, nous devons à nouveau recourir au modèle bidimensionnel analogies. Imaginer toi-même pour enfants air Balle, sur surfaces qui rampant une tête plate est un petit être intelligent qui n'est pas familier avec la troisième dimension. Dans notre modèle, la surface du ballon correspond à l'espace tridimensionnel de l'univers. Du point de vue d'une personne plate, un trou noir dans son monde n'est qu'une petite zone surface, un point noir auquel il ne peut pas accéder. Ayant voyagé autour de taches, poisson plat sans pour autant travail trouver Quel le noir trou Il a assez final tailles. À présent imaginer Quel gravitationnel effondrement à l'intérieur appartement le noir des trous a pris fin il y a longtemps et traverse une phase d'inflation rapide. Où le caoutchouc d'un ballon à l'intérieur de l'horizon des événements n'est pas étiré dans un monde bidimensionnel appartement, un gonfle dans direction, directement perpendiculaire surfaces Balle. Des endroits pour tel inflation Suite comment suffisant, c'est pourquoi filiale Univers, née sous nos yeux, peut facilement surpasser la mère en volume. Cependant, pour poisson plat cette traiter restera secret par famille scellés, pour le sien imparfait seules deux dimensions de son monde ennuyeux sont disponibles à la vision. Il ne verra rien du toutrien de nouveau : la même tache inexpressive se dressera devant lui de manière indiscrète, bien que dans réalité ce déjà pendant longtemps déplié dans énorme univers.

Quelque chose de similaire peut se produire dans notre véritable univers tridimensionnel. Par l'obtention du diplôme effondrement espace à l'intérieur le noir des trous départs irrésistiblement développer, et quelques instants plus tard, selon l'horloge galactique, le monde nouvellement frappé solennellement émerge de inexistence, donner naissance le long du chemin leur posséder espace et temps. À malheureusement nous ne pas destiné être les témoins cette passionnant spectacle, Comme tout comme un homme plat, avec tout son désir, ne peut pénétrer dans la troisième dimension. l'univers à l'intérieur qui le noir trou passé dans inflationniste mode, nous intitulé Nom maternelle (ou parentale), et la "jeune femme" qui est sortie d'elle - la fille, ou nourrisson. Tous les deux ces univers sera lié particulier cordon ombilical tube espace-temps, diamètre qui comparable, sur tout visibilité, Avec Planckien longueur.

Cependant, le cordon ombilical peut également se rompre, car les trous noirs, bien que lentement, mais évaporer perdant Masse par Chèque quantum fluctuation à proximité leur les frontières. Horizon événements régulièrement grince des dents comment chagrin cuir, et comment seulement il va devenir moins limite de Planck, le trou noir se réduira effectivement à zéro, et toute communication entre en relation univers arrêt. Mère et bébé guérir indépendant la vie. Vérité, quelques la physique réclamer Quel quantum effets suspendre évaporation le noir des trous à proximité de Planck limite, mais fondamental valeurs c'est circonstance ne pas Il a. éclatement de liaison leur cordon ombilical ou resté dans intact et la sécurité ne joue aucun rôle : les deux Univers sont encore isolés l'un de l'autre et conduire vous-même tout à fait indépendant créatures.

À plus loin filiale Univers peut être aller sur trace de pas le sien mères. Lorsque l'inflation s'arrêtera et l'énergie du champ d'inflation tombera aux valeurs minimales, se produire Gros explosion, et la fille passera dans mode la norme Hubble extensions. Après l'obtention du diplôme inflation fluctuation densité dans nouveau née L'univers deviendra cosmologiquement significatif, ce qui conduira à la formation de trous noirs. Certains d'entre eux vont également commencer à gonfler à leur tour, de sorte que la lumière apparaîtra déjà la troisième génération de mondes. Dans un sens, ces nouveaux mondes déjà petits-enfants de l'univers parent d'origine, qui, au fil du temps, ont également presque avec certitude va donner progéniture.

Ainsi, nous arrivons à une image fondamentalement différente de l'univers, qui pourrait être appelé l'univers global. L'univers global est difficile ensemble mondes et rappelle grain de raisin groupe. Quelques univers-du-raisin lié entre toi-même cordon ombilical à travers le noir des trous, qui ne pas géré au revoir évaporer, un autre il y a longtemps Direct isolé, mais à l'intérieur la plupart des descendants continuent de naître des trous noirs primordiaux, temps après elles donnent aussitôt un départ dans la vie à de plus en plus de nouvelles générations d'univers. Autrement dit, global Univers capable en continu s'auto-reproduire. Tel infatigable bourgeonnant peut être Continuez illimité pendant longtemps, c'est pourquoi boîte dire, Quel l'univers global n'a pas de commencement dans le temps. Si le cycle végétatif ne s'arrête pas ni sur le instantané et œuvres comment Regardez, alors global Univers sera vivre pour toujours.

Bien entendu, chaque cépage (ou domaine, qui est local l'univers de manière fiable isolé de leur frères) peut être ont posséder unique Positionner physique paramètres. Leur en relation seulement point en communorigine, pour ainsi dire, la voix du sang. Certains mondes, n'ayant pas le temps de gonfler correctement, immédiatement même début effondrement, s'effondrer dans indiquer, un autre sera, vice versa, effréné gonfler parce que l'inflation croît de façon exponentielle. Parmi tous les univers imaginables il doit y en avoir au moins un où l'expansion inflationniste s'arrêtera à temps, donnant lieu à des fluctuations de densité, qui donneront par la suite naissance à des structures complexes - galaxies et étoiles. Par heureux chance, nous nous vivons comment une fois que exactement dans tel univers. Si un aurait fondamental constantes ont eu autre valeurs, cette livre jamais ne pas a été aurait écrit.

reproduction bourgeonnant univers en aucun cas ne pas sommes des jumeaux. Généalogique parenté ne pas Il a à leur mince structure lisse Compte non rapports. Les constantes du monde ne sont pas des commandements mosaïques écrits sur des tablettes. Dieu n'est pas parlé du buisson ardent avec les plénipotentiaires du peuple élu, et donc fondamental constantes peut J'accepte arbitraire valeurs. Numéro spatial des mesures, déployé avant de cosmologique échelle, aussi ne pas doit être limité au nombre "trois" et peut varier considérablement d'un individu à l'autre local bulles. Même temps à l'intérieur bourgeonnant les raisins peut être jeter étonnante genoux et coule comme un dieu sur le âme positif

Nous ne pouvons pas regarder à l'intérieur le noir trous, car tout ce qui est fait pour horizon événements, en dessous de impénétrable couvercle sphères Schwarzschild, représente une terra incognita absolue. Mais si Lee Smolin a raison, et notre Métagalaxie, en d'autres termes univers observable, naguère éclos d'un trou noir primordial, nous n'avons ni comment ne pas comparable possibilité étude son déchets de l'Intérieur, tout simplement explorant structure autour de nous paix.

Nous restes Réponse sur le le seul sacramentel question. Par plus Selon des estimations modestes, la masse de notre Univers est d'environ 1022 masses solaires. Mais si L'univers est si lourd, comment cette abondance de matière peut-elle s'intégrer dans petit volume d'un trou noir primordial ? En fait, pas de paradoxe ici même ne pas odeurs. Souvenons-nous Quel création paix "de rien" suggère équilibre entre négatif énergie la gravité et positif énergie substances. MAIS parce que le l'énergie gravitationnelle négative compense exactement l'énergie positive, en relation Avec masse, donner en conséquence, zéro, la masse de l'enfant l'univers peut être très gros. Nouveau née bébé peut être sans pour autant spécial travail dépasser le sien parent.

On pourrait y mettre fin, mais plus récemment, le physicien anglais Barbour introduit sur le rechercher le plus vénérable Publique sensationnel livre en dessous de Nom "Fin temps." Dans ce document, il entreprit de prouver qu'aucun temps n'existe dans la nature, et la séquence d'événements que nous organisons habituellement le long de l'axe du temps est ne pas Quel autre comment inertie notre en pensant, ne pas ayant Avec réalité rien général.

C'est peut-être l'hypothèse la plus radicale et la plus extravagante sur la nature du temps, et mon histoire sur divers cosmologique des modèles a été aurait incomplet, si aurait je ne pas payé notions rapide Anglais même si aurait plusieurs lignes. La théorie Barbour détail commenté par Raphael Nudelman dans l'article passionnant "The Newest Guide to temps", publié dans deux pièces magazine "Connaissances - force" par 2002 an, et tu, lecteur, sans pour autant travail tu peux Avec son se familiariser. je je vais redire son bref.

Barbour occupe pas de vrais objets physiques, mais la relation entre eux. Si un nous Prenons Trois points et relier leur direct lignes, alors on a Triangle certain gentil. ce et sera Barbourovsky "rapport" qui décrit système à trois points. Si à l'instant suivant la position des points dans l'espace changer, alors le triangle prendra une forme différente. Ce nouveau "ratio" aura déjà autre les caractéristiques.

Dénotons maintenant la longueur de chacun des côtés de notre triangle par un certain nombre. On construit un espace à trois axes de coordonnées et sur chaque axe on en réserve un Nombres. À nous réussir le seul point dans espace, qui, soi toi-même bien sûr sera refléter ne pas réel position initial des points, un Total seulement relation entre trois objets. Nous appelons un tel espace conditionnel (avec un l'espace, il n'a rien en commun) l'espace de configuration, ou K-space. Tout les états ultérieurs du système de trois objets tout au long de son histoire seront être décrit totalité des points, certain façon percé sur K-espace.

Similaire opération boîte fais Avec chaque de réel physique particule, remplissage l'univers et alors tout elles ou ils prendra exigible leur place dans configuration espace. Barbour appels le sien fictif espace Platonie dans honneur génial grec philosophe lequel à, comment connu a insisté sur le existence réelle du commun concepts (universels). Selon Platon, le monde matériel est pâle copie magnifique paix des idées le sien défectueux ressemblance.

Si un aurait monde obéi lois classique mécanique newton, chaque subséquent le sien condition absolument coulait aurait de le précédent. Tel La peinture l'univers était appelé déterministe et battait son plein jusqu'au début le siècle dernier. L'éminent astronome et mathématicien français Pierre Laplace temps même entreprit de calculer l'avenir de l'univers, s'il avait à sa disposition des coordonnées de toutes les particules élémentaires. Dans le monde de Newton, un observateur extérieur Platonie, pourrait aurait spécifier sous-séquence tout Barbour points et relier leurtrajectoire, dans résultat Quel à chaque points est apparu aurait "histoire" co leur posséder passé et l'avenir.

À malheureusement nous nous vivons dans probabiliste monde, lequel à contrôlé quantum lois. Principe incertitude impose fondamental interdire sur le simultané définition coordonnées et la rapidité élémentaire particules : comment plus précisément un paramètre est mesuré, moins un autre peut être calculé avec précision. Par conséquent, les points sur carte de Platonia, reflétant la position des particules dans l'espace de configuration de Barbour, devrait remplacer probabilités. Mais alors image Immediatement va perdre netteté : à la place fixé points nous nous verrons lumière brume, tremblant brume au dessus rouge chaud asphalte. Les relier à une trajectoire rigide (écrire une « histoire ») sera déterminant impossible.

Mais pourquoi percevons-nous encore le temps, si en réalité il n'existe pas ? Barbour affirme que "l'impression de changement n'apparaît ici que parce que, dans notre le cerveau collecte plusieurs portions d'informations sur diverses positions (ou états) le même objet. » Selon lui, le rejet de la catégorie du temps permet non seulement se débarrasser des singularités avec leur amoncellement d'infinis, mais aussi une fois pour toutes faire face à ses flèches maladroites. Dans tous les autres scénarios cosmologiques, le temps écoulement de du passé dans avenir, car Quel Univers avais Commencer. Mais dans Platonie Barbour
"moment zéro" disparu sur définition, parce que le temps de son sorti. Si un dans Platonie pour Trois points disponible quelques spécial configuration Alpha, où tout particules sommes dans une place, alors alors même plus équitable et pour Univers dans en général.
"Big" Platonia doit également avoir sa propre configuration Alpha, une mise en évidence spéciale indiquer, lorsque toutes les particules l'univers sont dans une place.

Barbour écrit :

...

Le paysage de l'Intemporalité se déploie comme une fleur à tous les autres points qui cadeau toi-même universel configuration plus différent tailles et des difficultés. Peut-être, la forme Platonie est Quel favorise renforcé en aval probabiliste
"mousse" dans côté ceux configurations, qui contenir "rappels" le sien général origine du point Alpha.

Une mot, temps, Avec points vision Barbour - c'est fantôme, désincarné fantôme, produit de notre psychisme imparfait. Nous le percevons comme un ruisseau qui a assez une certaine direction, uniquement parce que nous-mêmes faisons partie intégrante de cette paix, le sien inconditionnel progéniture. Vrai Univers privé temps le sien y amène notre stupide conscience, qui, de gré ou de force, s'efforce voir dans l'inconnu douloureusement familier, enfiler une paire de frac sur une pieuvre, et donc décrit le monde est purement approximativement.

Que peut-on dire à ce sujet ? La grande majorité des physiciens estiment Les idées de Barbour sont très sceptiques, croyant à juste titre qu'elles sont un amusement mathématique vide, Positionner génial scolaire paradoxes. Pas Pardon des endroits et citons célèbre théoricien australien Paule Davis.

...

Barbour, en gros, prétend que le temps n'existe pas vraiment. je suis prêt conviennent que l'espace et le temps ne sont pas les réalités ultimes. Il est possible que sous-jacent leur réalité représente toi-même quelques "PRE-Espace-Temps", de éléments dont est construit notre espace-temps observable, tout comme la substance que nous observons est constituée de microparticules qui, à leur tour, peuvent s'avérer être construit de PRE-particules, de Suite Suite fondamental blocs de construction question - supercordes - ou quelque chose dans cette gentil. Comme particules substances espace-temps aussi Peut être notion dérivée.

...

Et pourtant, à une échelle suffisamment large, à l'échelle du macro et du méga-monde, cette plus espace-temps, qui nous familier. De lui c'est interdit simplement descendez Avec à l'aide des mathématiques... A une époque, avant l'avènement des théories de la relativité et de la gravité, en il était de bon ton dans certains milieux de dire que le temps C'est juste un fruit humain conscience, dérivé de notre Se sentir couler événements, qu'est-ce que c'est en quelque sorte façon associé à la capacité du cerveau percevoir événements seulement dans certains "temporel séquences." Il est indéniable que le temps est un flux, mais ce n'est pas purement humain invention ou catégorie de conscience. Pour un physicien, le temps et l'espace ainsi que la matière sont c'est partie jouet structures, Avec qui est né se Univers ou, plus précisément, de qui établi Univers. Parler, Quel le temps n'est pas existe, simplement sans signification.

Ici Alors, court et dégager. Ivashka ira marche, un Vitka sera à la maison asseoir, comment parlait une ouvrier-paysan mère, ennuyé comportement le sien Sénior fils.

Il nous reste à cracher avec le soi-disant principe anthropique, après quoi nous allons-nous en à Suite brûlant des questions. À propos de étonnante alignement fondamental constantes, bijoux adapter initial paramètres univers nous a été mentionné plus d'une fois, et vous, cher lecteur, devez vous souvenir de ce qui ne va pas le diable est terrible, comme on le peint. Modèles cosmologiques postulant la multiplicité mondes (par exemple, la théorie chaotique inflation André Linde ou effréné bourgeonnant global Univers Lee Smolina), Autoriser désinvolte sur le décharge hypothèse éculée du Créateur, parce qu'ils décident constamment et systématiquement question sur mince sur le chantier monde constantes. Cependant, non On le fera courir dans vers l'avant.

Le terme "principe anthropique" a été proposé pour la première fois par un professeur de Cambridge Université de Brandon Carter, l'un des plus grands astrophysiciens de notre temps. Cependant, astucieux personnes payé Attention sur le étonnante alignement constantes fondamentales bien avant Carter. Ainsi, au début des années 1950 le célèbre astrophysicien anglais Fred Hoyle s'est demandé comment carbone et oxygène dans stellaire intestins. À lui géré remarquer curieux numérique le rapport entre l'énergie totale de trois particules alpha (ou de manière équivalente, les noyaux hélium) et le niveau d'énergie du noyau de carbone. Ainsi, lorsque trois particules alpha fusionnent, carbone, cette ordre de grandeur devoir se maquiller 7.7 mégaélectronvolt. Ensuite cette l'effet quantique a été découvert expérimentalement. Et un peu plus tard le grand Paul Dirac attrapé Suite une étonnante correspondance entre les tailles observable univers et Obliger la gravité dans son, bien que ces quantités certainement pas ne pas lié ami Avec ami.

Pas moins intéressant et ce fait, Quel densité notre paix très proche à critique densité. Si un aurait ordre de grandeur ? a été plusieurs moins critique, la matière dispersée, qui est dans un état très raréfié, n'aurait tout simplement pas le temps de se réunir dans masses, nécessaire pour formation étoiles. DE une autre main, si ? Suite
?cr, alors, au contraire, la condensation se poursuivra à un rythme accéléré, et la vie dans l'Univers (ou, plus strictement, structures complexes) n'auront tout simplement pas le temps de se poser. Et déjà d'autant plus qu'il n'y aurait pas assez de temps pour l'évolution du monde organique, qui sur Terre, comme connu a duré plusieurs milliards années.

Si un augmenter dans 100 une fois que numérique sens la gravité permanent, alors dans tant même une fois que va être réduit temps la vie Soleil. Dégager, Quel cinquante million années clairement pas assez à sur le planètes solaire systèmes est né biosphère. À les autres valeurs de la constante d'interaction électromagnétique, le proton perdra sa stabilité - la brique fondamentale de l'univers, et si, en plus, on « corrigeait » un peu les constantes fort et faible interactions, apparence Univers changera avant de méconnaissabilité.

Rapports masses proton, neutron et électron entre toi-même aussi ont valeur déterminante à la fois pour la structure moderne de l'Univers et pour son apparence la vie. Disons que la masse d'un neutron dépasse la masse d'un proton d'une quantité négligeable (environ $10-3m$?). Si nous doublons juste cette valeur, les atomes des éléments chimiques perdre en stabilité. De même, une augmentation de la masse d'un électron d'un simple facteur trois mèneront à pourriture noyaux atomes hydrogène - plus très répandu élément dans Univers.

Dimension alentours nous espace aussi donne riche aliments pour reflets. Trois dimensions spatiales assurent une circulation stable des corps ami à proximité ami : ou corps écurie en mouvement sur ellipse (dans privé Cas, sur cercles), ou s'envole dans infini sur parabolique ou hyperbolique trajectoires. Mais dans le monde à quatre dimensions, le mouvement périodique dans une orbite fermée impossible: planète ou va tomber sur le central lumière, ou immédiatement s'envoler dans infini. Cela signifie que dans le monde à quatre dimensions spatiales, exister durable planétaire systèmes, le mouvement des électrons autour des atomes noyaux et etc. Toute matière tombe en poussière. Et dans les mondes à moins de trois dimensions, les atomes perdre aptitude rayonner dans continu spectre, parce que le électrons ne pas peut là faire le nécessaire pour cette orbitale transitions.

Liste le plus fin ajustements fondamental constantes en continu croissance et aujourd'hui a déjà atteint une ampleur vraiment effrayante. Réfléchissez lentement à ce que quelqu'un de sage et de prudent a délibérément poli l'univers pour qu'il puisse grandir Humain. À notre disposition disponible Trois option réponse sur le cette question.

Première option. Les lois de la nature sont créées par un esprit supérieur. Théoriquement similairesituation assez possible c'est pourquoi ne pas nous deviendrons rejeter son Avec au seuil. À fin prend fin nous créons dans des laboratoires terrestres des milieux nutritifs artificiels pour la culture micro-organismes bénéfiques, et qui sait quelles avancées supplémentaires la biotechnologie apportera grâce à quelques milliers d'années. Cependant, il n'est pas tout à fait clair comment cette hypothétique le mental supérieur a réussi à survivre dans les flammes du feu universel lorsque notre monde a émergé de la non-existence, et où il était et ce qu'il faisait quand le monde n'existait pas encore. D'autre part, surmental - c'est aussi le supramental en Afrique, et notre affaire est molle - énervé vos jambes et arrêtez. Cependant les scientifiques sérieux commencent à grimacer quand il s'agit de la providence divine. DE aider intervention surnaturel les forces boîte sans pour autant n'importe quel travail Explique n'importe quel phénomène, mais alors la science ordres pendant longtemps Direct. sciences naturelles une approche, dans différence de Foi, incliné avouer principe Ocam : ne pas devrait multiplier Numéro entités en excès de besoin. C'est pourquoi partons option chambre une théologiens et théologiens. plus haut force sont répertoriés selon eux département.

Option deux. Si la théorie de tout (TOE pour faire court) sera jamais construit, il est probable que les valeurs numériques du fondamental constantes recevront une explication naturelle et raisonnable. Lorsque les scientifiques comprennent ce qui est masse, charge, spin et autres essences purl de l'univers, peut-être sera-t-il possible de répondreà la question de savoir pourquoi ils prennent exactement ces valeurs et pas d'autres. Puis anthropique principe boîte sera décoller Avec ordre du jour journée. Théorie M sur qui Raconté dans chapitres précédents, aujourd'hui réclamations sur le beaucoup, mais avant de ligne d'arrivée au revoir Suite loin.

Option troisième, plus gentil notre cœur. Si un univers ne pas épuisé observable partie univers, si elles ou ils dans multitude née de quantum fluctuation espace-temps mousse (sur Linde) ou de primaire trous noirs (selon Smolin), alors notre Univers cesse d'être unique et le seul le sien gentil. Fondamental constantes peut J'accepte dans ces innombrable mondes toutes les valeurs arbitraires, et la vie et l'intelligence ne surgissent que dans les univers où les conditions leur conviennent. Certes, il peut sembler à certains que la nature sur le rareté gaspilleur: entasser sorte de percée mondes, à dans quelques de leur une étincelle de raison s'est allumée. Einstein a dit que Dieu ne joue pas aux dés. Entre-temps il n'y a rien à s'étonner ici, car la nature est un constructeur aveugle, et le gaspillage est son caractéristique immanente. Des millions d'œufs, seuls quelques milliers survivent, et les arbres chaque année, ils dispersent les graines en abondance, de sorte que certaines d'entre elles poussent. Sur le question « Pourquoi notre univers est-il tel que nous le voyons ? » la réponse suit: "Si Univers a été une autre, nous aurait ici ne pas C'était!" ce et il y a formulation anthropique principe.

En fait, le principe anthropique existe sous deux formulations - faible et forte. Le principe anthropique faible insiste sur le fait que la vie intelligente naît seulement là et quand et où les conditions s'y prêtent. Disons la cosmologie moderne prétend que l'univers a commencé il y a environ 14 milliards d'années et continuera d'exister assez long. Pourquoi vivons-nous relativement près du moment de sa naissance ? Le cercueil s'ouvre simplement : il y a 10 milliards d'années, des étoiles de seconde générationla composition nécessaire à l'apparition de structures complexes n'était pas encore, et après quelques des dizaines de milliards d'années, ils s'éteindront tous sans laisser de trace, et la vie intelligente de notre type deviendra impossible.

Fort anthropique principe dit Quel lois la nature et options les constantes fondamentales sont telles qu'elles permettent l'émergence de la vie intelligente. Autre Autrement dit, le monde est prisonnier pour l'homme. Franchement, les deux versions du principe anthropique réclamer pratiquement une et alors même, mais après tout le sien fort hypostase considérablement Rend téléologie. Il s'avère, Quel tout gigantesque machinerie univers imaginé uniquement pour vous et moi. Il n'est pas facile de se réconcilier avec une telle formulation. Outre, pas mal aurait contribuer un important clarification.

Lorsque nous nous disons Quel à les autres paramètres fondamental constantes dans Univers impossible complexe structures et la vie, devrait aurait ajouter: la vie dans formes que nous connaissons. Mais même la vie protéique sur la planète Terre a un énorme adaptatif potentiel. Suffisant rappeler sur Alors appelé "le noir les fumeurs"
– chaud geysers sur le fond océans. Elles sont sommes par la présente foyer la vie, même si la température de l'eau près du fumeur atteint 300 degrés Celsius à une pression de plusieurs des centaines atmosphères. Quoi déjà ici parler sur hypothétique extra-terrestre organismes à qui échanger substances peut être accumuler sur le fondamentalement différent chimique base.

Incidemment, les conditions naturelles et climatiques de notre planète changent très rapidement. large gamme, qui n'interfère pas avec la terre les organismes se sentent bien et pôle, et sur le équateur. Température optimum - une entreprise goûter. Nil crocodile aurait eu du mal dans le cercle polaire arctique, et les ours polaires, les morses et les phoques auraient à peine aimé aurait tropiques. Si un aurait blanche ours était capable raison logiquement, il viendrait certainement à la conclusion que la nature sage a pris un soin particulier à s'assurer que à lui, blanche ours C'était D'ACCORD. Pas apporter Seigneur Direct dans étouffant désert, où après midi avec le feu, vous ne trouverez pas de phoques savoureux et sains, et le soleil brûle sans pitié. S'agit-il de les proches Pénates: cool de l'eau, Frais brise et semi-annuel polaire nuit…

En résumant ce chapitre, nous soulignons encore une fois : l'idée d'une pluralité d'univers Naturel façon permet problème bijoux réglages fondamental constantes, ainsi l'hypothèse encombrante et maladroite de Dieu peut être en toute bonne conscience sans encombre envoyer à déchet.

Bague autour de Soleil

*Sur le loin étoile Vénus Le soleil
est ardent et doré, Sur le Vénus, ah
sur Vénus
À des arbres bleu feuilles…*

Nicolas Gumilyov

Si l'univers était épuisé par les galaxies, les étoiles et autres trous noirs, nous pourrait aurait audacieusement mettre ici indiquer. Cependant dans monde il y a Suite et planètes - compact non lumineux corps, circulé autour de étoiles, et sur le une de tel céleste tél nous vivons nous Avec tu. Mot "planète" dans Traduction Avec grec moyens
"errant". Les anciens Grecs, plusieurs siècles avant la naissance du Christ, ont remarqué que dans extensif famille immobile étoiles il y a leur s'agite, dessin sur le firmament confus courbes. antique astronomes connaissait cinq errant étoiles - Mercure, Vénus, Mars, Jupiter et Saturne. Avec la Lune et le Soleil, ils formaient cosmos du monde antique, et la sphère des étoiles fixes couronnait cette architecture élancée ensemble Comme dômes. Terre, par lui-même, a été centre univers.

Par la suite, les cinq magnifiques ont été reconstitués avec trois autres vagabonds éternels - Uranus Neptune et Pluton. Cette trinité c'est interdit s'embrasser sans armes œil, par conséquent, il a été découvert relativement tard - après l'invention du télescope. Uranus découverte en 1781 par l'astronome anglais William Herschel, Neptune en 1846 - français Urbain joseph Le Verrier, un Pluton - Américain Clydé William Tombo dans années 1930 Vérité, Pluton, pour un certain nombre de raisons, se voit aujourd'hui refuser le droit d'être appelé une planète et placé dans spécial Catégorie nain planètes ou transneptunien objets.

À notre journées même élèves junior Des classes connaître Quel autour de Quel filage.

La place centrale du système solaire appartient à notre lumière du jour, et les planètes appliquer Autour de lui le long allongé cercles - ellipses.

Correctement dessiner orbites planètes géré loin ne pas tout de suite. Moi-même créateur héliocentrique systèmes polonais astronome Nicolas Copernic pensait Quel orbites les planètes sont des cercles réguliers. Et seulement après plus de 100 ans une autre célèbre astronome, Allemand Jean Kepler, géré Afficher, Quel le seul figure géométrique compatible avec les données d'observation est une ellipse, et le Soleil situé dans une de ses tours.

Relativement tailles Soleil aussi existait divers des avis. Plus les anciens esprits grecs désespérés ont admis que cela pourrait être la taille d'Athènes, et un sauge, audacieux supposer Quel Soleil déjà certainement pas ne pas moins Péloponnèse péninsule, a été exilé Avec disgrâce. Bien sûr vrai dimensions Soleil plusieurs Suite. Et bien qu'il occupe une place modeste dans la nomenclature stellaire, étant considéré comme ordinaire naine jaune de classe G, sa taille est très impressionnante. Le diamètre du Soleil est environ 1,4 million de kilomètres (diamètre de la Terre à titre de comparaison - un peu plus de 12 mille kilomètres), et dans Allemand conclu 999/1000 tout masses solaire systèmes. Moyen distance de Terre avant de Soleil - 149 million kilomètres. Cette évaluer reçu appel astronomique unité (un. e.), et elle est sert pour des mesures interplanétaire distances. Le Soleil est l'une des 200 milliards d'étoiles qui peuplent notre Galaxie (la Way), et est situé avec ses neuf planètes à la périphérie de la galaxie spirales, dans 26 mille lumière ans d'elle centre.

Regardons de plus près la structure du système solaire. Sauf quatre planètes terrestre groupes (Mercure, Vénus, Terre et Mars), quatre gaz géants (Jupiter, Saturne, Uranus, Neptune) et dans de nombreux tout Suite énigmatique Pluton dans composé solaire systèmes sont inclus Alors appelé petit planètes, générateurs ceinture astéroïdes entre orbites de Mars et de Jupiter, ainsi que des comètes et des météores arrivant de sa lointaine périphérie. Là, au-delà des orbites de Neptune et de Pluton, une ceinture s'étend sur des dizaines d'unités astronomiques. Kuiper - une collection de planètes naines et de fragments de roche et de glace de différentes formes et tailles. Encore plus loin se trouve un énorme nuage sphérique de corps protoplanétaires, nommé dans l'honneur de l'astronome néerlandais par le nuage d'Oort. A partir de là, à long terme comètes. Pour terminer, à majorité planètes solaire systèmes il y a Naturel satellites (sauf Mercure et Vénus). Jupiter a actuellement plus de 60 satellites, Saturne en a 56, Uranus en a 27, Neptune en a 13 et Pluton en a 3. Mars Total deux Satellite (Phobos et Déimos, Quel dans Traduction Avec grec moyens "craindre" et
"horreur"), et notre ancienne Terre n'a réussi à acquérir qu'une seule chose - la Lune. Mais mais la plus proche voisine Terre regards très de manière impressionnante sur le Contexte les autres satellites, ne cédant en taille qu'aux trois plus grands satellites de Jupiter (Ho, Ganymède, Calliste) et satellite Saturne Titan.

Parmi les anciens Romains, Mercure (alias le grec Hermès) était considéré comme le dieu du commerce, et puisque l'alpha et l'oméga des transactions commerciales ont toujours été la tromperie vendre, disent-ils), puis en combinaison ce dieu rusé patronné coquins et les escrocs.

Comment et convenable désinvolte et efficace commerçant espace Mercure vert agile : il tourne autour du Soleil en seulement 88 jours, et son année, donc, en quatre superflu fois plus court terrestre. Distance avant de Mercure de Soleil change dans large dans - de 46 avant de 70 million kilomètres, maquillage dans moyen 58 million kilomètres. Il est facile de voir que l'orbite de Mercure ressemble à une forme fortement allongée ellipse, qui diffère nettement des orbites presque circulaires de toutes les autres planètes du Soleil systèmes. Ellipticité orbites céleste corps reçu exprimer à travers son excentricité
— le rapport des demi-axes majeur et mineur de l'orbite. Dans le cas de Mercure, cette valeur est de 0,2, tandis que l'excentricité de l'orbite terrestre est plus de 10 fois moindre (environ 0,017). À l'exception Aller, orbite Mercure sensiblement incliné à écliptique - avion terrestre orbites. Coin

l'inclinaison est de 7 degrés. Pour ces deux paramètres - le degré d'excentricité et l'angle inclinaison vers l'écliptique - seul Pluton a réussi à dépasser Mercure (0,25 et 17 degrés respectivement).

En raison de sa proximité avec le Soleil, Mercure reçoit six fois plus de lumière solaire par unité de surface que la terre. Au périhélie, le point de distance minimale du Soleil, Température le sien illuminé surfaces est 430°C un dans aphélie - indiquer élimination maximale - chute à 290 ° C. Température du côté nocturne de la planète des chutes avant de moins 170°C. Depuis la moyenne densité de Mercure presque comme ça même, comment à Terre, elle doit avoir un noyau de fer qui, selon les calculs, occupe près de la moitié le volume planètes.

Depuis la surface de la Terre, Mercure est assez difficile à observer au télescope (en moyenne latitudes il pas mal visible seulement dans été mois), c'est pourquoi composer pour de vraides cartes fiables de la planète et de clarifier ses caractéristiques physiques se sont avérées possibles après Aller, comment quartier la plus proche à Soleil planètes a visité espace sonde
"Mariner-10". Mercure est petit et très chaud, il est inférieur à la Terre en diamètre de presque trois fois et en volume - 14 fois. Le diamètre de Mercure est de 4880 kilomètres et la masse représente 5,5 % de la masse de la Terre. La force de gravité à sa surface est trois fois inférieure à celle de la terre, et un homme de taille moyenne y pèserait environ 25 kilogrammes. Parmi les planètes du solaire des systèmes plus petits que Mercure seulement éloignés de Pluton. Mercure a une atmosphère raréfiée d'hélium créée par le vent solaire et contenant une quantité négligeable montant hydrogène, traces argon et pas elle. Son pression à la surface planètes dans 500 milliards de fois moins que la pression atmosphérique sur Terre au niveau de la mer. Sonde "Marinier-10" a également révélé que Mercure a un champ magnétique dipolaire très faible (100 fois plus faible terrestre).

Sur le à travers long temps astronomes pensait Quel Mercure, comment et Lune à la terre, toujours converti à Soleil une hémisphère, alors il y a tourne autour de axes synchrone avec le mouvement autour du Soleil. Cependant, au milieu des années 1960, avec à l'aide de la recherche radar, il a été constaté que la période de rotation du planète chaude du système solaire est d'environ 59 jours, donc, Mercure effectue une rotation complète autour de son axe dans les deux tiers de son année. Logiquement, le solaire la gravité devoir a été il y a longtemps ralentir le sien axial rotation, mais pieu bientôt cela ne s'est pas produit, une hypothèse tentante a surgi que Mercure avait une fois tourné autour de Vénus et n'a été rejeté que relativement récemment par un ciel céleste plus massif corps. En tout cas, la modélisation mathématique de son orbite n'exclut pas la possibilitéQuel dans loin passé il était Satellite Vénus.

Nommé d'après l'ancienne déesse romaine de l'amour et de la beauté (chez les Grecs - Aphrodite) Vénus - la plus proche notre voisine parmi gros planètes (moins distance de Terre
– seulement 39 millions de kilomètres) et l'étoile la plus brillante du ciel nocturne après la lune. Elle est brille dans 13 une fois que plus brillant Sirius à qui fait parti honoraire première place la plus brillante étoiles. L'éclat de Vénus est si grand qu'avec une certaine habileté on peut parfois le voir même pendant la journée, contre le ciel bleu. C'est parce que la deuxième planète à partir du soleil enveloppé d'une épaisse couche atmosphérique, 100 fois plus puissante que l'atmosphère terrestre. Gaz couverture Vénus, imprégné plusieurs couches des nuages, génial reflète lumière du soleil.

Honneur découvertes Vénusien atmosphère fait parti notre compatriote Michael Vassilievitch Lomonosov. en train de regarder dans 1761 an passage Vénus sur disque solaire, il écrit : « Une bosse est apparue sur le bord du Soleil, ce qui est d'autant plus plus Vénus se rapprochait de la performance. Bientôt ce bouton a été perdu, et Vénus s'est soudainement avérée sans bord ... "Lomonosov a conclu que" la planète Vénus est entourée noble air atmosphère... Qu'est-ce que trempé à proximité notre Balle terrestre."

Vénus situé presque dans un et demi fois plus près à le soleil comment Terre (108 et 149 million kilomètres respectivement), un car reçoit de prime notre luminaires dans deux Avec la moitié de la chaleur. En termes de taille, Vénus et la Terre sont presque des sœurs jumelles : le diamètre de Vénus n'est que légèrement inférieur au diamètre de la Terre et est de 12 104 kilomètres (0,95 du diamètre de la terre, ce qui équivaut à 12 756 kilomètres), et sa masse est égale à 81 % de la masse Terre. Plein chiffre d'affaires autour de Soleil Vénus engage par 225 terrestre journées, un ici périodesa rotation autour de l'axe est un peu plus grande - 243 jours. Aucune autre planète dans le solaire le système ne tourne pas autour de son axe si tranquillement, Vénus est le détenteur incontesté du record sur les pièces plus lent du quotidien rotation. en outre ce engagé à l'envers, dans côté, opposé son orbital mouvement, Quel réellement ne pas unique propriété Vénus. Disons Uranus et Pluton aussi filage dans verso, mais ils le font couché presque sur le côté, tandis que l'axe Vénus presque perpendiculaire au plan orbites. Elle est donc la seule planètes, qui "vraiment" tourne vice versa. Déterminer comment devrait dans caractéristiques de la rotation quotidienne de Vénus a été réussi relativement récemment - au début des années 60 années du siècle dernier, lorsque les méthodes radar ont commencé à être largement utilisées, ce qui a permis regarder dans sous elle couverture nuageuse dense.

Avant de vols à Vénus première espace sondes de nombreux écrivains de science-fiction imaginé notre voisin le plus proche comme une sorte de paradis tropical, étouffant et étouffant paix, couvert infranchissable jungle. Dans humide crépuscule sans bornes selva des créatures viles se cachaient, occupées à dévorer les leurs. Contrairement à délabré mourant Mars Vénus dessiné quelques scientifiques junior sœur La Terre telle qu'elle était à des époques géologiques lointaines, il y a plusieurs millions d'années. D'autres ont insisté sur le fait qu'il n'y avait aucune terre sur Vénus et que toute la surface planètes occupe un vaste océan continu.

Réalité s'est avéré où plus prosaïque et plus inattendu. Il s'est avéré que l'atmosphère La "beauté au visage blanc" (comme les astronomes de la Chine ancienne appelaient Vénus) est de 96,5 % du dioxyde de carbone et près de 3,5 % de l'azote. Et pour la part de tous les autres gaz - l'oxygène, vapeur d'eau, oxyde et dioxyde de soufre, argon, néon, hélium et krypton - Ne pas avoir à plus de 0,1 %. Certes, il faut garder à l'esprit que puisque l'atmosphère vénusienne est 100 fois plus puissant que la terre, il contient environ cinq fois plus d'azote que dans l'atmosphère terrestre. Sur le surfaces planètes, en dessous de monstrueux nuageux couvre-lit, règne sans précédent, assourdissant Chauffer dans 460–470 degrés sur Celsius. À tel Température fondent certains métaux. Même le côté ensoleillé de Mercure est un peu plus frais. Et bien que puissant nuageux couche épais dans plusieurs douzaines kilomètres reflète 77% chute sur le lui ensoleillé Sveta, sursaturé dioxyde carbone atmosphère crée le plus fort effet de serre à la surface de Vénus, grâce auquel la température et atteint des valeurs aussi élevées. Pour la même raison, il est étonnamment stable et ne dépend de la latitude de la région. Ce n'est que dans les hautes terres qu'il fait un peu plus frais - sur plusieurs douzaines degrés.

Nuageux couche, contenant gouttelettes concentré sulfurique acide, s'étend jusqu'à une hauteur de 70 kilomètres, et dans les couches supérieures de l'atmosphère il y a aussi chlorhydrique et fluorhydrique acides. Nuageux couche tourne comment Célibataire ensemble, mais beaucoup plus rapide que la planète elle-même, faisant une révolution complète en 4-5 jours. Ainsi, aux hauteurs environ 60 kilomètres de vents de force ouragan soufflent constamment à une vitesse de 100 mètres par seconde (360km/h). Mais près de la surface de la planète, la vitesse du vent chute à plusieurs mètres par seconde, mais puisque l'atmosphère de Vénus est 50 fois plus dense que celle de la Terre et seulement 14 fois inférieur dans densité l'eau, alors même vent Obliger une mètre dans donne moi une seconde - très sérieuse essai. La pression de l'atmosphère à la surface de Vénus est 90 fois celle de la terre (90 et 1bar, respectivement), et une pression de 119 bar a été enregistrée au fond du Diana Canyon. Même sur les plus hauts sommets montagneux de la deuxième planète, atteignant 11 kilomètres de hauteur, la pression est de 45 bars, soit 45 fois plus que sur Terre au niveau de la mer. En un mot, Vénus - c'est monde grésillement Chauffer, purgé à travers rouge chaud les vents et toujours et à jamais écrasé sévère gaz carbonique manteau de fourrure, peu inférieur sur densité l'eau.

Bien sûr, aucune vie sous les formes auxquelles nous sommes habitués ne peut survivre dans l'enfer brûlant.deuxième planète. La beauté au visage blanc des astronomes chinois s'est avérée être la plus réel feu infernal.

Pour un petit siècle d'astronautique terrestre, une trentaine gares automatiques. Les premiers véhicules de descente ont été conçus pour un maximum pression d'environ 7 bars, et donc rapidement effondré même dans les couches supérieures du Vénusien atmosphère. Mais c'est avec leur aide qu'il a été possible d'établir la composition gazeuse de la couverture nuageuse notre voisin le plus proche. Les sondes domestiques Venera-13 et Venera-14, qui ont fait en 1982, un atterrissage en douceur à la surface de la planète, a réussi à travailler pendant environ 2 heures dans meurtrier climat Vénus. Une analyse sol montré Quel minéraux, Composants écorce planètes, dans de nombreux similaire terrestre basalte, Rencontre sur le fond océanique bassins d'eau profonde. Sonde américaine "Magellan" pour quatre ans de travail en orbite Vénus (1990-1994) a compilé et transmis à la Terre des cartes détaillées de sa surface. Le soulagement deuxième planètes compliqué et représente toi-même extensif vallonné plaines, traversé par de nombreuses dorsales ressemblant à des dorsales médio-océaniques sur le terre, et aussi alpin plateau volcanique origine.

Volcanique activité Vénus doute ne pas appels. Sur le son surfaces des dizaines de milliers de volcans ont été découverts, certains d'entre eux atteignant 100 kilomètres en de l'autre côté. Il est possible que des volcans individuels continuent d'entrer en éruption à ce jour, mais leur le nombre est relativement faible. Des reliefs tout à fait uniques ont également été identifiés dans formulaire très gros et tout doucement diffusion lave les flux - Alors appelé volcans de crêpes. Mais il y a très peu de cratères de météorites sur Vénus - environ 900, c'est-à-dire pas Suite deux sur le million carré kilomètres. Pour comparaisons : sur le Mars sur le tel même Région il y a presque cent cinquante cratères, un sur le lune - à proximité quatre cents. Apparemment, cela est dû au fait que dans un passé récent (environ 500 millions d'années arrière) sa surface a subi une sorte de renouvellement : des roches anciennes avec des traces les bombardements de météorites étaient remplis de jeune lave. Un argument supplémentaire dans l'avantage d'un tel scénario est l'absence de manifestations de tectonique des plaques sur Vénus, typique pour la Terre ou Mars.

C'est pourquoi dans dernière chose temps est devenu très populaire hypothèse Alors appelé
"volcanisme soudain", destiné à expliquer caractéristiques climatiques uniques Vénus. Selon cette hypothèse, l'absence de dérive des continents conduit au fait que accumulant lentement la chaleur souterraine il y a environ un demi-milliard d'années du jour au lendemain éclaboussé à travers des dizaines de milliers de volcans émergents simultanément. En atmosphère planètes reçu monstrueux montant acide carbonique, sans torsion volant Effet de serre. Le résultat de ces processus a été la disparition de l'eau et la rapidepromotion Température.

Il reste à ajouter que Vénus n'a pas été trouvé pour avoir un champ magnétique ou radiatif ceintures, malgré la présence d'un noyau de fer d'un rayon de 3000 kilomètres et d'un manteau puissant de fondu races, occupant une grande partie le volume planètes.

La quatrième planète du groupe terrestre a reçu le nom de l'ancien dieu romain de la guerre Mars, lequel à à l'origine a été chthonien déité la fertilité et sauvage la nature. Le mot grec "chthonos" signifie "terre", et il est d'usage d'appeler les créatures chtoniennes créatures de l'intérieur de la terre, abondamment douées de sa puissance productive. Vaillant Mars est devenu un guerrier plus tard et en tant que tel a été identifié avec le grec ancien Arès, patron de la guerre insidieuse et perfide pour la guerre, tandis qu'Athéna Pallas personnifié guerre honnête et équitable.

Mars est une fois et demie plus éloignée du Soleil que la Terre, donc l'année martienne deux fois plus longue que celle de la Terre : sa durée est de 687 jours terrestres. Outre, l'orbite de Mars a une excentricité assez notable (0,09), de sorte que la distance à Quatrième planètes de Soleil change dans tangible dans - de 250 million kilomètres dans aphélie avant de 207 million kilomètres dans périhélie (à Terre pertinent les valeurs sont de 152 et 147 millions de kilomètres). Distance moyenne entre Mars et Soleil est de 227,9 millions kilomètres.

Les caractéristiques de l'orbite martienne conduisent au fait que tous les deux ans (plus précisément, puis tous les 780 jours) La Terre et Mars sont à une distance minimale l'une de l'autre ami, qui varie de 56 à 101 millions de kilomètres. Rencontres planétaires similaires sont appelés affrontements. Si la distance entre eux devient inférieure à 60millions de kilomètres, alors on parle d'un grand affrontement. Cet événement se répète à travers tous 15–17 ans.

Le diamètre de Mars est de 6800 kilomètres, c'est-à-dire qu'il fait presque la moitié de la taille de la Terre. En termes de masse, elle est 10 fois inférieure à notre planète et en termes de surface - trois fois et demie.fois. Un jour martien est légèrement plus long qu'un jour terrestre (24 heures 39 minutes et 23 heures 56 minutes). respectivement), et l'angle d'inclinaison de l'équateur par rapport au plan de l'orbite est de 25 degrés, ce qui seulement deux degrés supérieur à celui de la Terre. Cependant, contrairement à notre planète, les saisons les hémisphères nord et sud de Mars ont des durées différentes, ce qui s'explique par visible l'allongement de son orbite.

Une mot, Mars sur de nombreux paramètres très similaire sur le la terre, beaucoup Suite, comment n'importe quel une autre planète solaire systèmes, c'est pourquoi il toujours appelé intérêt accru parmi les terriens. Le raisonnement était extrêmement simple : si sur Terre pendant fois qu'il a prospéré la vie, alors est-il possible d'exclure que Mars est planète habitée ? Et dès qu'il est, selon toute vraisemblance, plus vieux que la Terre, alors il y a tout à fait peut être exister hautement développé civilisation, beaucoup devant dans technique rapport à la terre. Quand, à la fin du XIXe siècle, l'astronome italien Giovanni Schiaparelli signalé Quel à plusieurs reprises vu sur le surfaces Mars rapporter long foncé lignes, obligatoire polaire et modéré secteurs planètes, Américain Percival Lovell immédiatement suggéré leur artificiel origine. Suivant par scientifiques à cause les écrivains se sont joints à eux, jetant de l'huile sur le feu du fond de leur cœur. La fascination pour Mars a grandi au-delà journées un À l'heure.

HG Wells a peuplé la quatrième planète de limaces géantes hideuses avec une touffe de tentacules autour d'une bouche en forme de bec. Fruit d'une toute autre évolution, ils étaient mode de réalisation nu raison Avec propre coupé émotionnel sphère. Avec arrogance et mépris, ils regardèrent des hauteurs cosmiques le stupide fourmillement vie terrestre. Notre planète ne s'est intéressée à ces céphalopodes intelligents qu'en tant que une ressource alimentaire inépuisable, comme un autre avant-poste sur la voie de leur irrésistible expansion. Loin devant les terriens sur le plan technique, ils ont facilement construit un immense flotte interplanétaire, et au tournant du siècle (le roman de Wells La guerre des mondes a été écrit en 1898 année) Les vaisseaux spatiaux martiens sont tombés comme des pois sur la Terre qui souffre depuis longtemps. maladroit armées Européens s'est avéré être ne pas dans les forces résister gigantesque et invulnérable combat trépieds, brisant sur place tout alentours mortelthermique rayonner. Villes est venu dans désolation, un le fer routes trop développé mauvaise herbe herbe. avancer la fin Sveta. Humanité enregistré accident: martien ruiné micro-organismes terrestres inoffensifs pour les gens, car ils vivaient dans leur patrie pratiquement dans stérile les conditions, presque pleinement avoir perdu immunité, Alors comment Suite beaucoup de des siècles retour exterminé tout infectieux et parasite maladies. étonnante négligence pour hautement développé civilisation, maîtrisé habité espace en volant...

Fondamentalement autre interprétation affrontements deux mondes proposé Alexeï Nikolaïevitch Tolstoï dans l'histoire fantastique "Aelita" (1923). Il envoie sur Mars deux passionnés - l'ingénieur Los et le soldat de l'Armée rouge Gusev. Après un court interplanétaireappareil de vol, construit aux frais de la république (où est l'argent, Zin ?), en toute sécurité faire atterrir de courageux voyageurs à la surface de la planète rouge. Mars sous la plume Tolstoï irrésistiblement roulant à le coucher du soleil. Cette délabré, mourant monde il y a longtemps

gaspillé inutilement l'héritage du grand passé, et maintenant une haute culture créée par travail acharné de dizaines de générations de Martiens, est profondément déclin. flétri canaux, abandonné résidents villes, détruit avant de terrains gigantesque réservoirs
– sur le tout le monde mensonges sceller ruine et désolation.

En cours de route, il s'avère qu'avec son sans précédent décollage culturel Les martiens sont obligés natifs de la planète Terre: il y a 20 mille ans, lorsque la légendaire Atlantide, s'étant séparée en morceaux, coulés dans les profondeurs de la mer, les féroces Magatsitls - la caste suprême des Atlantes, par le feu et planté d'une épée civilisation autour du monde - a commencé Pars originaire de planète. À travers océan chute l'eau, dans fumer et cendres, elles ou ils s'est envolée dans monde espace dans bronze, qui avait formulaire des œufs, espace dispositifs. Martien annales Aller temps dire:

Quarante jours et quarante nuits, les Fils du Ciel sont tombés sur Tuma. L'étoile Talzetl se levait après l'aube du soir et brûlé d'une lumière inhabituelle, comme un mauvais œil. Beaucoup de fils du ciel sont tombés morts, beaucoup ont été tués sur les rochers, mais beaucoup ont atteint la surface de Tuma et ont été vivant.

Les ancêtres des Martiens appelaient leur planète natale Tuma, et l'étoile sanglante Talzetl - c'est Land dans les dialectes locaux. Les extraterrestres ont labouré les champs et y ont semé de l'orge, coupé à travers Dénudé martien plaines réseau canaux et érigé cyclopéen les immeubles. Ensemble Avec leur est venu Super Connaissances, enregistré coloré taches dans ancienmanuscrits.

Messagers soviétique Russie attrapé du tout une autre ère. Si un tirer profit terminologie de Lev Nikolaevich Gumilyov, un historien russe bien connu, Martiens a finalement et irrévocablement perdu la passion et est tombé dans la folie pure. Similaire condition, lorsque société extrêmement atomisé un vital énergie le sien membres fluctue près du point de congélation, on l'appelle communément la phase d'obscurcissement. Éclats de haut Culture pourri dans poussiéreux dépositaires de livres, un Puissance a été usurpé groupe oligarques cyniques. Les gens ordinaires vivaient dans la pauvreté. Il va sans dire que le héros civil guerre, à la retraite commandant de division Gusev, supporter tel la laideur ne pas pourrait. Il regarda autour de lui, et son âme fut blessée par la souffrance. Le commandant de la division de combat a lancé une armée coup d'État, et d'abord la fortune le favorisa. Mais les choses ont vite dégénéré. renverser ample milice rebelles gouvernement troupes ont traversé dans résolu attaque, et notre héros devait hâtivement emporter les jambes. Allumer Quatrième planète dans composé russe fédération, à malheureusement Alors et manqué.

Alors pages "Martien chroniques", publié de dessous stylo Américain écrivain de science-fiction Ray Bradbury, un Mars très différent se lève. Mais dans le plus poignant Dans les nouvelles de ce cycle, on voit la même chose - une culture fragile et raffinée qui se meurt sous les bottes de colons sans cérémonie et sans instruction de la Terre. Ces forts et vigoureux les mecs magnifique connaître Avec qui côtés à sandwich pétrole, un moindre manifestation intelligence causes à leur en bonne santé affirmation de la vie rire. Elles sont amusement abattant des petites villes martiennes abandonnées depuis longtemps par leurs habitants, et les tourelles de porcelaine en apesanteur s'effondrent silencieusement en poussière. Indigènes en voie de disparition en quelque sorte survivre mien siècle dans plus sourd et inaccessible coins planètes, et seulement rarement-rarement boîte voir impétueux Blanc comme neige voiliers martien, Coupe les tiges acérées des sables rouges des déserts martiens. Et à la croisée des chemins champignons après pluie, grandir moche canettes, ouvert saucisson en dessous de des panneaux maladroits et des camions lourds ronronnent en tournant maladroitement dans les nuages mince orange poussière. Une mot, répète génial Américain frontière, dans résultat qui a péri et fondu sans pour autant trace unique Culture la totalité continent.

MAIS qu'est-ce que Quatrième planète dans réalité? Quoi représente toi-même réel, un pas un Mars imaginaire ? Jusqu'à récemment, il n'y avait pas de réponses à ces questions. Scientifiques fantasmé qui dans quoi beaucoup. Mars est une planète morte, disent certains. S'il y avait la vie, alors elle est a péri des centaines million années retour, lorsque sur Terre il marchait autour antédiluvien lézards. Rien de tel, ont objecté d'autres. Et que voulez-vous faire avec un réseau étendu canaux (soit dit en passant, jusqu'à 50 kilomètres de large!), Qui relient les calottes polaires avec latitudes tempérées de Mars ? Il ne fait aucun doute qu'il s'agit d'irrigation complexe bâtiments, redistributif précieux martien humidité. Délirer grise juments, les sceptiques fulminaient. Les soi-disant canaux ne sont que des défauts naturels croûte martienne. Et qui a dit que Mars était un monde dur et ancien, ont demandé les passionnés. Peut-être la plupart - des océans liés par une coquille de glace, et le notoire canaux - tout simplement fissuré la glace ou végétation, nourris sous-glaciaire humidité.

Une clarté relative n'est venue qu'avec le début de l'ère de l'astronautique. Les premières sondes atteint la quatrième planète, enregistré une atmosphère extrêmement raréfiée, l'absence totale de grands réservoirs et de nombreuses traces de bombardement de météores. Aujourd'hui, au voisinage de Mars (et à sa surface en y compris) visité de nombreuses stations automatiques, nous avons le droit d'apporter le premier préliminaire résultats. Et si passage populaire Acteur de cinéma Philippova avant de à présent puisque reste sans réponse ("Y a-t-il de la vie sur Mars, y a-t-il de la vie sur Mars - c'est encore de la science inconnue") alors relativement floraison pommiers boîte s'exprimer Suite absolument.

Puisque Mars reçoit plus de deux fois moins de chaleur du Soleil que la Terre, température annuelle moyenne à sa surface est de moins 60 degrés Celsius. Et bien qu'en été à l'équateur la température monte parfois quelques degrés plus haut zéro, les chutes de température quotidiennes sont énormes et atteignent plusieurs dizaines de degrés. Par exemple, dans l'hémisphère sud au cinquantième parallèle, la température au plus fort de l'automne ne monte au-dessus de moins 18 degrés Celsius à midi et descend à moins 63 degrés Celsius la nuit degrés. Alors important portée Température hésitation sur le à travers journées expliqué extrême parcimonie Martien atmosphère, qui consiste sur le 95% de gaz carbonique gaz. Sur le partager azote et argon compte pour 2,5 % et 1,6 % respectivement, un la teneur en oxygène ne dépasse pas 0,4 %. enregistré sur la calotte polaire nord exclusivement basses températures ordre moins 138 degrés Celsius. atmosphérique La pression à la surface de Mars est 160 fois inférieure à celle de la Terre au niveau de la mer. Juste sur au fond des dépressions les plus profondes, il « grandit » deux fois. L'atmosphère martienne est extrêmement sec et presque pleinement privé l'eau vapeurs. en outre sur le Mars périodiquement éclater le plus fort tempêtes, levage dans air des milliards tonnes poussière. Leur durée vient avant de 100 journées, un la rapidité vent atteint 70 kilomètres dans heure.

Alors le chemin moderne Mars - c'est très sévère monde, et parler sur l'existence de formes de vie complexes dans des conditions aussi extrêmes, selon tout probabilité, ne pas compte pour. DE une autre main, ne pas devrait Oubliez, Quel la vie caractérisée par une plasticité extraordinaire et un potentiel adaptatif élevé. Nous avons déjà passé mention sur communautés organismes fabuleux moi même sentiment à proximité
"le noir les fumeurs" sur le océanique journée, où Température atteint 250–300 degrés Celsius. Quelques terrestre bactéries peut faire en sorte sans pour autant oxygène et survivre dans acides et alcalis. La surface solide de la Terre et les océans ne sont qu'une petite partie habité paix, un Profond dans intestins notre planètes s'épanouit complexe écosystème micro-organismes, presque ne pas communicant Avec externe le monde. Par opinion quelques scientifiques, montant organismes colonisé en dessous de la terre, visiblement dépasse Numéro terrain habitants. controverse de nombreux bactéries peut dans couler long temps survivre dans espace, Quel C'était ne pas une fois que éprouvé expérimentalement. Bien sûr dur la lumière ultraviolette les tue, mais une fine couche protectrice de poussière, en règle générale, s'avère assez suffisant, à augmenter considérablement leur résilience.

Par conséquent, il n'est absolument pas exclu que dans le sol martien on puisse trouver formes de vie primitives, surtout compte tenu du fait qu'il y a de l'eau sur Mars. La couche inférieure des calottes polaires de la planète rouge, épaisse de plusieurs kilomètres, est complexe de la glace d'eau ordinaire mélangée à de la poussière, et sur le dessus, ils sont recouverts d'un film mince congelé gaz carbonique. ce Alors appelé "sec la glace", lequel à avec certitude Bien à toi pancarte, lecteur: le sien large utilisation dans été Chauffer, à enregistrer de prématuré fusion quelques aliments des produits, par exemple crème glacée. Entre d'ailleurs, les changements saisonniers des calottes polaires sont associés précisément à l'évaporation de cette mince (environ 1 mètre) de la couche supérieure. De plus, dans certaines zones sous la surface de Mars devoir être situé plusieurs kilomètres épaisseur éternel pergélisol. O disponibilité cryolithosphère témoigner dans en particulier quelques particularités bâtiments géologique structures sur le surfaces Mars. MAIS relativement récemment théorique calculs a obtenu fiable expérimental la confirmation. Américain la sonde spatiale "Mars Odyssey", lancée en avril 2001, découverte le 60 degré de latitude sud est un vaste océan de glace d'eau souterraine. De plus, par Selon certains scientifiques, dans le sol martien à des profondeurs de 100 à 400 mètres, l'eau peut être être même dans liquide condition: dans Par ailleurs Cas difficile Explique l'origine de sillons spécifiques sur les parois des canyons et des cratères. Vrai, pas vraiment dégager, comment à sinistre Martien température froide gelé amorçage sur le couple kilomètres profondément dans peut être survivre liquide l'eau. DE une autre main, à proximité igné foyers, qui sur le Mars suffisant, la glace peut être fondre, qui passe dans liquide phase.

Plusieurs décourageant ce fait, Quel rentrée dispositifs Américain "Vikings" engagé mou, tendre un atterrissage sur le surface Mars et sur le à travers pendant plusieurs années à étudier la composition de l'atmosphère, les conditions météorologiques et le sol, n'a pas trouvé de traces la matière organique, qui pourrait être un produit de l'activité vitale des micro-organismes. Cependant assez Peut-être, Quel constructeurs auto-propulsé dispositifs tout simplement mauvais a choisi direction recherches. Si un microbes cache Profond dans terrain, "Vikings" élémentaire ne pas pourrait leur trouver.

Alors le chemin question sur Martien la vie boîte formuler dans Trois choix : une) sur le Mars jamais ne pas C'était la vie; 2) sur le surfaces planètes la vie Non, mais elle est peut êtreexister dans son intestins; 3) aujourd'hui sur le Mars la vie Non, mais elle est existait dans le passéc'est pourquoi boîte trouver son traces. DE première option tout dégager. Relativement deuxièmepossible divers des avis mais à en toute confiance raison sur sous-sol bactériesnécessaire Additionnel rechercher. MAIS ici troisième option représente incontestéintérêt, parce que le de nombreux scientifiques convaincu Quel dans loin passé l'eau sur le Mars C'était dansexcès. Selon certains calculs, il y a 4 milliards d'années, c'était encore plus que sur Terre.À propos de cette témoigner grandiose canyons et à sec fleuve lit de rivière, dans trouvé à la surface de Mars. Certains d'entre eux atteignent200 kilomètres largeur à longueur plusieurs mille kilomètres. Même puissant Amazone – le plus Profond fleuve notre planètes - regards sur le cette Contexte suffisant pâle. Oùpourrait se débarrasser de l'eau, formé ces géologique structures, âge quiévalué dans 3 milliard années et Suite? Entre les sujets scientifiques planétaires ne pas exclure Quel dans celoin ère extensif domaines nord hémisphère Mars étaient couvert océanprofondeur kilométrique. Des lacs martiens morts se trouvent également de manière visible-invisible. Un desleur C'était relativement récemment identifié Américain géologues. Le sien dimensionspeut succès plus riche imagination: sur Région ce assez comparable Avecle territoire total du Texas et du Mexique, et la profondeur de ce monstre a atteint 2 kilomètres.Alors Quel même après tout passé Avec Mars? Scénarios cataclysme a inventé génial beaucoup de. Par exemple, Français astronome Jacques Laskar croit Quel coin inclination axesrotation Mars à avion le sien orbites il y a ordre de grandeur variable. Aujourd'hui, comment connumartien axe incliné à écliptique en dessous de angle 25 degrés, alors il y a Total sur le deux degrésSuite, comment coin inclination terrestre axes. Par opinion Lascara, 6 million années retour cetteordre de grandeur a été 47 degrés. Mars allonger pratiquement sur le côté, et le sien poteaux reçumaximum ensoleillé Chauffer. Polaire Chapeaux fondu pleinement, et dans atmosphère planètesreçu énorme quantités gaz carbonique gaz et l'eau vapeurs. Gaz carbonique fourniserre effet, et l'eau des couples condensé et est tombé sur le surface, formant

océan de plusieurs kilomètres de profondeur. Laskar pense qu'au cours des 10 dernières million années coin inclination Martien axes à avion écliptique à plusieurs reprises modifié dans très large dans - de 13 avant de 47 degrés. Cause pour que C'était puissant le champ gravitationnel des voisins les plus proches de Mars, en premier lieu - Jupiter. Quatrième la planète ressemble à une toupie pour enfants ou à une toupie état d'équilibre instable qui rendre impact de l'exterieur. Mars tout temps "dansant" et poteaux planètes recevoir alors excès, alors défaut ensoleillé Chauffer. Aujourd'hui sur le Mars glacial période. Entre d'ailleurs, sur opinion Français astronome, terrestre axe aussi pourrait aurait
"saut" d'avant en arrière si aurait ne pas stabilisation rayonnement Lune.

une autre version cataclysme proposé notre compatriote Alexandre Portnov, dont l'article a été publié dans le numéro de février de la revue "Knowledge is Power" pour 2004 an. Mars souvent appelé Rouge planète et dans cette Nom Non non exagération : sa surface a vraiment une teinte rougeâtre due à la forte contenu dans Martien terrain Alors appelé de couleur rouge sables. Ici ces des sables rouges complètement inhabituels de Mars, rappelant la couleur du sang, juste intéressé Portnova. Une entreprise dans le volume, Quel et rouge Couleur du sang, et rouge Couleur Martien sables expliqué une et jouet même cause - abondance oxyde glande. Hémoglobine, transmettre du sang spécifique Couleur, contient oxyde glande, un le sientrivalent oxydes dans formulaire le sable et poussière couverture surface Mars. Portnov écrit :

...

Américain gares remis intelligence sur chimique composition Martien sol et indigène Montagne races. Ces données indiquent que le sol martien rouge est composé de de oxydes et hydroxydes glande Avec impureté glandulaire argile et sulfates calcium et magnésium. Un tel ensemble de minéraux est typique des minéraux de couleur rouge largement développés sur Terre. croûtes d'altération qui se produisent dans un climat chaud, une abondance d'eau et libre oxygène atmosphère.

Aux époques géologiques passées, lorsque la terre était dominée par des serre climat, fleurs rouges étaient commun beaucoup plus large et, Probablement, couvrait la surface de presque tous les continents. La puissance totale des fleurs rouges terrestresatteint plusieurs kilomètres, mais alors même plus boîte voir et sur le Mars: couche Martien "rouiller" évalué dans 3–5 kilomètres. Entre d'ailleurs, ni sur le une la planète du système solaire, à l'exception de la Terre et de Mars, une telle "rouille" est introuvable. Dans le même temps, il est bien connu que les roches de couleur rouge sur Terre ne pourraient se former que après Aller, comment dans atmosphère est apparu libre oxygène. Mais attelage dans le volume, Quel pratiquement la totalité oxygène terrestre atmosphère (un le sien là 21 %) Il a biogénique d'origine, c'est-à-dire formé à la suite de processus biosphériques. Autrement dit, oxygène - c'est produit et progéniture la vie. Si un détruire tout végétation, l'oxygène libre s'évapore presque instantanément. Il renouera avec le bio substances va entrer dans composé gaz carbonique et oxyder le fer Montagne races.

D'où vient la "rouille" martienne, si la teneur en oxygène de l'atmosphère la quatrième planète est complètement négligeable - pas plus de 0,4 % ? Un tel montant est clairement pas assez pour éducation puissant couche de couleur rouge races. Par conséquent, ces les roches sont très anciennes et se sont formées lorsqu'il y avait beaucoup d'oxygène libre. Il a été retiré de l'atmosphère martienne et a oxydé le fer des roches, formant le fameux rouge sables. ramifié fleuve rapporter irréfutablement témoigne sur en quantité l'eau dans loin passé. Sommaire: alors puissant couche "rouiller" sur le Mars pourrait ne se produisent qu'avec l'action combinée de l'eau et de l'oxygène atmosphérique libre dans les conditions chaleureuse climat. MAIS parce que le oxygène dans tel quantités devoir ont biogénique origine, à Mars une fois que les forêts rugissaient.

Qu'est-il arrivé? Qu'est-ce qui a tué la vie sur la planète rouge ? Portnov estime que Les débris de sa troisième lune, Thanatos, se sont effondrés à la surface de Mars. Cependant, à propos de tout ordre.

Les sables rouges martiens ont une caractéristique unique : ils sont magnétiques. Souvent on les appelle ainsi - les sables rouges magnétiques de Mars. Mais les fleurs rouges terrestres, étrange le chemin ne pas magnétisé. À comment même est-ce le cas? Suite une fois que écoutons Portnova :

...

Cette tranchant différence dans physique Propriétés expliqué les sujets Quel à le même composition chimique (Fe2O3), le minéral hématite (de grec "hématoses" - du sang) Avec impureté limonite (hydroxyde glande), un sur le Mars le minéral maghémite, un minéral très rare dans les roches terrestres, un oxyde magnétique rouge, prédomine fer, ayant la composition chimique de l'hématite, mais la structure cristalline de magnétique minéral magnétite (Fe3O4).

L'hématite et la limonite sont des minerais de fer courants, tandis que la maghémite se forme parfois à oxydation magnétite, si persister le sien primaire cristalline Structure et propriétés magnétiques. Chauffée à plus de 200 °C, la maghémite se transforme en hématite et devient amagnétique.

La maghémite était considérée comme un minéral rare sur Terre jusqu'à ce que je découvre que territoire Yakoutie au sens propre bombardé d'énormes quantité magnétique oxydes glande. Il s'agissait de sable rouge-brun ou de plaques de formes diverses. Mais les propriétés de ce maghémite étaient inhabituel: après calcination il resté magnétique, Comme le sien synthétique analogue. je décrit le sien comment Nouveau minéral variété et nommé
"écurie maghémite". est né des questions: Pourquoi il est différent sur Propriétés de
"habituel" maghémite, Pourquoi le sien Alors beaucoup de dans Yakoutie mais Non parmi nombreux fleurs rouges équatorial secteurs Terre?

Reste à expliquer d'où vient la maghémite stable, et même en telle quantité. Portnov écrit qu'il se forme facilement lorsque les croûtes d'altération de la limonite sont calcinées, qui dans Yakoutie très beaucoup de. Par conséquent, besoin chercher la source haute Température. Au début, les scientifiques ont péché sur les incendies de forêt, mais cela n'a même pas expliqué sans compter: les forêts brûlent partout, y compris à l'équateur, et l'oxyde de fer magnétique est là soit pas du tout, soit négligeable. La solution est venue, comme cela arrive souvent, avec un imprévu côtés.

Un cratère de météorite géant a été découvert dans le bassin de la rivière sibérienne Popigay à proximité 130 kilomètres dans de l'autre côté, âge qui, sur opinion spécialistes, est
35 million années. grandiose catastrophe passé sur le tour deux géologique périodes de l'ère cénozoïque - l'Éocène et l'Oligocène, lorsque la flore et la faune de la Terre ont subi changements importants. En particulier, la limite de ces ères est marquée par la divergence d'un seul tronc de primates et l'apparition du premier anthropoïde singes. Il est probable que l'une des raisons qui ont remodelé le visage de notre planète était une attaque de météorite depuis l'espace. Vraisemblablement, l'astéroïde Popigai a atteint 8 à 10 kilomètres de diamètre et a volé de la rapidité à proximité trente kilomètres dans donne moi une seconde. Il frappé atmosphère à travers, un publié à succès énergie a été alors génial, Quel immédiatement fondu plusieurs mille cubique kilomètres Montagne races, mélange ensemble basaltes, granites et dépôts sédimentaires. Dans un rayon de plusieurs milliers de kilomètres, tout a brûlé, évaporé l'eau des lacs et rivières, un surface planètes sur le important à traversfrit comme un os dans Feu.

MAIS à présent rappelles toi Quel directement par orbite Mars situé ceinture astéroïdes - énorme Roy miniature planètes et débris mauvais formes, appliquer autour de Soleil entre orbites Mars et Jupiter. Le plus gros de petit planètes - Cérès, ouvert Suite dans 1801 an, Il a diamètre environ 1000 kilomètres, mais la grande majorité des corps célestes de la ceinture d'astéroïdes sont beaucoup plus petits - des centaines mètres à plusieurs kilomètres. Des signes d'un impact intense de météorite ont été trouvés sur Mars. bombardement; quelques seulement gigantesque cratères, chaque de qui Suite Popigaisky, il y en a plus d'une centaine à sa surface. Ainsi, nous avons le droit supposer Quel magnétique fleurs rouges Mars obligé leur origine le plus fort calcination le sien sol dans résultat astéroïde succès. clairsemé l'atmosphère de la quatrième planète reçoit également une explication naturelle, puisque les gaz à haute températures tour dans plasma et disparaître dans espace. MAIS oxygène, détectable aujourd'hui sur le Mars dans insignifiant quantités, boîte audacieusement Nom relique: ce sont les misérables restes de l'oxygène qui était autrefois généré par la destruction la vie.

Mars possède deux minuscules satellites - Phobos et Deimos (« peur » et « horreur » dans traduit du grec), qui tournent autour de la planète mère à très basse orbites. Leur origine finalement ne pas installée. À le sien temps célèbre domestique astrophysicien ET. DE. Chklovsky même exprimé hypothèse Quel Phobos peut être avoir une origine artificielle, mais par la suite son hypothèse n'a pas été confirmée. Selon la plupart des scientifiques, les satellites de Mars sont capturés par lui depuis la ceinture d'astéroïdes. Elles sont cadeau toi-même céleste corps mauvais formes Avec presque circulaire orbites. Phobos ressemble à une pomme de terre de 26 kilomètres de long et 18 kilomètres de large. Dimensions de Déimos moins - 16 et Dix kilomètres respectivement. Déimos attire autour de Mars sur le une distance d'environ 23 000 kilomètres, mais Phobos rampe très bas : il est séparé de planètes un peu moins 6 mille kilomètres. Période le sien appels très petit - par seul martien journée il a le temps trois fois faire le tour Mars. Phobos vite approchant à maternel la planète et assez Peut-être, Quel il suffisant bientôt (sur astronomique normes, bien sûr) traversera Alors appelé limite Rosha, alors il y a quelques assez certain critique distance (posséder pour tout le monde céleste corps), sur le qui gravitationnel force déchirer le satellite sur le les pièces.

Sur le Mars limite Rocha passe dans 5 mille kilomètres de surfaces planètes, par conséquent, Phobos était un peu à court d'une mort peu glorieuse mais bruyante. Estimé spécialistes, la tragédie se produire sur à travers 40 million années et sera ont conséquences catastrophiques. Lorsque les débris du satellite s'écrasent sur Mars, sa surface réchauffer avant de le plus élevé températures, un les restes atmosphère dans formulaire plasma s'envoler dans monde espace.

Portnov écrit :

...

Comment nous voyons titres pour satellites choisi très avec succès: Mars situé en dessous de Peur avec Horreur pour démarrer. Je pense que Mars avait au moins une autre lune dont le meilleur nom est Thanatos, la mort. Thanatos était en orbite basse, que Phobos. Il a été inhibé par l'atmosphère martienne dense, passé par la limite Roche et ses fragments ont détruit toute vie sur Mars. Des fragments de ce terrible astéroïde des attaques - des morceaux de la croûte martienne - se sont envolées vers la Terre. Curieusement, les cratères sur Mars formulaire linéairement allongé secteurs et suivre ami par ami, comment traces mitraillette files d'attente. Peut-être, Alors reflété directions "principale coups" chute ami par ami débris Thanatos.

Quoi boîte dire sur cette sur? Version Portnova, indubitablement, mérite attention car Quel génial explique divers incohérences dans récent géologique passé Rouge planètes. DE une main, sec canyons et préhistorique fleuve vallées, lavé relique eaux, un Avec une autre - morte un paysage lunaire qui ne laisse aucune chance aux géologues. Quand l'épave du brisé Satellite brûlé tout vivant sur le surfaces Mars passé magnétisation roches de couleur rouge, et les restes de l'atmosphère martienne se sont transformés en plasma chaud et dispersés dans l'espace interplanétaire. Des hauteurs cosmiques sont descendus mortellement froid, et par peu des millions années Mars tourné dans désert sans vie.

Entre d'ailleurs, notre planète aussi connaissait pas le meilleur temps et ne pas Etre fatigué timide de extrêmes dans extrême. Sur le à travers récent deux million années cruel glaciation Avec enviable régularité modifié chaleureuse interglaciaires. Il y a environ 10 000 ans, dans le soi-disant maximum de l'Holocène, les glaciers ont finalement fondu et moyenne annuelle Température obstinément grimpé en haut. Par relativement un courtau fil du temps, il a grandi très profondément, dépassant les valeurs modernes de 3 à 5 degrés. À à cette époque, toutes les zones climatiques étaient décalées de 800 à 1000 kilomètres vers le nord, et latitude contemporain Mourmansk bruyant forêts de chênes. Désert Sahara a été épanouissement savane, sur les étendues desquelles d'innombrables troupeaux d'ongulés cueillaient de l'herbe, et dans la boue crocodiles et hippopotames barbotaient dans les bassins chauds. Mais est-ce que quelqu'un aujourd'hui cette rappelles toi? Affaires pendant longtemps passé journées légendes de l'antiquité Profond…

Mérite attention histoire Alexandra Portnova sur volé avant de Terre fragments de la croûte martienne après la chute de Thanatos. Les météorites viennent de Mars connues plusieurs dizaines, ce qui en soi amène certaines réflexions. Aujourd'hui leur origine martienne est pratiquement indubitable, puisque l'isotope la composition des gaz rares de ces corps célestes est identique à la composition de l'atmosphère de Mars. Mais la météorite ALH84001 pesée à proximité 2 kilogrammes, trouvé dans Antarctique dans 1984 an, appelé sensation réelle. Une étude attentive de la découverte a montré que la météorite mentionnée a subi un fort impact il y a environ 16 millions d'années, et a frappé la Terre relativement récemment (il y a 13 mille ans). Tout irait bien, mais l'étude de son intérieur structures à l'aide d'un microscope électronique à balayage ont permis d'identifier dans le corps céleste invité très spécifique détails, qui rappelle fossiles micro-organismes. Par personnage chimique dépôts, à l'intérieur qui
"mis sous cocon" bactéries, scientifiques est venu à conclusion Quel leur âge est 3.6 milliard d'années, c'est-à-dire qu'il se réfère sans aucun doute au moment où la météorite était dans le martien rochers. Certes, les experts sont confus par le fait que d'hypothétiques bactéries martiennes dans 100 - 1000 une fois que inférieur dans tailles leur terrestre analogues. Microbiologistes secouer épaules: dans alors petit le volume ne pas sera capable s'intégrer intracellulaire organites, nécessaire pour leur activité vitale.

Dimensions "Martien" bactéries assez comparable Avec terrestre virus, mais récent ne pas ont cellulaire structures et ne pas peut exister tout seul. DE d'autre part, dans quelle mesure peut-on faire confiance aux microbiologistes en ce qui concerne les lois étranger évolution? Une mot, question restes ouvert: à cadeau temps dans disposition terrestre la science disponible le seul témoin extra-terrestre la vie, très, cependant peu fiable.

Cinquième planète solaire systèmes sur droit porte Nom suprême dieu de ancien panthéon romain. Jupiter olympien, c'est le grec Zeus le Tonnerre, sévère, mais équitable Monsieur: à lui rien ne pas frais timide mortel perun sur moche non-entendant, qu'il soit - un homme ou une autre créature de Dieu. Pour aveugler un Jupiter, il faudrait 318 Terres - exactement autant de fois il dépasse la Terre en masse. Et bien qu'il soit plus de deux fois plus lourd que tous les autres planètes du système solaire, prises ensemble, il faut au moins 1047 Jupiters pour mode le seul et unique Soleil. Diamètre Jupiter dépasse terrestre dans Onze une fois que et est presque 143 mille kilomètres. Comme il sied à un patriarche d'une famille planétaire, il flotte à travers le ciel avec la dignité qui sied à sa dignité, imposant et sans hâte, dans accompagné d'une escorte d'honneur de ses 63 compagnons, faisant le tour complet Soleil par 12 sans pour autant petit années. régnant personnes Avec Olympe dépêche toi nulle part à leur en avant éternité.

Jupiter pistes liste gaz géants, qui étonnamment différent de planètes terrestre groupes. Premièrement, elles ou ils très génial et massif: sur le leur partager compte pour 99,5% de la masse de toute la famille planétaire. Deuxièmement, ils sont composés principalement d'hydrogène et d'hélium, par conséquent, la densité moyenne de la substance des planètes géantes se rapproche de la densité de l'eau - de 0,7 g/cm3 de Saturne à 1,6 g/cm3 de Neptune. La densité moyenne des planètes telluriques est beaucoup au dessus et fluctue de 5,5 g/cm3a Terre avant de 3,9 g/cm3a Mars. Troisièmement, elles ou ils privé distinct bord, séparer atmosphère et surface planètes : leur puissant gaz coquille doucement passe dans océan liquide moléculaire hydrogène. Pour terminer, tout les planètes géantes sont entourées d'anneaux, mais si tout le monde a entendu parler des fameux anneaux de Saturne, alors similaire éducation à Neptune, Jupiter et uranium étaient découvert relativement récemment.

Royal Jupiter regards très de manière impressionnante même sur le Contexte leur gaz frères. Par exemple, Saturne, qui ne lui est pas très inférieur en taille, est plus de trois fois plus léger Jupiter. Visible surface cinquième planètes - c'est couche solide nébulosité de ceintures sombres et claires alternées, peintes de différentes couleurs et s'étendant de de l'équateur aux quarantièmes parallèles des latitudes nord et sud. La diversité des zones latitudinales en raison du mélange de divers composés chimiques. Peut-être le détail le plus célèbre à la surface de Jupiter - la soi-disant Grande Tache Rouge, une formation ovale tailles variables, situées dans la zone tropicale méridionale. A l'heure actuelle il les dimensions sont de 15 000 x 30 000 kilomètres, donc à l'intérieur de la tache rouge, vous pouvez travail pour mettre côte à côte deux globes. Des astronomes observent cette mystérieuse structure sur le plus de 300 ans.

Quelques scientifiques considéré rouge endroit solide et suffisant facile corps, flottant dans plus haut couches atmosphère, mais cette extravagant version ne pas trouvé confirmation. Selon les concepts modernes, la Grande Tache Rouge est gratuite vortex atmosphérique migrant de type anticyclonique, cependant, l'origine de ce vortex et les raisons de son étonnante stabilité, les planétologues ne peuvent rien dire certain.

Malgré sa lourdeur, Jupiter tourne très rapidement autour de son axe. Plein la rotation est effectuée en seulement 9 heures 50 minutes, donc la durée de Jupiter journées ne pas dépasse Dix heures. MAIS parce que la planète représente toi-même non solide corps, la rapidité axial rotation diffère en fonction, dépendemment de latitude, donc équatoriale les zones tournent plus vite que les polaires. Il n'y a pas de saisons sur Jupiter car le plan de son équateur se trouve pratiquement dans le plan de l'orbite (l'angle d'inclinaison est seulement 3 degrés). Comme déjà mentionné, les principaux composants de Jupiter qui composent le corps les planètes sont l'hydrogène et l'hélium dans un rapport de 80 et 20%, respectivement (en masse). À Dans cette étude utilisant des sondes spatiales a montré que la couche supérieure de nébulosité, selon toute probabilité, composée de pennées ammoniac nuages, et ci-dessous le mélange hydrogène, méthane et congelé cristaux ammoniac. Par Chèque convection processus dans atmosphère de Jupiter, un système de courants zonaux stables se forme sous la forme de forts vents soufflant dans le même sens. Leur vitesse est très importante et varie de 50 à 150 mètres par seconde. Jupiter a un champ magnétique puissant, selon la force sur ordre supérieur magnétique champ Terre. planète entourer étendu radiation ceintures, un plume magnétosphère Jupiter boîte réparer même par orbite Saturne.

Jupiter est situé cinq fois plus loin du Soleil que la Terre, à une distance d'environ 800 million kilomètres, c'est pourquoi Température externe nuageux couverture gigantesque la planète ne dépasse pas moins 130 degrés Celsius. Cependant, le rayonnement thermique le sien intestins deux fois dépasse afflux ensoleillé Chauffer, Quel Il parle sur complexe processus, en cours dans profondeurs planètes. DE profondeur pression et température rapidement se développent atteindre très gros quantités. À 1995 an quartier Jupiter a visité Sonde américaine "Galileo", dont le module de descente est géré à l'aide d'un parachute pénétrer dans l'atmosphère de la géante gazeuse jusqu'à une profondeur de 156 kilomètres, en conséquence résultant en des données précieuses sur la structure interne de la planète. Et la sonde elle-même pour la première fois en l'histoire est entrée en orbite autour de Jupiter et jusqu'en 2003 a étudié la planète et ses satellites. j'apporterai Devis de fondamental travail "Astronomie: siècle XXI", publié à 175e anniversaire État astronomique Institut leur. P À. Sternberg.

...

Sur le base Les données, reçu espace sondes, et théorique calculs des modèles mathématiques de la couverture nuageuse de Jupiter ont été construits et des idées sursa structure interne. Sous une forme quelque peu simplifiée, Jupiter peut être représenté comme coquillages dont la densité augmente vers le centre de la planète. Au fond de l'atmosphère épais 1500 kilomètres, densité qui vite croissance Avec Profond, situé couche gaz-liquide hydrogène épais à proximité 7000 kilomètres. Sur le niveau 0,9 rayon planètes, où pression est 0,7 Mbar (alors il y a dans 700 000 une fois que Suite terrestre. - *L Ch.)*, un température est d'environ 6500 K, l'hydrogène passe dans un état moléculaire liquide, et après 8000 km - dans un état métallique liquide. Avec l'hydrogène et l'hélium, la composition des couches comprend une petite quantité d'éléments lourds. Noyau interne d'un diamètre de 25 000 km - silicate métallique, y compris aussi l'eau, ammoniac et méthane. Température dans centre est 23 000K, un pression - cinquante Mbar. similaire structure Il a et Saturne.

C'est clair: Jupiter - c'est monde, Alors différent de notre Quel C'était aurait aussi imprudemment Avec au seuil rejeter possibilité existence inhabituel formes la vie dans les entrailles d'une immense planète. L'atmosphère de Jupiter contient de l'oxygène, de l'azote et du carbone et contenu oxygène, sur quelques estimations, peut être dans 5 - Dix une fois que dépasser ensoleillé. Et même si chercher l'eau donner le plus contradictoire résultats, question sur la présence de vapeur d'eau dans l'atmosphère de la cinquième planète n'a pas été définitivement élucidée. Dans chaque cas, la présence de cumulus éphémères au voisinage de la Grande Tache Rouge fait du environ beaucoup penser.

Non moins intéressants sont les grands satellites de Jupiter, communément appelés Galiléen, en l'honneur du physicien et astronome italien qui les découvrit au début du XVIIe siècle Galilée. Il y en a quatre - Io, Europa, Ganymède et Callisto, et Ganymède est le plus gros Satellite dans solaire système; il dépasse sur tailles même Mercure. Cependant, à l'heure actuelle, l'attention de la plupart des scientifiques est attirée par la seconde des Satellites galiléens - L'Europe comme candidat possible au rôle de berceau des protozoaires Forme de vie. Le fait est que la surface de cette petite planète (son diamètre est légèrement inférieur lunaire) est recouverte d'une puissante croûte de glace d'une épaisseur de cent kilomètres, et sous elle roule paresseusement ondule un océan solide d'eau liquide, dont la profondeur peut atteindre 50 kilomètres. L'océan sous-glaciaire est une sorte de manteau de l'Europe, et il est fort probable que que l'eau qu'il contient est chaude, car elle est chauffée par la chaleur provenant des entrailles de la planète. Alors le chemin deuxième Satellite Jupiter - la seule chose, Outre la terre, céleste corps solaire systèmes, ne pas essai manque de vitalité humidité.

Moyen densité L'Europe ☐ approchant à densité planètes terrestre groupes et est d'environ 3 g/cm3. Par conséquent, 80% de sa masse tombe sur des roches silicatées, composant le noyau chauffé, et 20% - sur de la glace d'eau (manteau de glace d'eau liquide plus la glace écorce). Glace coquille planètes couvert épais réseau fissures et défauts, Quelparle de processus tectoniques actifs se produisant dans les entrailles de l'Europe. Grand fissures extensible sur le milliers kilomètres, un leur largeur fluctue de vingt avant de 200 kilomètres. Il est possible que dans l'océan sous-coque chaud du deuxième satellite de Jupiter peut exister protozoaires formes la vie. Quelques scientifiques croire Quel plus favorable termes devoir prendre forme ne pas dans océanique profondeurs, un dans domaines failles tectoniques à la surface de la planète. Le fait est qu'en raison de l'effet de marée Jupiter fissures périodiquement se rétrécissent et sont en expansion. À dernière Cas l'eau monte presque jusqu'à la surface, puis le soleil commence à pénétrer son épaisseur lumière, nécessaire pour maintenir la vie.

L'autre lune de Jupiter, Io, est légèrement plus grande que la Lune et se distingue par son activité volcanisme, lequel à stimulé marée impact maternel planètes et perturbations gravitationnelles de ses voisins les plus proches - Europe et Ganymède. Mais presque se compose entièrement de roches et des dizaines de volcans actifs émettent de la vapeur de soufreet le dioxyde de soufre à une hauteur de centaines de kilomètres à une vitesse de 1 kilomètre par seconde. C'est pourquoi à des températures moyennes très basses sur la surface Ho (moins 140 degrés sur Celsius) là boîte découvrir chaud taches Taille à partir de 75 avant de 250 kilomètres dont la température atteint 100–300 °C. Les plus grosses lunes de Jupiter sont Callisto et Ganymède est à moitié glace. Le diamètre de Callisto est presque égal au diamètre de Mercure, un Ganymède est supérieur ça en taille.

La sixième planète du système solaire, connue depuis l'Antiquité, a été nommée en honneur romain dieu Saturne qui reçu identité Avec grec Cronos. Saturne avait la mauvaise habitude d'avaler ses nouveau-nés, car, selon la prédiction Gaïa, il devait être déposé par son propre fils. Réussi à échapper au triste sort seulement junior Zeus-Jupiter à la place de qui Rhéa épouse Saturne glissé mari enveloppé dans couche pierre. mûri, Jupiter engagé palais coup, un vorace parent chuté dans Tartare. À antiquité Cronos-Saturne symbolisé temps inexorable et dévorant. La personnalité, bien sûr, est désagréable, bien que le fils avec papa aussi ne pas surtout se tenait à la cérémonie. Alors Quel poète avais Achevée droit écrivez:

Et à minuit il se lève à l'est Saturne mort
et brille comme du plomb. Vraiment
sinistre et cruel
Ton affaires, Créateur!

Comme Jupiter, Saturne est une énorme boule de gaz, rapidement tournant autour d'un axe. Une journée à la surface de Saturne dure 10 heures et 40 minutes. Bien que Saturne ne soit pas très inférieur à Jupiter en taille (son diamètre n'est que de 20 s un petit millier de kilomètres de moins que le roi des planètes, et fait 120 500 kilomètres), elle est plus de trois fois plus légère qu'elle, mais 95 fois plus massive que la Terre. Ceci s'explique unique bas milieu densité sixième planètes : elle est moins densité l'eau et est 0,7g/cm3 contre 1,33 g/cm3a Jupiter alors il y a presque deux fois dessous. Saturne ne pas pouvoir se noyer même dans kérosène.

Saturne est à près d'un milliard et demi de kilomètres du Soleil - dix fois plus loin La Terre reçoit donc, par unité de surface, 90 fois moins de chaleur solaire, et son la température à la limite supérieure des nuages ne dépasse pas moins 120 degrés Celsius. Cependant, le rayonnement thermique de ses entrailles est le double du flux d'énergie qu'il reçoit de Soleil. Saturne - hydrogène-hélium Balle, mais dans différence de Jupiter il contient beaucoup Suite hydrogène sur comparaison Avec hélium - 94% et 6% respectivement (sur le volume). Orbite cette froid géant représente toi-même presque corriger cercle, un plein tourner autour Soleil il s'engage pour 29 s ans et demi.

célèbre anneaux Saturne première découvert Néerlandais physicien et astronome Christian Huygens dans la seconde moitié du XVIIe siècle, et un quart de siècle plus tard les Français astronome italien origine J Cassini géré s'embrasser foncé insérer, divisant l'anneau plat brillant en deux. La partie extérieure de ce collier géant, extension presque sur le million kilomètres, appelé bague MAIS, un interne - anneau B. Par la suite, quatre autres anneaux ont été identifiés - C, D, E et F, et en 1980-1981 sondes spatiales américaines Voyager 1 et Voyager 2 a été envoyé sur Terre des photos Saturne et le sien anneaux Avec haute résolution. Sur le ces des photos distinctement C'est vu, Quel anneaux Saturne consister de de nombreux mille individuel étroit anneaux. Système anneaux, ceinture sixième la planète - c'est myriade pierre et glacé débris plus divers quantités et formes.

Saturne est aussi rayé que Jupiter, mais en raison des basses températures, le gel vapeurs d'ammoniac avec la formation d'un brouillard dense, ses ceintures latitudinales ne sont pas aussi clairement visibles. Un vortex atmosphérique géant de forme ovale se trouve près du pôle nord Taille Avec la terre, reçu Titre Gros brun taches. À atmosphère Saturne souffler fort zonal vent, la rapidité qui - de 100 avant de 500 mètres dans donne moi une seconde en fonction de la latitude. Comme Jupiter, Saturne possède un puissant champ magnétique, axe qui coïncide avec axe de rotation planètes.

Parmi les 56 lunes de Saturne, la plus intéressante est son plus grand satellite - Titan. légèrement inférieur à Ganymède, mais de taille supérieure Mercure. Son diamètre est 5150 kilomètres, mais s'embrasser détails sur le surfaces planètes ne pas semble possible à cause de dense atmosphère, pression qui dans un et demi fois plus que sur Terre au niveau de la mer. L'atmosphère de Titan est presque entièrement composée d'azote (98,4%), tandis que le méthane ne représente que 1,6%. De plus, il contient impuretés de propane, éthane, acétylène, argon, hélium, monoxyde et dioxyde de carbone, et certains d'autres gaz. La température des couches atmosphériques supérieures approche de moins 120 degrés sur Celsius alors comment Température surfaces planètes beaucoup de dessous et est moins
179 degrés, Quel expliqué particulier anti-serre effet (épais brouillard diffuse et reflète les rayons du soleil. Incidemment, si une personne par miracle s'est retrouvé sur Titan, il serait, selon toute vraisemblance, capable de planer facilement dans son très dense atmosphère, attachant des ailes comme l'Icare grec à leurs mains, puisque la gravité sur le surfaces la plus grande lune Saturne dans Sept fois moins terrestre.

Avant de récent temps scientifiques pensait Quel en dessous de nuageux manteau de fourrure Titan peut être cacher océan kilomètre profondeurs de éthane, méthane et azote, mais Les données, reçu automatique station Cassini, a visité quartier Saturne et devenir son satellite artificiel, contraint de reconsidérer cette opinion. Au début 2005, Cassini a lancé la sonde Huygens, qui est entrée dans l'atmosphère de Titan et à l'aide d'un parachute, a effectué un atterrissage en douceur sur sa surface. Il s'est avéré que ce liquide sur le Titan très pas beaucoup: au revoir géré trouver seulement relativement petits lacs d'hydrocarbures près du pôle nord. Après la « titanisation » des Huygen, cette la planète est devenue le seul satellite du système solaire (sans compter, bien sûr, la lune), sur le surface qui descendu espace sonde. MAIS station Cassini continue correctement travaille pour orbite Saturne jusqu'à présent puisque.

Jusqu'à la seconde moitié du XVIIIe siècle, personne n'était jamais né sous le signe Uranus, car nos ancêtres ne connaissaient pas l'existence de cet astre. septième planète Le système solaire a été découvert en 1781 par l'Anglais William Herschel, pour lequel il a reçu le titre d'astronome de la cour avec un salaire de 200 livres. Recrue presque immédiatement surnommé Uranus, ce qui était tout à fait naturel : puisque Saturne est originaire de Jupiter papa, ensuite un autre planète aurait dû s'appeler dans honneur grands-pères.

Uranus filage autour de Soleil sur le distance à proximité 3 milliard kilomètres, fabrication plein chiffre d'affaires par 84 de l'année co la rapidité presque sept kilomètres dans donne moi une seconde (La vitesse orbitale de la Terre est de 29 kilomètres par seconde). Il n'y a rien d'étonnant à cela car plus la planète est éloignée du soleil, plus elle tourne lentement - ainsi dit le troisième loi de Kepler. Mais la rotation axiale d'Uranus est tout à fait unique : le plan de son équateur incliné par rapport au plan de l'orbite à un angle de 98 degrés, de sorte qu'il tourne autour de l'axe presque couché sur le côté. Par conséquent, la durée du jour et de la nuit sur la septième planète beaucoup dépasse période son axial rotation. Soleil, qui Avec surfaces uranium regards brillant étoile, tout doucement, dans couler 21 terrestre de l'année, monte dans ciel, un ayant atteint le zénith, 21 autres années s'écoulent lentement jusqu'à disparaître au-delà de l'horizon. À venir 42 ans nuit. Alors c'est le cas une entreprise sur le poteaux, où durée journées et nuits a 42 ans. A une latitude de 30 degrés, le jour et la nuit durent 14 ans, et à une latitude de 60 degrés - 28 chacun. La période de rotation axiale d'Uranus est égale à une moyenne de 15 heures, significativement en changeant dans en fonction de la latitude.

Comment et autre planètes géantes, Uranus représente toi-même énorme gaz Balle, sur le 85% qui consiste de hydrogène, sur le 12 % - de hélium et sur le 2,3 % - de méthane. Le sien moyen la densité n'est que légèrement supérieure à la densité de l'eau et est de 1,3 g / cm, et la masse est de 14,5 fois plus que la masse de la terre. En taille, la septième planète est sensiblement inférieure à Jupiter et Saturne, cependant, son diamètre (environ 51 120 kilomètres) est quatre fois celui de la Terre. Uranus est très monde froid. La température de sa surface ne change presque pas en latitude, mais de manière significative fluctue en fonction de la profondeur - de moins 210 degrés Celsius au niveau de la partie supérieure nébulosité avant de moins 170 degrés dans sous-nuage couche. À différence de les autres gaz géants, Uranus n'a pratiquement pas de sources de chaleur internes. A la septième planète découvert puissant magnétique champ et neuf très étroit et dense anneaux, presque ne pas réfléchissant ensoleillé Sveta. Avant de cadeau temps dans alentours uranium a visité une seule et unique sonde spatiale - Voyager 2, qui la dépasse rapidement Janvier 1986.

MAIS Quel peut être dire la science sur abats mensonge sur le côté grands-pères ?
À livre
"Astronomie: siècle XXI" nous lisons:

...

Selon le modèle de la structure interne d'Uranus, au centre la température de la planète devrait être inférieure à celle de Jupiter et de Saturne, mais supérieure à celle de la Terre - environ 7200 K, et la pression à proximité huit millions de bars. Au dessus gros cœur, qui consiste de métaux, silicates, la glace d'ammoniac et de méthane et occupant environ 0,3 du rayon de la planète, il devrait y avoir un manteau de mélanges d'eau et de glace ammoniac-méthane. Au niveau de 0,7 rayon du centre commence gaz coquille de l'hydrogène et l'hélium.

Uranus est accompagnée de 27 satellites dont le plus grand, Titania, a un diamètre 1580 kilomètres. La température moyenne journalière de la surface des satellites, dont 60% sont glace, extrêmement basse - moins de 60 K (moins 213 degrés Celsius). eau glacée à cette température tourne dans solide minéral.

Neptune a été découverte en 1846 "à la pointe d'une plume" par l'astronome français Le Verrier. Ayant découvert des anomalies dans le mouvement orbital d'Uranus, il suggéra que le septième planète solaire systèmes rend rayonnement inconnue massif corps, et exactement calcula sa position dans le ciel. Guidé par les calculs de Le Verrier, l'Allemand astronomes Halle et D_re sans pour autant travail trouvé huitième planète qui s'est montré dans indiquer céleste sphères, spécifié perspicace Français. ce C'était Achevée triomphe classique mécanique Newton.

Il a été décidé de nommer la nouvelle planète Neptune (alias le grec Poséidon) en l'honneur de ancien patron romain de la mer. Neptune, maître des tempêtes les proches frère Jupiter ensemble Avec qui il divisé domination au dessus le monde après renverser titans. Par parcelle à lui a obtenu dans destin mer, alors comment couronné tonnerre colonisé sur le Olympe et est devenu gouverner Montagne hauteurs. Leur troisième la progéniture utérine - le terrible Hadès (son autre nom est Pluton) - s'est installée dans le "sombre abîmes terrain" et est devenu seigneur du royaume le mort.

Plus d'un an et demi se sont écoulés depuis la découverte de la huitième planète du système solaire. siècles, mais une année Neptune ne souffle qu'en 2011, puisque Neptune, éloigné de Soleil sur le quatre Avec demi milliard kilomètres (ou trente astronomique unités), engage plein cycle par 165 terrestre années. Par leur physique paramètres il peu différent d'Uranus, légèrement inférieur en taille (le diamètre de Neptune est de près de 49 530 kilomètres), mais sensiblement surpasser sur Masse (17 masses notre planètes) Quel expliqué le sien plus grand milieu densité (sur 1,64 g/cm3). De Soleil Neptune reçoit dans 900une fois que moins Chauffer, comment Terre. Cependant dans différence de calmes uranium intensité thermique radiation intestins huitième planètes presque tripler dépasse afflux solairel'énergie de l'extérieur. Ce phénomène est associé à la désintégration des radionucléides lourds au cœur de la planète.à cause de énorme éloignement Neptune l'étude le sien surfaces associée co difficultés importantes . Cependant, le besoin d'inventions est rusé. Profitant de arrangement mutuel unique de la Terre et des planètes géantes, la sonde spatiale Voyageur 2 géré caleçon dans 1989 an sur le distance 5000 kilomètres de Neptune avoir réussi s'embrasser quelques détails le sien nuageux manteaux de fourrure. À du sud hémisphère planète découverte Une grande tache sombre de la taille de la Terre, dérivant rapidement dans vers l'ouest à une vitesse de 325 mètres par seconde. Les vents soufflant dans l'atmosphère Neptune n'est pas non plus une livre de raisins secs: leur vitesse atteint 400 à 700 mètres par seconde. Terrestre ouragans arrachant les toits des maisons et renversant les trains, sur ce l'arrière-plan n'est rien de plus qu'une douce brise marine. La planète a un champ magnétique, deux fois inférieure en puissance au champ magnétique d'Uranus, ainsi qu'un système d'anneaux, dont certains qui cadeau ouvert l'éducation comme arcs.

Comme toutes les autres géantes gazeuses, Neptune est un monde hydrogène-hélium, et sur la part d'hélium ne représente pas plus de 15% et le méthane encore moins - environ 1%. Spécialistes supposer Quel en dessous de nuageux couche mensonges extensif l'eau océan, saturé des ions divers chimique éléments.

A. G. Surdin, une de auteurs travailler "Astronomie: siècle XXI", écrit :

...

Des quantités importantes de méthane semblent être stockées plus profondément dans le manteau glacé. planètes. Même à une température de milliers de degrés à une pression de 1 Mbar (un million bar, soit un million de fois plus qu'à la surface de la Terre. – *L. Sh.)* mélange d'eau, de méthane et l'ammoniac peut former de la glace solide. À la part du manteau de glace chaud, probablement représente 70% de la masse de la planète entière. Environ 25% de la masse de Neptune devrait, selon les calculs, appartiennent au noyau, constitué d'oxydes de silicium, de magnésium, de fer et de ses composés, et aussi des rochers. Un modèle de la structure interne de la planète montre que la pression dans soncentre environ 7 Mbar, et Température - environ 7000 À.

Neptune a 13 lunes, mais la plus grande est la plus remarquable. - Triton, ayant un diamètre de 2705 kilomètres. Tournant autour de la planète mère sur le distance 355 mille kilomètres (sur tel même distance sépare lune de Terre), il le seul de tout satellites Neptune en mouvement sur orbite dans inverse direction. La température de surface de Triton ne dépasse pas 38 degrés Kelvin (moins 23 degrés Celsius) et est une plaine fissurée ressemblant à un melon peler. On suppose que sous la couche de glace environ 200 kilomètres d'épaisseur se trouve l'eau océan 150 kilomètres profondeurs, saturé ammoniac méthane et sels.

Cependant le plus gros mystère Triton - c'est le sien volcanique activité. Les spécialistes ont même dû trouver un terme spécial - cryovolcanisme volcanisme à basse température, car personne n'aurait pu imaginer qu'à travers congelé mondes sur le arrière-cour solaire systèmes peut ont pourtant quelques volcanique activité. Imaginer toi-même geyser, piratage nitrique la glace sur le surface de la planète et décoller jusqu'à une hauteur de 8 kilomètres. Dans ce cas, l'épaisseur de la colonne aussi très malade - de 20 mètres à 2 kilomètres. Jet planant dans le ciel dissipe les vents (à Triton il y a clairsemé atmosphère, qui consiste de azote, une petite quantité de méthane et d'hydrogène) et se transforme en panaches s'étendant sur 150 kilomètres.

Triton sur 70 % compliqué de silicates et sur trente % iso la glace, dans dont la composition sont inclus azote, le monoxyde de carbone et le méthane. Le cryovolcanisme n'a pas encore reçu d'explication claire, mais certains scientifiques croire Quel il peut être être lié Avec marée échauffement surfaces planètes, un aussi Avec pénétration solaire radiation à travers translucide plus haut couches la glace.

Par comparaison Avec Triton, lequel à seulement peu moins lune, Néréide, ayant quelques misérables 340 kilomètres de diamètre, ressemble à une miette parfaite. Cependant moins c'est troisième sur Taille Satellite Neptune avant de Total intéressant les sujets Quel attire autour de maternel planètes sur extrêmement allongé orbite Avec excentricité à proximité 0,75. Tel orbites entièrement et à côté de rencontrer à comètes qui soit ils s'approchent du Soleil en se fondant dans les flammes de sa chromosphère, soit ils s'envolent dans l'obscurité et le froid loin faubourgs système solaire.

Neuf ou Dix?

– *Raconter, gogi, Combien sera quatre fois deux?*
– *Sept, prof.*
– *Quelque part Alors, gogi, quelque part Alors... Sept, huit...*

Plaisanter

La neuvième planète tourne à une distance si grande qu'il appartient à début du XXe siècle était décidément impossible. Même un faisceau de lumière passant à travers distance de la terre au soleil en seulement huit minutes, il faut cinq ans et demi heures pour ramper en deux vers Pluton. Pluton a été récemment découvert 1930 an, et Avec moment le sien découvertes passé peu Suite Trois Avec demi Mois de Pluton, pour une révolution complète autour du Soleil, ce petit et très froid la planète fait presque 246 années terrestres. L'honneur d'ouvrir le neuvième et plus petit planètes solaire systèmes fait parti Américain astronome Clydé Tombo, qui à l'époque avait à peine 24 ans. Cependant, le sort de Pluton n'a en quelque sorte pas immédiatement demandé. pauvre homme alors videurs Avec disgrâce de membres planétaire famille, alors encore accepté retour en dessous de tonnerre applaudissements. Cette stupide dépasser a continué suffisant pendant longtemps, au revoir dans août 2006 de l'année sur le Général Assemblée International Union astronomique à Prague délégués bruyants à la majorité des voix enfin a privé Pluton, qui souffrait depuis longtemps, du statut honorifique de planète classique et n'a pas placé le sien ensemble co Satellite Charon dans groupe Alors appelé transneptunien objets (TNO). Les principales raisons de cette discrimination scandaleuse étaient la petite taille la neuvième planète et certaines caractéristiques de son orbite. Pluton est la plus petite planète solaire systèmes (total 2300 kilomètres de diamètre, c'est-à-dire une fois et demie moins Moon), cependant, sa superficie (17,9 millions de km2) est tout à fait comparable au territoire Russie.

Pluton, demi-frère de Zeus-Jupiter et Poséidon-Neptune, était le souverain les royaumes des morts, et Saturne et Uranus étaient son père et son grand-père, donc il est merveilleux faire partie de la famille des planètes les plus éloignées du système solaire. Les anciens Grecs le considéraient rare un homme riche pour à lui appartenait ne pas seulement âmes morte, mais et innombrable trésors cachés dans les profondeurs de la terre. Le seigneur de l'ancien Erebus avait un autre nom - Hadès, ou Hadès, qui se traduit par « sans forme », « invisible », « terrible ». Quand en 1978 L'astronome américain James Christie a découvert le satellite naturel de Pluton il fut presque aussitôt baptisé Charon du nom du batelier mythique du royaume des morts. Ce vieil homme sombre et hostile, vêtu de haillons minables, transportait les morts le long eaux clandestinement rivières, qui dans Aide C'était plein-plein : orageux Stix, ardent Phlegeton, Lethe - la rivière de l'oubli et de l'impénétrable Cocytus noir. Hélas, tout dans le monde a ma le prix, un car laborieux Charon en aucun cas ne pas est libre. Rappelles toi Brodski, lecteur?

En vain le maussade Charon cherche la drachme dans ta
bouche, en vain quelqu'un trompettes en haut dans ma régler
tiré.

Je t'envoie un adieu sans nom Avec rivages
inconnue Quel. Oui tu et ne pas important.

Certes, Iosif Alexandrovich s'est un peu excité, augmentant sans vergogne le paiement pour voyager. Le défunt mettait vraiment de l'argent sous la langue lors du rite funéraire, cependant, ce n'était pas une drachme de plein poids, mais une obole - une petite pièce d'argent ou de cuivre dignité dans une sixième son partie.

Le bon monde ne portera pas le nom du dieu de la mort. Par rapport à la Terre, Pluton obtient mille et demi fois moins de chaleur solaire, donc, sur sa surface règne toujours glacé froid - de moins 220 avant de moins 240 degrés Celsius. À tel bas températures, même l'azote gèle, formant de gros cristaux transparents jusqu'à plusieurs centimètres de diamètre. De la glace d'eau ordinaire peut également être trouvée sur Pluton, cependant, dans petites quantités. Le monoxyde de carbone gelé se trouve dans certaines régions carbone. Un voyageur qui pose le pied à la surface de la neuvième planète verra un paysage d'une beauté époustouflante, un monde étonnant de formes géométriques parfaites comme glacé salles Neigeux reines de contes de fées Hans Christian Andersen. Comme garçon Kayu, il même peut être tenter plier mot "éternité" de transparent cristaux, pour où, comment pas sur Pluton, vous pouvez pleinement le moins sentir son royal indifférence? noir de jais ciel au dessus tête dans typhoïde éruptions cutanées étoiles, agglomération siècle la glace en dessous de pieds et énorme Charron, toujours suspendu dans zénith, comment rappel sur la vanité de toutes choses.

Pluton exploré de mains dehors pauvrement, car Quel sur le d'aujourd'hui journée c'est le seul planète solaire systèmes, avant de qui au revoir Suite ne pas a obtenu ni une sonde spatiale. Le vol vers Pluton est une tâche technique très difficile, puisque six milliards de kilomètres séparant la neuvième planète du Soleil, présentent un maximum conditions et à problème radiocommunications Avec automatique station, et à éléments son source de courant. Standard solaire piles sur le tel énorme distance complètement inutile. Néanmoins, en janvier 2006, l'américain appareil Nouveau Horizons", qui devrait rencontrer le seigneur du froid mondes dans Juillet 2015. Si tout se passe bien, la sonde spatiale continuera à voler, tout plus loin du soleil. Sa nouvelle cible sera les objets de la ceinture de Kuiper - un nuage amorphe à travers congelé glacé rochers, mensonge par l'orbite de Pluton.

À 1988 an à neuvième planètes a été découvert très clairsemé atmosphère, probablement qui consiste de azote, méthane, argon et pas elle. Pression cette presque la brume en apesanteur est complètement négligeable, ce qui n'interfère cependant pas avec le flux de produits chimiques réactions. En dessous de rayonnement ensoleillé vent atomes azote, carbone, hydrogène et oxygène interagir entre toi-même générateur complexe BIO Connexions. emménageant sur le surface planètes, elles ou ils tache son dans rose jaunâtre Couleur. Mais plus une caractéristique remarquable de l'atmosphère de Pluton est ses métamorphoses saisonnières associées à monnaie fois de l'année. Par mesure approximation à Soleil Température départs grandir, Quel conduit à l'évaporation de la glace d'azote et au « gonflement » de l'atmosphère. Mais si Pluton part de Soleil une façon (le sien orbite représente toi-même fortement allongé ellipse), comment la température chute immédiatement et les gaz se condensent à nouveau et tombent à la surface planètes dans formulaire cristaux azote la glace. À venir saisonnier glacial période, et l'atmosphère disparaît pendant longtemps sans laisser de trace. Donc Pluton est le seul une planète du système solaire dont l'atmosphère naît et meurt périodiquement, comme dans comètes pendant leur mouvements autour du Soleil.

Les paramètres de l'orbite de Pluton méritent également l'attention. Lors de son ouverture, situé assez loin du Soleil, occupant à juste titre la place de la neuvième planète. Mais parce qu'il orbite Il a très important excentricité (0,25, alors il y a visiblement supérieure même à celle de Mercure), la distance à Pluton du Soleil au cours de son année change presque dans deux fois - de 29.6 un. e. dans périhélie avant de 48,8 un. e. dans aphélie. Alors le chemin

Pluton est parfois plus proche du Soleil que Neptune. par le point le plus proche Pluton a dépassé son orbite en septembre 1989 et continue maintenant de s'éloigner l'aphélie (le point de distance maximale au Soleil), qui n'atteindra qu'en 2112, et la première révolution complète autour du Soleil après sa découverte ne sera achevée qu'en 2176. en outre L'orbite de Pluton est fortement inclinée vers avion écliptique (17 degrés, le 10 degrés de plus que Mercure), ce qui est également atypique pour la plupart des planètes du solairesystèmes.

Axial rotation neuvième planètes aussi Il a leur particularités. Coin entre Le plan équatorial de Pluton et son plan orbital est de 32 degrés, donc lorsqu'il se déplace en orbite, il roule d'un côté à l'autre, comme un chignon. En ce sens, il un peu rappelle Uranus, même si à le dernier comment nous rappelles toi axial ambiance Suite plus : la septième planète est en fait couchée sur le côté. Rotation complète autour de l'axe de Pluton se termine en 6,4 jours terrestres, et son satellite Charon s'enroule autour de la mère planètes dans précision par alors même plus temps. À l'exception Aller, orbite Charon mensonges dans plan équatorial de Pluton, il n'est donc visible que d'un hémisphère et jamais ne pas cache par horizon. MAIS parce que le distance entre Pluton et Charon ne pas dépasse 19 400 kilomètres, Avec surfaces Pluton le sien Satellite regards très impressionnant : le sien visible diamètre dans Sept une fois que Suite diamètre Lune sur le terrestre firmament.

Je dois dire que Pluton et Charon forment un tandem tout à fait unique parmi les autres planètes solaire systèmes. Elles sont très proche sur tailles (2300 et 1200 kilomètres respectivement) et situé sur le petit distance ami de ami. Le rapport de leurs masses est également sans précédent, puisque Pluton n'est que huit fois plus lourd que Charon. A titre de comparaison : la Lune, traditionnellement considérée comme très un gros satellite, 81 fois plus léger que la Terre, et situé beaucoup plus loin. Similaire les rapports de masse des autres planètes du système solaire et de leurs satellites donnent incomparablement plus petit quantités. Disons satellites Jupiter (ne pas Parlant déjà sur satellites Mars) inférieur en masse de plusieurs milliers de fois. D'autre part, Pluton et Charon sont manifestement différent par le paramètre de densité moyenne, ce qui nous permet de penser à leur indépendance origine. Par conséquent, la plupart des astronomes pensent que Pluton et Charon sont un doublenain planète.

Agrégat tout ces conditions - extrêmement allongé orbite neuvième planète, fortement inclinée sur l'écliptique, son diamètre et sa masse très faibles, la présence satellite extrêmement non standard - à la fin, ils ont incité les experts de manière décisive et bannir irrévocablement Pluton du nombre de planètes du système solaire et le placer sur la liste objets ceintures Kuiper (OPK).

Le lecteur a déjà rencontré tant de fois sur les pages de ce livre des trans-neptuniens objets (ou objets de la ceinture de Kuiper, ce qui est pratiquement la même chose), que le moment est venu parler plus en détail des environs éloignés du système solaire. Si quelques le vagabond interstellaire regardait le système solaire de côté, il verrait qu'il entouré sphérique nuage protoplanétaire tél, essaim pierre et glacé rochers tailles relativement petites. Selon certaines estimations, il existe plusieurs milliards, et la masse totale de ces célestes corps est comparable à la masse de Jupiter. Cette sphérique coquille, télécommande sur le 20–50 mille astronomique unités de Soleil,nommé le nuage d'Oort en l'honneur de son découvreur, l'astronome néerlandais Jan Hendrik Oort. Rappelons qu'une unité astronomique (1 UA) est la distance moyenne de Terre au Soleil, qui est d'environ 150 millions de kilomètres. Ainsi le nuage Horta est monstrueusement loin - 20 à 50 mille fois plus loin du Soleil que la Terre. Même Pluton est mille fois plus proche, puisque l'aphélie de son orbite se trouve "seulement dans 50 unités astronomiques de notre luminaire. De telles distances n'ont plus de sens mesurer en kilomètres, car à partir de l'abondance de zéros, il commence à onduler dans les yeux. Pour que vous lecteur, pourrait n'importe quel visuellement introduire toi-même ces espaces ouverts, suffisant dire, Quel central partie des nuages Oort mensonges dans demi lumière de l'année de terrestre observateur. Proxima Centauri, notre étoile la plus proche, n'a que huit ans une fois que plus loin.

Céleste corps, constituants nuage Oorte, tout doucement tourner autour de Soleil, faire une révolution complète en plusieurs millions d'années. Les astronomes pensent que De là, Avec loin périphérie solaire systèmes, viens Alors appelé long terme comètes, qui bougent sur extrêmement allongé orbites Avec périhélie sous l'orbite de Mercure. Dans ce cas, le point de leur retrait maximal est perdu dans distance totale - en milliers ou même en dizaines de milliers d'unités astronomiques du Soleil. Enfin, les orbites des planètes se trouvent approximativement dans le même plan (le plan de l'écliptique), et comètes volent comment Dieu sur le âme mettre - en dessous de plus bizarre coins, de Quel, réellement, et était conclu à propos de sphérique formulaire des nuages Oort.

Mais quelle force pousse les fragments de glace hors de leurs orbites calmes, les forçant à changer presque circulaire trajectoire sur le elliptique? Avant de récent temps on pensait Quel anomalies dans le mouvement de certains objets du nuage d'Oort est introduite par la force gravitationnelle totale l'impact de presque toutes les étoiles de la Voie lactée, puisque les comètes à longue période uniformément distribué sur firmament. Cependant plusieurs années retour Américain l'astronome John Matese a proposé une hypothèse sensationnelle. Après avoir soigneusement analysé trajectoires 82 plus Bien étudié long terme comètes il est venu à la conclusion qu'une nette sélectivité se retrouve dans la distribution de leurs trajectoires. À propos de troisième ces comètes vient principalement Avec une main, c'est pourquoi parlersur la distribution uniforme n'est pas nécessaire. De plus, ils ont tous des orbites atypiques - trop courte par rapport aux orbites des autres comètes. Selon Matese, la raison similaire anormal comportement est ne pas total la gravité étoiles, un rayonnement quelques massif corps - dixième planètes solaire systèmes, qui pousse comètes du nuage d'Oort vers le Soleil. Selon ses calculs, cette planète en plusieurs fois plus lourd que Jupiter et se cache au cœur même du nuage, à distance environ 25 000 unités astronomiques (environ 0,4 années-lumière), ce qui en fait un ensemble complet chiffre d'affaires autour du Soleil par 4 à 5 millions années.

De plus, l'orbite de la planète hypothétique est susceptible d'être fortement inclinée vers avion écliptique, un se elle est tourne rétrograde alors il y a dans direction, directementopposé mouvement majorité planètes solaire systèmes. Orbite Avec telles paramètres doivent être instables, donc la planète "X" de John Matese n'est pas native, mais est venu: elle est ne pas pourrait formulaire à l'intérieur gaz-poussière disque, lequel à quatre Avec il y a un demi-milliard d'années a donné naissance aux huit planètes classiques - de Mercure à Neptune compris. Par conséquent, "mauvais" dixième planète initialement représentée toi-même sans-abri vagabond, errant dans interstellaire espace, et ce n'est que relativement récemment qu'elle a été de couleur bleue et adoptée, alors qu'elle se trouvait en alentours Soleil.

Cependant, il n'est pas encore nécessaire de parler sérieusement de la dixième planète du nuage d'Oort, parce que c'est réel personne ne regardait - il existe exclusivement "sur la pointe stylo" John Matese. MAIS ici dans ceinture Kuiper lequel à départs presque tout de suite même par orbites de Neptune et Pluton, de nombreuses planètes ont récemment été découvertes. Américain l'astronome Gerard Kuiper dans les années 50 du siècle dernier a émis l'hypothèse que surà l'arrière du système solaire, il y a une vaste ceinture d'astéroïdes numéro deux (par opposition à de Bien célèbre ceintures astéroïdes entre orbites Mars et Jupiter), lequel à s'étend sur des milliards de kilomètres et disparaît peu à peu, laissant entre eux etnuage Oort imposant vide écart. Long temps hypothèse Américain n'est resté rien de plus qu'un élégant jeu de l'esprit, jusqu'au début des années 90 du siècle dernier, plusieurs débris glacés n'ont pas été trouvés dans l'orbite de Pluton. Depuis lors existence la ceinture de Kuiper est devenue un fait incontestable, et la liste des objets trans-neptuniens d'année en année régulièrement est réapprovisionné nouveaux représentants.

Si un nuage Oort assimiler loin Banlieue de Moscou alors ceinture Kuiper mensonge sur le distance de 30 à 100 unités astronomiques du Soleil, sera près de Moscou. Par estimé spécialistes, il peut être compter des centaines mille ou même des millions glacé et des rochers de différentes tailles. Tandem Pluton - Charon est également tombé dans le nombre objets de la ceinture de Kuiper, ayant perdu le statut de planète classique, que nous déjà a écrit. Cause pour que devenir petit dimensions neuvième planètes (diamètre Pluton juste 2300 kilomètres, dans un et demi fois moins, comment à Lune) et particularités son orbites (exprimé excentricité et perceptible inclinaison à avion écliptique).

sérieuse Les problèmes de Pluton a débuté dans 2003 an, lorsque Groupe Américain astronomes dans chapitre Avec Michael Marron découvert dans ceinture Kuiper suffisant brillantun objet qui a reçu le numéro de catalogue 2003UB313. En 2005, il était possible de le calculer orbite et calculer la taille de la nouvelle planète. Il s'est avéré qu'elle bougeait extrêmement allongé orbite et aujourd'hui situé dans indiquer maximum suppression de Soleil, sur le une distance de 97 unités astronomiques. Mais quand il atteindra le périhélie, ce sera situé trois fois plus près - presque à la même distance du Soleil que Pluton. Vérité, c'est se produire pas bientôt, parce que Xena (précisément Alors nommé ma planète Brown, dans honneur héroïnes célèbre série sur femme guerrière) engage plein chiffre d'affaires autour de Soleil pendant 650 ans. Brown et son équipe estiment que le diamètre de Xena devrait être d'environ 3000 kilomètres, ce qui a immédiatement mis Pluton dans une position délicate, car son diamètre nettement moins. De plus, l'équipe de Brown a découvert deux autres objets brillants de la ceinture de Kuiper. sur le distance 51 astronomique unités de Soleil, seulement un peu inférieur dans tailles neuvième planète (sur 70 % son diamètre).

MAIS lorsque Il a révélé, Quel diamètre xéna, Peut-être, déterminé mauvais, un vrai son dimensions peut dans deux Avec superflu fois dépasser diamètre Pluton passions et du tout éclaté ne pas sur le plaisanter. DE qui tel, on demande d'ailleurs nous devoir compter le sien neuvième et dernier planète solaire systèmes, si beaucoup de plus loin autour de Soleil un astre beaucoup plus impressionnant tourne ? N'est-il pas plus facile de nettoyer impitoyablement Pluton malchanceux d'une famille planétaire amicale, le reclassant dans un objet de ceinture Kuiper ? Surtout si l'on considère que Xena a trouvé un satellite, nommé Gabrielle en l'honneur de vrai copines braver guerriers. À supports Remarque Quel ensuite Xéna renommé Eridu - l'ancienne déesse grecque de l'inimitié et de la discorde, coupant son diamètre avant de 2400 kilomètres. Tem ne pas moins il tout équivaut à Suite Pluton diamètre qui est 2300 kilomètres. gabrielle aussi barrée de saints - aujourd'hui elle est appelé Dysnomie. Soit dit en passant, c'est Eris qui s'est disputée avec Aphrodite, Athéna et Héra, jetant table la célèbre pomme de la discorde avec l'inscription "La plus belle", qui a conduit au cheval de Troie guerre. Bon ça à Les Grecs il y avait tant de dieux...

Début 2004, le télescope spatial américain Spitzer trouvé dans la ceinture Kuiper Suite une planète qui à présent situé dans 13 milliard kilomètres de Soleil, c'est-à-dire deux fois plus loin que Pluton. Comme Xena-Eris, elle avance impie ellipse allongée, faisant une révolution autour du Soleil en 10 500 ans. Son aphélie (point distance maximale) devrait se situer à 130 milliards de kilomètres de notre luminaire, qui est d'environ 900 unités astronomiques, donc les dimensions de la ceinture de Kuiper devraient être, susceptibles d'augmenter d'au moins un ordre de grandeur. La nouvelle planète s'appelait Sedna honneur esquimau déesses océan et maîtresses maritime animaux, un son diamètre estimée à 1800 kilomètres. Parmi les autres découvertes des années "zéro", il y en a plusieurs autres objets notables : les planètes naines 2003EL61 et 2003FY9, presque aussi bonnes que Pluton dans tailles, et Quaoar Avec de l'autre côté à proximité 1300 kilomètres (Quaoar - c'est divinité créatrice à Indiens tribu Tongva). Première de ces planètes Il a formulaire ellipsoïde rotation et voyages dans escorté deux satellites.

La ceinture de Kuiper a donné beaucoup de mystères aux astronomes. Par exemple, il s'est avéré qu'il s'éclaircit progressivement, comme le croyait son découvreur, et s'interrompt brusquement et de manière inattendue à quelques - très gros - distance de Soleil. Par opinion spécialistes, similaire
"décapitation" expliqué explosion supernova étoiles tout près d'ici de notre luminaires, dans

à la suite de quoi toute la partie marginale du nuage de gaz et de poussière, qui a servi de matériau pour la formation des planètes du système solaire, s'est avérée complètement balayée. Initial l'idée de la ceinture de Kuiper comme un disque plat de corps protoplanétaires (par opposition à sphérique des nuages Oort) aussi, Apparemment devrait reconnaître erroné. Disons l'orbite de Xena-Eris est non seulement fortement allongée, mais aussi inclinée vers le plan de l'écliptique sous angle de 44 degrés, et l'angle d'inclinaison des orbites de deux autres objets de la ceinture de Kuiper découverts groupe brun, est 28 degrés. MAIS si rappeler, quelle est l'orbite Pluton aussi se trouve en dehors du plan des orbites de toutes les autres planètes du système solaire (bien que Pluton cette coin moins - Total 17 degrés), alors déjà seulement sur ce paramètre devrait exclure de la liste classique planètes.

Ainsi, les orbites de presque tous les objets de la ceinture de Kuiper sont inclinées par rapport au plan de l'écliptique est complètement arbitraire, ce qui contredit fortement l'actuel Théorie de la formation des planètes dans le système solaire. A en juger par le scénario orthodoxe, les planètes sont nées d'un disque plat de gaz et de poussière qui entourait la maturation dans le sien centre étoile - avenir Soleil. Cependant dernier d'observation Les données irréfutablement témoigner Quel ceinture Kuiper - non ne pas ceinture et le sien c'est interdit traitez-le comme un disque plat. Il s'agit probablement d'une sphère une formation ressemblant au nuage d'Oort beaucoup plus éloigné. Puis notre solaire système, si voir sur le son de l'exterieur sera similaire sur le matriochka ou ampoule: une gros sphère (nuage Oort), à l'intérieur son sphère un peu moins (ceinture Kuiper) et, finalement, Soleil et huit planètes couchées pratiquement dans une Avions.

L'ancienne théorie de l'origine des planètes ne donne donc pas une telle image ces dernières années certains astronomes ont commencé à développer activement un scénario fondamentalement différent, qui a reçu le nom de l'oligarque. Dans cette version, le rôle principal est attribué à la soi-disant planètes oligarques, qui, par la puissance de leur gravité, ont considérablement influencé le comportement autres corps célestes. Après la naissance du Soleil, les planètes classiques et les ceintures d'astéroïdes le processus de formation du système solaire n'était en aucun cas achevé, mais continuait à gagner se tourne. Les astéroïdes se sont développés rapidement et après avoir franchi une certaine limite ont commencé à se développer vigoureusement attirer à toi-même autre corps, se transformer en dans grand planètes. Sergueï Ilyin dans article
"Orageux biographie dixième planète" publié dans Juin chambre magazine "Connaissances
– force" par 2006 an, détail énonce essence oligarchique scénario.

...

Selon les auteurs de cette nouvelle théorie, le même processus s'est produit simultanément à la périphérie du système solaire, dans la ceinture de Kuiper. En conséquence, comme le montrent les calculs l'ordinateur simulations, à l'intérieur solaire systèmes devoir C'était formulaire 20–30 objets de la taille de Mars, et à la périphérie - environ le même nombre d'objets de la taille de la Terre. Avec un tel nombre, ils auraient dû être assez proches, et cela avec la nécessité causé Distorsion leur orbites ami ami. Trafic "oligarques" est devenu chaotique elles ou ils "jeté" ami ami Avec durable orbites, situé dans avion écliptique. Partie de leur à cette en général était en train de partir de solaire systèmes dans interstellaire espace, devenir "sans-abri" planètes, "planétaire" autre, le reste a acquis des orbites inclinées aux angles les plus "sauvages" par rapport au plan écliptique, et ainsi dans leur totalité ont créé un nuage sphérique d'un diamètre de 1000 unités astronomiques ou plus. Dans ce nuage, donc, doit à ce jour journée exister ne pas seulement "petit planètes" taper Pluton ou 2003UB313, mais et certains des survivants « oligarques primaires ». Les tenants d'un tel scénario espèrent Quel établi à présent télescopes, destiné pour Buts opportun avertissements Terre sur astéroïde danger, Autoriser parallèle produire recherche systématique de tels « oligarques » et trouver « les dixième, onzième, douzième et Alors Plus loin" planètes avec terre ou même Suite.

Bien Quel et, vivons - nous verrons...

MAIS comment c'est le cas une entreprise Avec planètes à proximité les autres étoiles? Après tout si notre Soleil, représentant toi-même ordinaire jaune étoile spectral classer g, géré acquérir une impressionnante famille de huit planètes classiques et des dizaines de milliers dépareillés des astéroïdes et des planètes naines, il est logique de supposer que d'autres étoiles peuvent également avoir leurs propres planètes. Et puisque le principal havre de vie de L'univers c'est justement les planètes (en tout cas, la plupart ont tendance à le penser biologistes), la recherche de planètes extrasolaires revêt une importance particulière. En effet, la conclusion indispensable "obligatoire" la vie à surfaces planètes fabriqué sur le base notre très maigre expérience (la vie nous est connue dans une seule version terrestre), mais la divination café plus épais Suite moins fructueusement. Bien sûr, assez Probablement, Quel la vie peut être être né même dans interstellaire environnement (dans le sien temps Anglais astrophysicien Fred bonjour a écrit sur le cette sujet fantastique roman en dessous de Nom "Le noir nuage"), mais une telle hypothèse serait encore plus spéculative. Avec les planètes, c'est en quelque sorte plus clair - à cela Exemple notre posséder Existence. C'est pourquoi si nous vouloir connaître, combien la vie est commune dans l'Univers, vous devez d'abord vous occuper des systèmes planétaires dansles autres étoiles.

Jusqu'à récemment, de nombreux scientifiques pensaient que les planètes étaient très rares dans espace. Tel vue Avec preuve coulé de théories origine planètes Anglais astronome Jeans. Selon cette une fois que populaire la théorie, planètes Le système solaire a été formé à partir de la langue de la substance solaire, qui a été arrachée forces gravitationnelles d'une étoile massive passant par le Soleil. jet de matière, éclaboussé dans l'espace, avait une forme de fuseau - avec un épaississement au centre parties et extrémités relativement fines. Par conséquent, les planètes les plus proches du Soleil les groupes et les plus éloignés comme Pluton et d'autres objets de la ceinture de Kuiper sont de petite taille. tailles et Masse, un dans centre solaire systèmes colonisé gaz géants. MAIS puisque l'approche des étoiles est non seulement un événement accidentel, mais aussi extrêmement rare (en tout cas, aux abords de la Voie lactée, là où se trouve notre Soleil), la naissance de planètes systèmes engagé très rarement. Vérité, aujourd'hui la théorie jeans représente dans important mesure historique intérêt, Alors comment sur le décalage son est venu différent scénario: pratiquement simultané occurrence planètes et Soleil de tournant nuage de gaz et de poussière. Quoi qu'il en soit, les théories restent des théories, et nous souhaitons connaître avec certitude sont là planétaire systèmes à les autres étoiles.

Bien sûr direct optique observation planètes à proximité les autres étoiles impossible même aujourd'hui et il est peu probable que cela soit possible dans un avenir prévisible. Et bien que scientifique et technique le progrès avance à pas de géant, il y a des interdictions sur les personnage. planètes, comment connu cadeau toi-même céleste corps, qui briller par la lumière réfléchie de leur soleil, ainsi leur éclat sur fond de rayonnement de l'étoile mère pratiquement indiscernable. Voir une étincelle délicate sur le fond d'un feu ardent jusqu'ici jusqu'à présent, personne n'a pu. Peut-être au centre de la Voie lactée, là où les étoiles se heurtent en groupes rapprochés, le suivi visuel des planètes n'est pas particulièrement difficile, mais sur périphérie notre galaxies fixation planètes à voisin étoiles tourne autour presque une tâche insoluble. Bras en spirale de la Voie lactée, dont l'un végète notre Soleil, loin de centre galaxies sur le 26 mille lumière années, ne pas peut se vanter de haute densité stellaire population. ce en aucun cas ne pas Hollande, ne pas La Belgique et non la vallée du Gange, où les gens s'assoient sur la tête, mais plutôt la Yakoutie ou Tchoukotka. Il y a beaucoup d'espace libre dans nos latitudes galactiques. je te rappellerai lecteur que même les étoiles les plus proches se trouvent à une distance inimaginable : la distance à Proxima Centauri (d'ailleurs, "proxima" en latin signifie "le plus proche") est de 4,3 lumière de l'année, célèbre "en volant" étoile Barnard est à la traîne de Soleil sur le 6 lumière années, un à Sirius - plus étoile brillante notre ciel - presque 9 lumière années.

Si vous prenez un cube avec un côté de 10 années-lumière, alors au mieux ils s'y tiendront deux ou trois étoiles. MAIS ici dans ordinaire Balle congestion, mensonge pas loin de centre galaxies (dans composition laiteux Façons tel groupes à proximité 200) sur le 100 cubique lumière années compte pour plusieurs des centaines étoiles. Densité stellaire population là dans plusieurs milliers de fois plus haut, et le ciel nocturne dans ces régions doit être exceptionnellement lumineux. Alors, mettre l'accent sur Suite une fois que: direct optique observation hors-solaire planètes (ou exoplanètes, comment leur devenir Appelez aujourd'hui) ne pas semble possible.

Mais si exoplanète c'est interdit découvrir directement, alors, être peut être, dans disposition contemporain astronomie il y a indirect méthodes leur détection? À Actuellement, plusieurs de ces méthodes ont été proposées - la méthode astrométrique, la méthode radiation vitesses, observation transits et quelques autre. je ne pas Je deviendrai entrer dans dans détails techniques et décomposer chacune de ces approches, mais je me contenterai de noter que majorité contemporain méthodes détection exoplanètes basé sur le comptabilité la gravité perturbations dans mouvement étoiles. Une entreprise dans le volume, Quel n'importe quel massif corps (par exemple, une planète), tournant autour d'une étoile, agit sur elle avec la force de sa gravité. Dans ce cas, la planète, pour ainsi dire, tire légèrement l'étoile vers elle-même, et puisqu'en raison du mouvement le long orbite elle est périodiquement il s'avère que sur divers côtés de luminaires, alors et étoile périodiquement est en train de changer dans différent directions en dessous de action la gravité planètes. Les autres mots si planète en mouvement sur orbite autour de maternel étoiles, alors et étoile, dans ma tour, ne pas restes immobile, un décrit minuscule cercle dans espace en dessous de rayonnement les forces la gravité le sien Naturel Satellite. Alors le chemin les deux corps tournent en fait autour d'un centre de masse commun, que les astronomes appelé barycentre.

Bien sûr lester planètes négligeable petit sur comparaison Avec lester étoiles, c'est pourquoi portée son hésitation très petit. Disons Soleil en dessous de impact attraction Jupiter (et c'est la planète la plus massive) oscille autour du centre de masse du soleil systèmes à une vitesse de seulement 12,5 mètres par seconde. Pour la Terre ou Vénus, cette valeur est toujours moins et est d'environ 0,1 mètre par seconde. On peut dire que le soleil est un peu balancement à mouvement planètes sur leur orbites un barycentre solaire systèmes mensonges, alors le chemin à l'intérieur notre luminaires. Avant de plus récent temps sensibilité équipement, disponible dans disposition astronomes a été clairement insuffisant pour détecter des corps célestes légers autour d'autres étoiles. Bien que de telles tentatives à plusieurs reprises ont été faites tout elles ou ils étaient sur le limite expérimental précision et ont été soumis raisonnable doute.

La situation n'a changé qu'au début des années 1990, lorsque des spectromètres d'une nouvelle génération, qui permettaient de mesurer beaucoup plus précisément les vitesses radiales étoiles. Quoi tel radial la rapidité? Si un à étoiles disponible Satellite (autre étoile ou planète), alors à mouvement autour de barycentre radial la rapidité étoiles (la rapidité son s'approche ou s'éloigne de l'observateur le long de la ligne de visée) connaîtra des fluctuations avec période, égal période circulation étoiles autour de centre poids Sensibilité équipement dans fin XX siècle augmenté, sur extrême moins sur le ordre, Alors Quel est devenu possible trouver extrasolaire planètes, comparable sur Masse Avec Jupiter.

En plus de la méthode astrométrique et de la méthode des vitesses radiales, il existe une autre façon détection exoplanètes - Alors appelé observation transits. Si un attraper planète au moment de son passage dans le disque d'une étoile, il est possible non seulement de calculer sa masse, mais et définir dimensions (le volume), un Par conséquent - calculer densité. Bien sûr il est impossible de distinguer un cercle noir sur le disque en pointillé d'une étoile (même avec le télescope le plus puissant les étoiles ressemblent à des points sans dimension), mais pour mesurer une petite diminution du flux Sveta de étoiles assez Peut-être. À malheureusement méthode observations transits a besoin accomplissement spécial les conditions: planète, son étoile et terrestre observateur devoir être situé dans une avion (dans avion képlérien orbite, comment ils disent astronomes). Tel chance tombe relativement rarement, c'est pourquoi cas observations les transits se comptent littéralement sur les doigts. Néanmoins, le jeu en vaut la chandelle, car ce n'est qu'avec l'aide de cette méthode qu'il est possible d'étudier un certain nombre de caractéristiques importantes des exoplanètes, mesure leur rayon et même rechercher Propriétés leur atmosphères.

La première Succès tombé sur le partager Suisse astronomes M Principal et RÉ. Quelotsa, qui chanceux découvrir planète à proximité semblable au soleil étoiles, désigné dans annuaire comment 51e dans constellation Pégase (51 Cheville). ce important un événement passé dans 1994, mais les caractéristiques de la première exoplanète étaient si inattendues Quel scientifiques décidé détenir publication, à comment devrait revérifier leurrésultats. En 1995, tous les doutes ont disparu et la découverte a éclos. Nouvelle planète à 51 ans Pégase était incroyable. Sa masse était approximativement égale à la masse de Jupiter, et la distance de maternel étoiles a été Total 0,05 astronomique unités, alors il y a dans vingt une fois que moins que de la Terre au Soleil (et même presque 8 fois moins que du Soleil à Mercure). Planète engagé plein chiffre d'affaires autour de étoiles par 4.2 journées - tel est a été durée son de l'année. à cause de proximité à astre Température son surfaces dépassé 1000 degrés par Kelvin.

Dire, Quel scientifique monde a été renversé dans condition choc - rien ne pas dire. planétaire système 51 Pégase s'est avéré Tout à fait différent sur le solaire système. À l'automne 1995, Major et Quelotz ont rapporté leur découverte lors d'une conférence en Italie, et planètes convenu appel sur Nom étoiles Avec ajouter des lettres "b" pour première trouvé planètes, "Avec" - pour deuxième et Alors Plus loin. En premier astronomes amusé moi même espoir Quel Suisse géré trébucher sur le quelques anomalie sans précédent rareté dans monde planètes, mais subséquent trouve forcé regarde sur le des choses différemment. Une autre exoplanète avait une masse quatre fois supérieure à celle de Jupiter, et la période sa révolution autour de l'étoile mère (c'est-à-dire l'année) s'est avérée encore plus courte - 3,3 jours. Par la suite, les planètes de ce type ont commencé à être appelées "Jupiters chauds". vrai, en En 1996, les astronomes américains D. Marcy et P. Butler semblent avoir réussi à découvrir planétaire système, partiellement rappelant solaire, à étoiles upsilon Andromède (? Et), mais Suite attentif une analyse montré Quel ressemblance c'est apparent. À système ?Et trois planètes très lourdes tournent autour de l'étoile mère, et la masse le plus proche d'entre eux est légèrement inférieur à la masse de Jupiter, et les deux autres sont plus lourds que notre gaz géant dans deux et quatre fois respectivement. Première (plus facile) planète - typique "Jupiter chaud" avec un rayon d'orbite de 0,06 UA. e., mais les deux autres se trouvent sur tout à fait décent distances - 0,9 et 2,5 ae Cependant, les orbites de ces exoplanètes lointaines n'ont rien en commun Avec orbites planètes solaire systèmes, parce que le posséder très important excentricité. Malheureusement, c'est encore une déception. La liste des planètes extrasolaires continue régulièrement remplir, et à milieu Marthe 2007 de l'année il y avait déjà 182 étoiles, chargé de planètes. Et puisque dans certains systèmes il était possible de trouver plusieurs planètes, leur général montant en infériorité numérique 200.

Ainsi, aujourd'hui les astronomes ont, quoique limités, mais Cependant, il existe suffisamment de statistiques pour étayer l'affirmation selon laquelle Environ 4 % des étoiles proches du Soleil en termes de propriétés spectrales ont des systèmes ou planètes uniques. Étoiles légèrement plus chaudes et légèrement plus froides les planètes des classes F et K (rappelons que notre Soleil appartient à la classe G) ont été trouvées complètementpeu. Bien sûr, cela ne signifie pas que les étoiles blanches et bleues chaudes n'ont pas de planètes. en réalité; c'est juste que la méthode de la vitesse radiale n'est pas universelle et ne fonctionne pas bien si étoile a une agitation photosphère.

Mais le principal problème est que presque tous nouvellement découverts exoplanètes ou familles planétaires montrent une différence frappante avec le soleil systèmes et son planètes. Seulement dans Célibataire cas géré découvrir planètes, circulé sur circulaire ou presque circulaire orbites sur le suffisant suppression dematernel étoiles. Tout les autres ou tournent comment fou, dos à dos à le sien le soleil se réchauffant à des centaines et des milliers de degrés (et nous parlons de géantes gazeuses de la taille de Jupiter, un alors et Suite), ou sommes sur le tranchant excentrique orbites Suite ressemblant aux orbites des comètes. Que diriez-vous d'une planète plusieurs fois plus grande que sur Masse Jupiter, qui alors approchant à maternel étoile presque dos à dos alors vole au-delà de l'orbite de Neptune ? Pendant ce temps, c'est exactement ainsi que la planète familles étrangers soleils.

Récemment, les astronomes ont parlé de "Jupiters très chauds". Un tel planète, dans un et demi fois dépassement Jupiter sur Masse, a été relativement récemment découvert à étoiles ensoleillé taper. Elle est situé sur le distance 3.3 million kilomètres (0,02 UA) de l'étoile mère (la distance moyenne de Mercure au Soleil est de 58 millions de kilomètres) et tourne autour d'elle en un temps record - 1,2 jours. De la surface de cette planète unique, l'étoile mère semble inimaginable. une énorme boule éclatant d'un feu grésillant (50 fois plus grand en diamètre que le Soleil sur le terrestre ciel).

Inhabituel planétaire familles les autres étoiles résolument contredire théorie généralement acceptée de la formation des systèmes planétaires, selon laquelle le Soleil et les planètes étaient nés de gaz-poussière disque pratiquement simultanément. Tout planètes solaire les systèmes se divisent en deux grands groupes : des boules solides relativement petites avec haute densité, plié rocheux races, et gaz géants, à qui moyen densité peu est différent de densité l'eau. Différence entre gros et petit planètes expliqué les sujets Quel gaz géants étaient nés dans central les pièces nuage protostellaire en accumulant progressivement d'énormes masses de gaz sur le primaire glacé noyau, un petit planètes formé sur le à proximité et loin périphérie gaz-poussière disque, où substances C'était très pas beaucoup. Éducation planètes terrestre groupes imaginé comment résultat plusieurs affrontements et fusions Alors appelé planétazimal (planétaire embryons) Avec subséquent leur échauffement par Chèque radioactif éléments, colonisé dans noyaux solide planètes. Parce que le primaire gaz-poussière nuage avais formulaire tournant autour de vertical axes disque Avec s'épaississant au centre, les orbites de toutes les planètes devraient être presque régulières cercles et se trouvent dans le même plan. C'est du moins ce que dit la théorie généralement acceptée. formation de la planète.

Pendant ce temps, les exoplanètes et les familles d'exoplanètes refusent obstinément de s'intégrer cette image idyllique, donc les astrophysiciens et les planétologues doivent chercher autre explications. Et si inhabituel Propriétés première extrasolaire planètes en premier considéré comme une sorte d'anomalie, alors de nouvelles découvertes nous encouragent à réfléchir à ce anomalie plus rapide Total, devrait compter notre solaire système. À Explique phénomène des "Jupiters chauds", un mécanisme de migration a été proposé, qui est lent glissement planètes Avec haute orbites, où elles ou ils à l'origine formé, sur le orbites bas, circumstellaire. Ce circonstance, Quel elles ou ils ni dans qui Cas ne pas pourrait nés à proximité de l'étoile mère, où ils se trouvent à ce jour, majorité scientifiques planétaires doute ne pas appels. Supplémentaire dispute dans bénéficier à
"loin" naissance "chaud Jupiter" sommes découvert astronomes nuages de gaz et de poussière au stade de la formation des planètes. La vaste zone autour de l'étoile est toujours proprement balayé, exempt de poussière et de gaz, car la densité du rayonnement stellaire ici si haut qu'il balaie complètement toutes les ordures à la périphérie. Par conséquent, le matériel lesquels se forment les "Jupiters chauds" en orbite basse, ne peuvent être localisés que sur distance ne pas moins cinq astronomique unités de parental étoiles. Par tout visibilité, mécanisme migration s'allume très tôt, un développements développer très rapidement: à peine avoir le temps être né planètes début faire glisser sur en pente douce spirales à le sien le soleil au revoir marée interactions étoiles et planètes ne pas stabiliser orbite
"chaud Jupiter" dos à dos à étoile. Cependant, assez disponible et une autre scénario: la gravité maternel étoiles en permanence ralentit planète au revoir ce ne pas effondrement sur

dégressif spirales sur le le sien Soleil et ne pas incendier dans le sien intestins.

Serrées près de l'étoile mère, les géantes gazeuses sont si un phénomène ordinaire qui ne peut que hausser les épaules. Le phénomène du système solaire trouve intelligible explications. Docteur physique et mathématique les sciences L xanfomalité, employé Institut espace rechercher RAS, écrit sur cette Suivant façon:

"Les planètes extrasolaires offrent aux théoriciens tellement de questions que cela correspond à toute la théorie éducation planètes écrivez encore. MAIS naïf question: Pourquoi migration Non dans notre solaire système? - leur meilleur ne pas Positionner". Tem Suite ne pas frais demander spécialistes sur les autres physique paramètres exoplanètes. Prise par indiquer référence solaire système, nous avons le droit de supposer que la densité moyenne des géantes gazeuses proches de l'extraterrestre soleils (chaud elles ou ils ou froid - fondamental valeurs ne pas Il a) devoir s'inscrire dans des valeurs familières, un peu différent de densité l'eau. Cependant, non ici et là C'était! Moyen densité massif exoplanètes "flotte" dans très large dans
– de la moitié de la densité de Jupiter à plusieurs densités de Saturne. Par exemple, l'un de ces planètes, nettement inférieures à Jupiter en diamètre, le surpassent largement en Masse, de Quel devrait supposer Quel elle est a lourd cœur de lourd éléments, sur le qui compte pour avant de 0,7 masses Nouveau exoplanètes. Gaz géants dans Le système solaire ne peut se vanter d'un noyau aussi dense, donc dans la norme théories origine planètes cette fait ne pas trouve intelligible explications.

Le phénomène des "Jupiters chauds" que les astrophysiciens ont expliqué en deux, mais reste Suite "froid Jupiter", entièrement et à côté de décrivant autour de maternel étoiles alors étiré ellipses, qui Suite bloqué long terme comètesde temps en temps s'envolant vers nulle part. Certes, la simulation informatique semble être aidé hangar lumière sur le évolution planétaire systèmes upsilon Andromède ("chaud Jupiter" en orbite basse et deux planètes éloignées avec une excentricité orbitale distincte). une autre main, des modèles des modèles conflit. Par exemple, des employés Washington université dans Seattle pour certaines raisons est venu à conclusion Quel majorité exoplanètes, similaireen taille avec la Terre (juste au cas où pour référence : pas une seule de ces planètes n'a encore été a été observé pour leur détection mensonges par à l'extérieur contemporain astrophysique méthodes), devoir être l'eau mondes. Elles sont mélangé divers scénarios planétogenèse, et chaque fois que quatre planètes semblables à la Terre apparaissaient à l'écran, la plus petite des qui a été quintuple moins la terre, un le plus gros - dans quatre fois Suite. À l'ordinateur la modélisation sur le ces virtuel terres accumulé incroyable la quantité d'eau est 300 fois plus que sur la vraie Terre, donc toute leur surface devoir être couvert Impressionnant océan plusieurs kilomètres profondeurs.

Au fait, qu'en est-il de la recherche de planètes de type tellurique ? Hélas, pratiquement rien, Alors comment sensibilité méthode radiation vitesses permet de manière fiable détecter uniquement les planètes géantes (planètes proches des pulsars, dont il sera question ci-dessous est une exception rare et heureuse). La plus petite des exoplanètes récemment découvertes tourne autour de rouge nain - étoiles spectral classer M Avec Température surface est de 2-3 mille degrés Kelvin (notre Soleil en a 6 mille). Probablementil est solide, c'est-à-dire qu'il est constitué de roches, comme la Terre, et sa masse est estimée environ 7,5 masses terrestres (sensiblement inférieures à celles de Neptune ou d'Uranus). Tout ne serait rien cependant, malheureusement, c'est encore une planète en orbite basse (bien qu'en raison de la relative petite taille pour l'appeler "Jupiter" en quelque sorte la langue ne tourne pas). Autour de votre soleil faible, il tourne en deux jours (1,94 jours) et est à distance de celui-ci trois millions de kilomètres - 50 fois plus proche que la Terre du Soleil. Et bien que la naine rouge - pas comme notre luminaire chaud, il réchauffe néanmoins la surface d'un vol rapide planètes avant de 200–400 degrés en Celsius. La vie terrestre taper là à peine qu'il s'agisse possible.

Cependant désespoir tout même ne pas frais, parce que le statistiques extrasolaire planètes loin ne pas plein. Disons considérable intérêt représente système étoiles HD37124 dans constellation Taureau où découvert Trois planètes, chaque de qui deux fois Plus facile Jupiter un les rayons de leurs orbites sont 0,5, 1,7 et 3,2 UA. e. Et puisqu'il y a une étanchéité particulière dans le système stellaire de la constellation du Taureau n'est pas observée, il est tout à fait possible d'y supposer la présence de planètes telluriques taper. Il en va de même pour l'étoile 47 Ursa Major, dans laquelle planètes massives ressemblant à Saturne et Jupiter, avec un très similaire paramètres orbites. Par conséquent, dans la région intérieure de ce système, l'existence de planètes genre terre.

Cependant, il n'en demeure pas moins que la structure des orbites de la grande majorité des exoplanètes même à distance ne pas rappelle solaire système. dos à dos pressé à leur boules de gaz chaud au soleil ou s'enfuir le long d'ellipses incroyablement étirées glacé géants ne pas ont rien général Avec planètes solaire systèmes. Si un suggérer que dans les régions intérieures de certains systèmes exoplanétaires il y a de la place pour les planètes semblables à la Terre, il est difficile d'imaginer comment elles peuvent survivre, car migration géants à étoile inévitablement mèneront à catastrophique intersection orbites.

Même l'anatomie des géantes gazeuses étrangères est fondamentalement différente. Beaucoup d'entre eux ont massif cœur de lourd éléments, sur le qui compte pour avant de 70% tout masses planètes. visiblement de taille inférieure notre Jupiter ou Saturne, si atypique les exoplanètes les dépassent largement en masse. Il n'y a rien de tel dans le système solaire. se rencontre. Tout ces énigmes, ensemble pris, conduire à très triste conclusion sur unicité notre planétaire systèmes. planètes terrestre groupes appliquer sur durable orbites et dans principe pouvoir être berceau la vie. planètes géantes tourner lentement au loin et ne gêner personne; De plus, il y a un point de vue selon qui elles ou ils effectuer important protecteur fonction, couvrant domestique planètes contre les attaques inattendues de corps célestes dangereux. Cela revient à certains les astrophysiciens parlent d'une version particulière du principe anthropique, conformément à qui occurrence la vie sur le Terre le plus proche façon en relation Avec Jupiter.

L'astronomie en tant que science s'est développée sous le signe d'une décentralisation croissante. Première nous appris, Quel Terre ne pas est centre univers, un représente toi-même très un astre modeste courant inlassablement autour du soleil. Puis il s'est avéré que notre luminaire magnifique, déifié, exalté jusqu'au ciel et donnant la vie à tous créatures - une naine jaune ordinaire de la classe spectrale G, qui fait partie de la Milky Il y a des ténèbres sur le chemin. Et il n'est en aucun cas situé au centre de la Galaxie, car crurent imprudemment certains astronomes du XVIIIe siècle, et se fixèrent sur sa lointaine arrière-cour, où il n'y avait que quelques étoiles, entre deux bras en spirale poussiéreux. MAIS à présent nous ils disent, Quel disque laiteux Façons, cette tordu dans serré nœud monstrueux tache Avec de l'autre côté dans 100 mille lumière années, il y a ne pas Quel autre comment une de des centaines milliard galaxies, dispersé sur univers sans limite.

La pensée de l'unicité du système solaire continue de reposer comme un éclat, assez empoisonnement astronomes la vie. Xanfomality écrit :

...

Tout grand planètes solaire systèmes ont presque coplanaire (situé dans une avion) écurie orbites Avec bas excentricité, exclusif leur catastrophique convergence. Ensoleillé système - c'est système Avec bas entropie (haute stabilité). Mais ce sont précisément les systèmes à haute entropie des exoplanètes dans lesquels seuls les corps les plus massifs survivent peut être la norme. Le système solaire pourrait être complètement différent de celui dans lequel nous vivons. Ou peut-être que nous y vivons exactement parce-qu'elle ne pas similaire sur le autre?

À conclusion restes dire, Quel première exoplanète a été découvert ne pas 1994 an, un sur le plusieurs années avant de - dans 1990 lorsque Américain astronome polonais origine Alexandre Woltzshan (Volchan dans une autre translitération) expédié mien radiotélescope au faible pulsar PSR 1257 + 12, situé à une distance de 1300 lumière ans de la Terre. De par leur nature physique, les pulsars sont des étoiles à neutrons. qui émettent des impulsions puissantes et strictement périodiques de rayonnement électromagnétique.Périodicité des impulsions tout le monde l'a pulsar strictement individuel et généralement réside dans allant de 640 impulsions par seconde à une impulsion toutes les cinq secondes. rapidement une étoile à neutrons en rotation est, en fait, un aimant géant, et sur droit, de liaison poteaux cette aimant, lequel à filage comment fou, envoler Alors appelé jets - puissant jets rouge chaud plasma et photons. La variabilité de la luminosité s'explique simplement, car le pôle magnétique n'a pas à se trouver sur l'axe rotation (les pôles magnétiques de la Terre ne coïncident pas non plus avec les pôles géographiques). Le jet électromagnétique sortant décrit un cône autour de l'axe de rotation, et on voit le pulsar uniquement dans les moments où il "regarde" directement la Terre. En un instant il se détourne et s'écarte, pour revenir après quelques-uns, strictement fixé intervalle de temps.

Parce que le période pulsars exclusivement écurie (jusqu'à avant de 10-14 secondes), radiation la rapidité neutron étoiles boîte mesure Avec précision avant de 1 cm/s Quel complètement inaccessible aux étoiles ordinaires. Encore plus précisément, on peut définir sa périodicité déplacement lors de la rotation autour du barycentre, de sorte que le pulsar n'a pas un grand travail pour détecter des planètes avec une masse de l'ordre de la Terre. Mais depuis l'existence des planètes pulsars personne ne pas pourrait rêver même dans cauchemardesque rêver, astronomes simplement agité sur le leur main.

Mais Alex Woltzschan a brisé la tradition et n'a pas perdu. Analyse des variations de pulsars avec fréquence d'impulsions de 6,2 millisecondes a montré qu'autour d'une étoile à neutrons pas moins de trois planètes dont les masses sont tout à fait comparables à la masse de la Terre (0,02, 4,3 et 3,9 M „respectivement). orbites, sur qui elles ou ils bougent presque circulaire et constituer 0,2 0,4 et 0,5 un. e. Périodes appels aussi acceptable - 25, 66 et 98 journées. Problème est dans le volume, Quel Tout à fait pas clair, Quel façon ces planètes pourrait sans encombre survivre explosion supernova, pour neutron étoile il y a ne pas Quel autre comment produit de l'explosion d'une étoile ordinaire en fin de vie. L'explosion d'une supernova est monstrueuse cataclysme, lequel à devoir a été "repasser" nettoyer quartier étoiles, Alors Quel planètes élémentaire ne pas pourrait survivre. Astrophysiciens supposer Quel tout près d'ici de supernova a explosé une fois qu'il y avait une autre étoile, dont la substance a progressivement coulait vers le pulsar (un pulsar est un corps très massif), et la morve qui restait sans travail, condensé dans planètes.

À décider, combien unique Ensoleillé système, besoin Continuez Chercher exoplanètes, et en premier lieu - semblables à la Terre. Il y a lieu de croire que l'avenir la décennie devrait être marquée par de nouvelles découvertes. Les Français entendent lancer le satellite spatial COROT, spécialement conçu pour observer les transits, et Le télescope orbital américain "Kepler" pendant quatre ans de travail pourra explorer à proximité 100 mille étoiles. européen espace agence prévu lancement Satellite
"Darwin", représentant toi-même système de six orbital télescopes, lequel à vise à rechercher des signes chimiques de vie sur d'autres planètes. Il reste à espérer que montant tôt ou en retard passera dans qualité.

www.ingramcontent.com/pod-product-compliance
Lightning Source LLC
Chambersburg PA
CBHW060417220526
45465CB00008B/2921